精彩范例欣赏

→ 利用网格功能定位网页中的对象

→ 将分离的对象创建为组

→ 打开并查看Flash文件

→ 利用遮罩创建闪亮文字效果

→ 改变动画中的物体运行速度

→ 利用逐帧动画创建角色登场效果

→ 利用影片剪辑元件创建旋转背景

→ 创建和修改元件

→ 创建简单补间动画

Flash CS4
从新手到高手

→ 利用遮罩创建百叶窗效果

→ 放大或缩小面板区域

→ 在按钮中插入声音

→ 利用代码设置打印图片范围

→ 利用代码创建漫天花粉效果

→ 利用元件和实例制作飘落花朵效果

→ 在动画中应用fly-in-bottom动作

01 晃动臀部的PoKo

范例描述：本范例为应用基本的帧技术所创建的有趣动画，实际测试影片时可见，舞台中的PoKo角色有节奏地进行摇摆。

制作关键：关键帧和空白关键帧

02 商品快速变换

范例描述：本范例为购物网站中常见的商品快速切换效果，实际测试影片时可见，代表不同商品的图片会在一定时间段内进行切换。

制作关键：图层和时间轴

03 应用模糊效果

范例描述：本范例制作的是角色的登场效果，实际测试影片时可见，PoKo角色会改变自己的尺寸和模糊程度。

制作关键：任意变形工具和透明度设置

04 切换影片

范例描述：本范例展示了不同的图片切换效果，实际测试影片时可见，单击不同的编号即可展示相应的图片。

制作关键：帧、元件和行为

05 演示文稿

范例描述：本范例为简单的演示文稿影片，实际测试影片时可见，单击前进或者后退按钮即可播放相应的幻灯片。

制作关键：Flash Slide Presentation

06 显示帧中的图像

范例描述：本范例为一个具有交互功能的动画，实际测试影片时可见影片包含的图片数量以及当前展示图片的顺序编号。

制作关键：ActionScript 3.0

（韩）金南坤 ／ 编著　　何秀丽 ／ 译

Flash CS4
从新手到高手

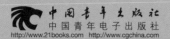
中国青年出版社
中国青年电子出版社
http://www.21books.com　http://www.cgchina.com

中青雄狮

WWW.daerim.net

Flash Actionscript CS4: 9788972808046 Written by **金南坤**
The Original Korean edition © 2008 published by DAERIM PUBLISHING CO.

The Simplified Chinese Language Translation © 200x Youth Press Publishing House
by Arrangement with DAERIM PUBLISHING CO. Seoul, Korea through EntersKorea
Co.,Ltd.

律师声明

北京市邦信阳律师事务所谢青律师代表中国青年出版社郑重声明：本书由著作权人授权中国青年出版社独家出版发行。未经版权所有人和中国青年出版社书面许可，任何组织机构、个人不得以任何形式擅自复制、改编或传播本书全部或部分内容。凡有侵权行为，必须承担法律责任。中国青年出版社将配合版权执法机关大力打击盗印、盗版等任何形式的侵权行为。敬请广大读者协助举报，对经查实的侵权案件给予举报人重奖。

侵权举报电话：

全国"扫黄打非"工作小组办公室	中国青年出版社
010-65233456 65212870	010-59521255
http://www.shdf.gov.cn	E-mail: law@cypmedia.com MSN: chen_wenshi@hotmail.com

图书在版编目（CIP）数据

Flash CS4 从新手到高手 /（韩）金南坤编著；何秀丽译 . — 北京：中国青年出版社，2009.12
ISBN 978-7-5006-9156-3
I.① F... II.①金 ... ②何 ... III.①动画 — 设计 — 图形软件，Flash CS4 IV.① TP391.41
中国版本图书馆 CIP 数据核字（2009）第 239693 号

Flash CS4从新手到高手

（韩）金南坤 编著

出版发行：	中国青年出版社
地　　址：	北京市东四十二条 21 号
邮政编码：	100708
电　　话：	（010）59521188 / 59521189
传　　真：	（010）59521111
企　　划：	中青雄狮数码传媒科技有限公司
责任编辑：	肖　辉　丁　伦　张海玲
封面设计：	唐　棣
印　　刷：	北京机工印刷厂
开　　本：	787×1092　1/16
印　　张：	28.75
版　　次：	2010 年 2 月北京第 1 版
印　　次：	2010 年 2 月第 1 次印刷
书　　号：	ISBN 978-7-5006-9156-3
定　　价：	49.90 元（附赠 1 光盘）

本书如有印装质量等问题，请与本社联系　电话：（010）59521188 / 59521189
读者来信: reader@cypmedia.com
如有其他问题请访问我们的网站: www.21books.com

"北大方正公司电子有限公司"授权本书使用如下方正字体。
封面用字包括: 方正兰亭黑系列

前言

　　不管外面的天气是寒风瑟瑟还是春暖花开，我都不会留恋窗外的风景，因为我决心投身于这场数字动画风暴中，与最新发布的Flash CS4展开一场战斗。

　　初次接触Flash CS4时，我以为就像以前的老版本一样，没什么大的变化。于是怀着轻松的心态安装并打开了软件。但在实际使用Flash CS4的过程中，我不禁大吃一惊，版本变化之大完全出乎我的意料之外。对着显示器的我发呆了好长时间，茫然不知所措。

是否只有我才有这种感觉呢？

　　在实际操作过Flash CS4后，大家也许都会像我一样，内心深处的某一个角落会觉得相当郁闷。事实上，升级为新版本后的Flash并不仅只是添加了界面和新功能，其中的ActionScript 3.0基本使用方法发生了很大变化，这让很多用户产生一种"恐惧感"；而且更多的用户对动画补间的变化会感到不知所措。

　　对于以上那些革命性的改变，我们无需过分担心。Adobe研发人员虽然令动画补间产生了巨大的变化，但同时也使动画补间增加了更多优点。我使用Flash CS4的时间要比大家略早一些，这里想说的是：我完全被Flash CS4的魅力所折服。升级后的Flash CS4版本也许会让初次接触的用户感到陌生和恐惧，但只要稍微付出努力去学习，我们便能体会到Flash所包含功能的无穷乐趣。

　　Adobe公司在收购Macromedia公司之后发布的CS3和CS4两个版本的Flash中新增了很多实用功能，本书尽量详细介绍了这两个版本中的全部新增功能。

　　处于荆棘密布的旅途中我们也许会随时被挫伤，但在与Flash CS4战斗的本书中，我们一直都会保持斗志高昂的状态，并感受无尽的乐趣！

作 者

重新启航的FLASH CS4

本书是Flash CS4的入门图书。首先介绍Flash的基本功能，然后介绍实际范例，从而培养大家的理论和实际操作能力。同时，还根据难易度对范例进行分类，使大家能够毫无障碍地进行学习。

漫无目的地跟着操作，最后也能获得效果，但无法保证深入理解。读者需要充分理解正文中的内容，然后再进入下一个阶段的学习。

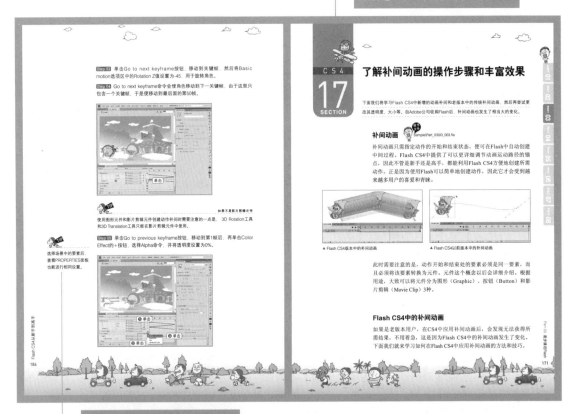

Step 03 单击Go to next keyframe按钮，移动到关键帧，然后将Basic motion选项区中的Rotation Z值设置为-45，用于旋转角色。

Step 04 Go to next keyframe命令会使角色移动到下一关键帧，由于这里只包含一个关键帧，于是便移动到最后面的第50帧。

使用图形元件和影片剪辑元件创建动作补间时需要注意的一点是，3D Rotation工具和3D Translation工具只能在影片剪辑元件中使用。

如果不是影片剪辑元件

选择场景中的要素后，查看PROPERTIES面板也能进行相应设置。

Step 05 单击Go to previous keyframe按钮，移动到第1帧后，再单击Color Effect的+按钮，选择Alpha命令，并将透明度设置为0%。

Flash CS4从零开始的Flash
184

了解补间动画的操作步骤和丰富效果

CS4
17
SECTION

下面我们将学习Flash CS4中新增的动画补间和老版本中的传统补间动画，然后再尝试更改其透明度，大小等。自Adobe公司收购Flash后，补间动画也发生了相当大的变化。

补间动画

SamplePart_03\03_003.fla

补间动画只需指定动作的开始和结束状态，便可在Flash中自动创建中间过程。Flash CS4中提供了可以更详细调节动画运动路径的锚点，因此不管是新手还是高手，都能利用Flash CS4方便地创建所需动作。正是因为使用Flash可以简单地创建动作，因此它才会受到越来越多用户的喜爱和青睐。

▲ Flash CS4版本中的补间动画　　▲ Flash CS4以前版本中的补间动画

此时需要注意的是，动作开始和结束处的要素必须是同一要素，而且必须将该要素转换为元件。元件这个概念以后会详细介绍。根据用途，大致可以将元件分为图形（Graphic）、按钮（Button）和影片剪辑（Movie Clip）3种。

Flash CS4中的补间动画

如果是老版用户，在CS4中应用补间动画后，会发现无法获得所需结果，不用着急，这是因为Flash CS4中的补间动画发生了变化。下面我们就来学习如何在Flash CS4中应用补间动画的方法和技巧。

Part 03 初步学做初级Flash
171

TIP
在范例操作中，无法解释所有内容。于是我们使用TIP来进行补充说明。积累大量TIP后，这些知识就会变为个人的技巧。

实例
分阶段介绍范例。范例内容安排由浅入深，以便大家能够顺利地跟着操作。

深入了解
在操作的过程中，无法介绍所有对话框中的选项或其他重要内容。于是我们在"深入了解"中详细解析这些重要知识点。

Special Page
进行Flash操作时，会发现很多实用的信息。一个小小的范例也许具有某些强大功能。于是我们在Special Page中介绍这部分内容。

目录

PART 1 开始Flash CS4之旅

PART 2

灵活应用Flash提供的各种工具

目录

PART 3

逐步接近Flash

目录

PART 4

认识Flash动画的最佳配角：元件和滤镜

利用图层制作更华丽的动画

应用行为功能，迈入专家行列

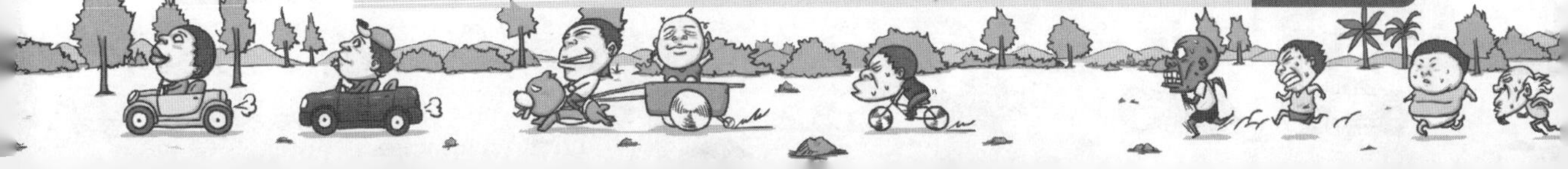

目录

设计人员必须了解的ActionScript 1.0&2.0

PART 7

PART 8

整合强大功能的ActionScript 3.0

Flash CS4

Part 01

▶ **开始Flash CS4
之旅**

- - - - - - - -

　　下面我们即将开始Flash之旅。这是一场漫长而有趣的旅行，因此我们满怀着旅行之前的兴奋，同时也对旅行结束时充满了憧憬和期待。但在旅途中，有时会碰上狂风巨浪，让我们产生放弃的念头。我们要牢记，半途而废是绝对不可取的。出发之前，首先要确立目标，然后为实现该目标付出最大努力。这样，在旅途结束时，就能品尝到成功的喜悦。那么，现在就让我们开始愉快的Flash之旅吧！加油！

初识Flash

"快！快！快！……"。笔者充分理解大家急于掌握Flash CS4的迫切心情，但开始时最好还是脚踏实地学习，以打下坚实的基础。为了使大家对Flash CS4有个整体印象，首先我们将简单介绍有关Flash CS4的各种相关信息，然后再正式开始学习。下面我们就来一起了解Flash到底是个什么样的软件，使用该软件又能做些什么。

了解Flash的发展过程

Flash是一种用来制作网页动画的工具。在Flash问世之前，我们一般使用文本和图片来修饰网页。但自从Flash问世之后，伴随着因特网速度的提高，我们已经很难见到没有Flash影片的静态页面了，甚至有很多网页整体都是利用Flash制作的。也就是说，Flash的使用范围正在日益扩大。

FutureSplash(Flash 1.0) → Flash 2.0 → Flash 3.0 → Flash 4.0 →

Flash 5.0 → Flash MX → Flash MX 2004 → Flash 8 → Flash CS3 →

Flash CS4

▲ Flash版本的发展和演变

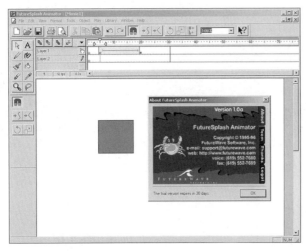

▲ FutureSplash 动画

每个人的人生过程都不是一帆风顺的，难免会遇到挫折。Flash的发展也同样经历过曲折。它始于Future Wave公司1996年创建的FutureSplash Animator。当时Future Wave公司是一家仅拥有6名员工的小风险投资公司。为了克服动态GIF动画的缺点和限制，Flash利用基于矢量图的动画工具制作影片。利用Flash制作的动画影片具有容量小、可在网页浏览器中运行的优点。

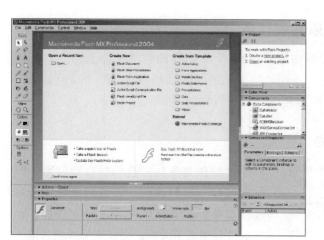

▲ Macromedia Flash MX Professional 2004

Macromedia公司高瞻远瞩，在认识到FutureSplash Animator(Flash 1.0)的优点和未来市场空间后便收购了FutureWave公司。从开始使用的Flash 2.0到现在的最新版本，笔者认为它是一个非常有趣、实用的软件。随着Flash软件功能不断强化，其受到越来越多用户的青睐，现在已经掀起了一股Flash热。

Flash 8以后的版本，即Flash CS3和Flash CS4，是Adobe公司收购Macromedia公司后进一步强化Flash功能的结果。Adobe公司以Photoshop软件而著称，收购Macromedia公司之后，在Flash中添加了Photoshop的滤镜和混合等功能，进一步提高了动画制作的技巧。同时，借助于Adobe公司的实用软件，使ActionScript的功能也发生了翻天覆地的变化。

▲ Flash CS4 Professional

即使不了解上述内容，也不会影响制作Flash影片的能力。但后面我们将投入很多时间和精力学习Flash，因此首先了解一下Flash相关知识也并非毫无裨益。

利用Flash可以实现什么

几乎所有的读者都知道Flash是个什么样的软件。但当问到"利用Flash可以做什么？"时，很多读者还是要稍微犹豫一下或略加思考一番才能回答。因为利用Flash可以做的事情实在太多了。

制作动态导航栏

相比"制作菜单"，我们更喜欢使用"制作导航栏"这种说法。查看网页我们会发现，菜单大部分都是利用Flash制作的。将光标移到菜单上方时，会显示华丽的效果，同时还会显示子菜单。虽然使用JavaScript也能制作动态导航栏，但无法产生像Flash一样华丽而自然的动作。(http://www.amorepacific.co.kr/brand/happybath/intro.jsp)。

制作吸引眼球的Banner

打开网页时经常会看见很多像华丽霓虹灯一样效果的Banner，让我们眼花缭乱、目不暇接。Banner最大的目的就是为了吸引更多的用户访问网页，同时向访问者宣传商品。为了吸引访问者的眼球，制作Banner时经常会创建华丽的效果。使用动态Flash影片比使用图片更能有效表现出这种华丽效果。

制作游戏/教育相关的动画

利用Flash可以制作各种游戏。我们经常制作各种游戏来宣传公司或商品。链接到Hangame(http://www.hangame.com)时，就会看见各种利用Flash制作的Flash游戏。游戏制作看起来似乎很难，实际上只要大家坚持不懈地付出努力，就能简单制作各种有趣的Flash游戏。如果对游戏感兴趣，那么就认真学习ActionScript语言吧！

制作富有动感的Flash画册

如果想将计算机上的照片创建成独特而华丽的画册，首选软件就是Flash。利用Flash，我们可创建独特、富有动感的画册，而不是单纯显示照片或格式化的照片转换。此外，我们还可创建根据用户需要作出响应的交互式画册（http://www.n-collection.com/）。

制作应用了动画的BBS

这里所说的BBS，可以实现Flash和外部软件之间的数据传输。通过与JavaScript和 Web软件等进行数据交换，可制作电影票订购系统等复杂页面。当大家熟练掌握Flash后，就能灵活应用这些相关功能。我们将这种情况通常称作RIA(Rich Internet Application)。

制作超越容量限制的动态视频播放器

提到UCC，很多读者马上就会想到动态视频。有些读者也许会问"UCC和动态视频之间存在什么样的关系呢？"。我们在学习Flash的过程中会了解到，很多UCC动态播放器都是利用Flash制作的，将下载的动态视频转换为Flash视频文件格式（*.flv）后就能播放。这样，Flash与动态视频之间就可轻松进行转换。

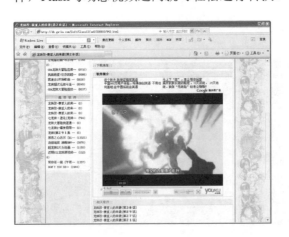

制作手机游戏和应用软件

我们还可以利用Flash制作手机游戏，以及利用Flash Lite制作手机中的各种应用软件。

深入了解

Adobe CS4产品具体包括哪些？

链接到Adobe公司的官方网站（www.adobe.com/cn），可以看见ADOBE CREATIVE SUITE 4的相关信息，具体包括DESIGN PREMIUM, WEB PREMIUM, PRODUCTION PREMIUM以及MASTER COLLECTION。我们可以根据实际使用领域选购合适的软件，避免不必要的浪费。

Part 01 开始Flash CS4之旅

安装并运行Flash CS4试用版

EXAMPLE
01

有些读者可能是第一次接触Flash，还有些读者可能使用过以前的老版本。这里我们将介绍安装和运行Flash CS4试用版的方法，以便大家在学习过程中能跟着书中的实例进行操作。下面我们就来了解如何下载和安装Flash CS4试用版软件。

阶段**1** 阶段**2** 阶段**3**

下载Flash CS4 Professional试用版

下面我们将下载并安装Flash CS4 Professional试用版（以下简称Flash CS4）。安装试用版本后，可以像正版一样免费使用30天。与其他软件不同的是，Flash CS4试用版没有设置功能限制，因此可以使用所有功能。

01 打开Adobe公司官方网站中的下载页面（http://www.adobe.com/cn/downloads），然后单击Flash CS 4 Professional的"试用"链接。

02 跳转到下载页面。首先创建Adobe账户，然后才能下载免费试用版。输入ID和密码，然后单击"登录"按钮。

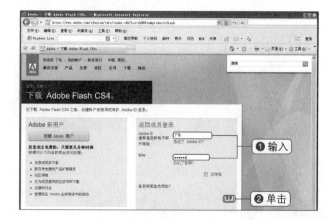

03 跳转到下载免费试用版页面后，选择"英语 Windows 888.9MB"选项，然后单击"下载"按钮。

TIP

有些读者也许会问"为什么要安装Flash CS4英文版本呢？"。主要在于，现在使用英文版本的用户越来越多。为了方便交流，我们最好安装英文版本。

04 弹出查找文件夹的对话框，选择要保存下载文件的文件夹，然后单击"确定"按钮。

05 显示文件下载过程。文件容量很大，需要耐心等待一段时间。

PART 01
PART 02
PART 03
PART 04
PART 05
PART 06
PART 07
PART 08

06 切换到保存Flash下载文件的路径下，然后双击ADBEFLPR CS4 Win_LS1.exe文件。

07 在桌面进行ADBEFLPRCS4Win_LS1.7z压缩文件的解压缩过程。

08 下面开始安装。双击解压缩后文件夹中的Setup.exe文件。

09 安装过程中没有什么特别内容，这里就不详细说明了。

启动Flash CS4

前面我们已经下载并安装了Flash CS4。安装结束后，启动Flash CS4，确认软件是否安装成功。

01 下面我们将启动Flash。单击"开始"按钮，然后选择"所有程序>Adobe Flash CS4" Professional。

02 安装Flash CS4试用版后，用户在30天内可免费使用软件的所有功能。如图所示选中单选按钮，然后单击Next按钮。

03 右图所示为打开Flash CS4后的欢迎屏幕。在其中单击Create New选项区中的Flash File(ActionScript 3.0)选项。

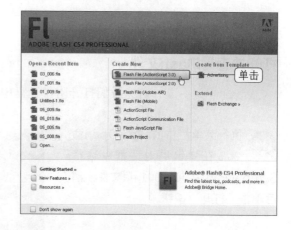

TIP

前面我们已经讲过，下载并安装Flash CS4试用版后，30天内可免费使用软件的所有功能。但试用期结束后，即使卸载Flash CS4再重新安装，也无法启动软件。因此大家还是要购买正版软件。

深入了解

了解Flash CS4欢迎屏幕

执行Flash软件或关闭所有操作文件时，会显示欢迎屏幕。在欢迎屏幕中，我们可以快速跳转到所需的操作环境。

Open a Recent Item（打开最近的项目）

最近操作的文档目录。单击Open（打开）图标，可以弹出Open（打开）对话框，在其中选择要打开的文件。

Create New（新建）

选择新建Flash文件的类型。编程语言可以选择ActionScript 3.0或ActionScript 2.0。

Create from Template（从模板创建）

创建Flash文档时最常用的模板目录。

Extend（扩展）

链接到Flash Exchange网站，可下载辅助应用程序、扩展功能以及了解相关信息。

Don't show again（不再显示）

如果不想显示欢迎屏幕，勾选Don't show again复选框即可。要显示欢迎屏幕时，执行菜单栏中的Edit>Preferences(Ctrl + U)命令，然后在General类别的On Launch下拉列表中选择Welcome Screen选项。其中主要选项说明如下。

- No Document：不打开任何操作文档。执行菜单栏中的File>New(Ctrl + N)命令或者File>Open(Ctrl + O)命令，可以新建或打开操作文件。
- New Document：打开Flash时，不显示欢迎屏幕，而打开新建的空白文档。
- Last Document Open：打开上次使用的文档。
- Welcome Screen：显示欢迎屏幕。

打开并查看Flash文件

首先我们打开附带光盘中提供的实例，然后关闭程序。

01 执行菜单栏中的File>Open命令，在弹出的对话框中选择Sample\Part_01\01_001.fla文件，然后单击"打开"按钮。

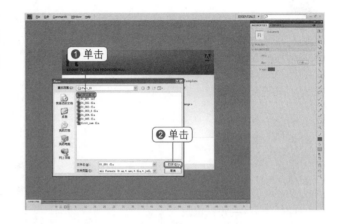

02 可以看到在场景中打开的01_001.fla文件。在时间轴上方生成了文件名称的选项卡。

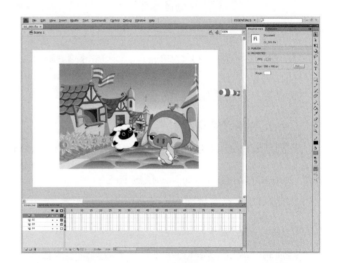

03 接下来测试影片。执行菜单栏中的Control>Test Movie(Ctrl+Enter)命令，可以看到测试影片的结果。

04 为了在操作窗口中创建显示影片信息的区域，需执行菜单栏中的View>Bandwidth Profiler命令。可以在其中查看影片大小、帧速度、容量等所有信息。

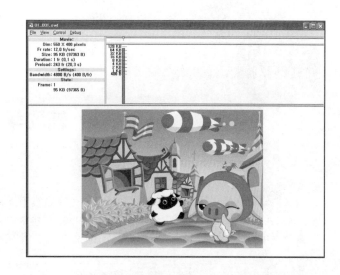

TIP

若要关闭影片测试窗口，则需执行菜单栏中的File>Close(Ctrl＋W)命令，或单击标题栏中的"关闭"按钮。

05 若要关闭Flash CS4，则需执行菜单栏中的File>Exit(Ctrl＋Q)命令，或单击标题栏中的"关闭"按钮。

TIP

退出Flash CS4程序时，如果当前操作文件处于打开状态，且内容已作了修改，会弹出是否将改动保存到当前文件的警告对话框。如果需要保存，则单击"是"按钮。

深入了解

安装Flash过程中避免开启Internet Explorer和MS Messenger

安装Adobe软件时，如果同时启动了Internet Explorer和MS Messenger，会弹出无法安装的警告对话框。关闭浏览器和Messenger，单击"重试"按钮，可继续进行安装。

PART 01
PART 02
PART 03
PART 04
PART 05
PART 06
PART 07
PART 08

辅助学习的Flash帮助信息和实用讲座

与其他软件一样，Flash也提供帮助信息。英文版本中提供英文帮助信息，中文版本中提供中文帮助信息。执行菜单栏中的Help>Flash Help(F1)命令，可查看英文版本的帮助信息。执行菜单栏中的"帮助>Flash 帮助（F1）"命令，可查看中文版本的帮助信息。

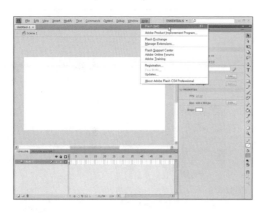 

我们可以简单查看有关各要素的帮助。例如，如果想查看TRANSFORM面板的帮助信息，单击TRANSFORM面板的扩展按钮，然后选择Help命令即可。所有面板都包含扩展按钮。按下按钮后再选择Help命令，便可查看详细帮助信息。由于这里使用的是英文版本，因此只能显示英文帮助信息。如果是中文版本，则显示中文帮助信息。

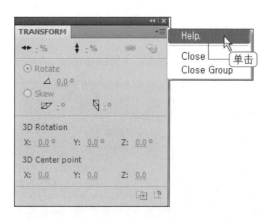 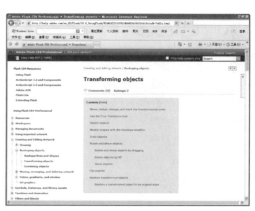

即使没有安装Flash软件，同样也能查看Flash帮助信息。访问Adobe产品的客户服务中心（http://www.adobe.com/cn/support/），便可在线查看Flash帮助信息。单击客户服务中心页面的"更多技术资源"选项区中的"帮助资源中心"链接，在跳转到帮助资源中心的页面后，选择Flash选项，然后单击"开始"按钮。

此时进入在线查看Flash帮助页面。单击"用户指南"选项区的"使用Flash"中的LiveDocs链接，可以查看帮助信息。

跳转到客户服务中心页面（http://www.adobe.com/cn/support/）后，在"更多技术资源"选项区中可以看到"Adobe开发人员连接"（http://www.adobe.com/cn/devnet/）和"设计中心"（http://www.adobe.com/designcenter/）。进入后可以查看各种实用的讲座和培训。

理解和应用操作区域

如果是初次接触Flash CS4的读者，难免会有些茫然不知所措，笔者刚开始也是这样的。

但根本用不着太担心，新版本只是更改了操作位置，仔细观察就会发现，其实和旧版本并没什么实质性的差异。

根据操作环境快速更改界面构成

Flash CS4提供了6种适合不同操作环境的界面方案。单击最上端菜单栏右面的 ESSENTIALS 按钮，会显示6种界面构成名称以及更改界面构成、返回默认界面的相关命令。

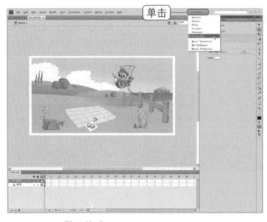

▲ Essentials界面构成

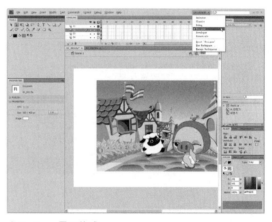

▲ Designer界面构成

- Animator（**动画**）：提供以创建动画相关工具为主体的界面构成。
- Classic（**传统**）：提供类似Flash CS3版本的界面构成。
- Debug（**调试**）：可以分阶段查看影片执行过程，方便找出错误。
- Designer（**设计人员**）：提供方便设计人员进行设计操作的一种界面构成。
- Developer（**开发人员**）：提供方便ActionScript开发人员进行开发操作的界面构成。
- Essentials（**基本功能**）：提供Flash CS4的基本界面构成。
- Reset Essentials（**重置'基本功能'**）：返回所选界面构成的默认状态。在添加或删除面板后，可快速返回默认状态。

- **New Workspace（新建工作区）**：保存当前界面构成。以后需要时，可以打开和使用此时保存过的界面构成。
- **Manage Workspaces（管理工作区）**：显示前面保存过的界面构成目录。在目录中可以选择要应用的界面构成、更改界面构成的名称或删除界面构成。

了解Flash CS4的界面构成

Flash CS4的界面构成整体发生了变化。下面我们边观察Flash CS4的基本界面构成（即Essentials），边了解各构成部分的名称和功能，否则将很难继续后面的学习。

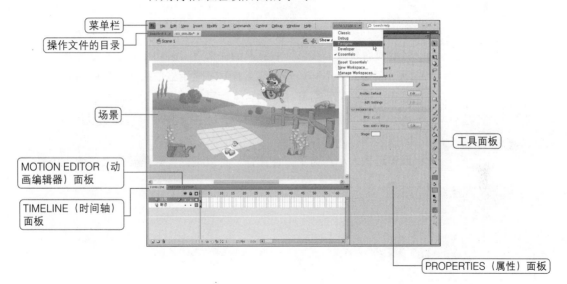

菜单栏
操作文件的目录
场景
MOTION EDITOR（动画编辑器）面板
TIMELINE（时间轴）面板
工具面板
PROPERTIES（属性）面板

我们还可以更改工具面板的构成。选择菜单栏中的Edit>Customize Tools Panel命令，会弹出Customize Tools Panel对话框。在该对话框中，我们可以根据需要设置工具面板。

- **菜单栏**：以下拉菜单的方式显示Flash CS4中提供的各种命令。
- **操作文件的目录**：以选项卡方式显示当前打开文件的目录。通过切换选项卡，可以快速移动到相应操作文件。
- **场景**：所选帧的操作空间。测试影片时，只显示该区域。
- **PROPERTIES（属性）面板**：根据工具面板中的工具选择情况或场景中的要素选择情况，属性面板会发生变化。
- **工具面板**：集合制作影片时需要的各种工具。

- **TIMELINE（时间轴）面板**：在其中的小四边形方格中依次插入要显示的动作，可创建快速连续的动作。
- **MOTION EDITOR（动画编辑器）面板**：可以更改动作补间的设置，查看图形，以及修改坐标、大小、倾斜、滤镜和速度等。

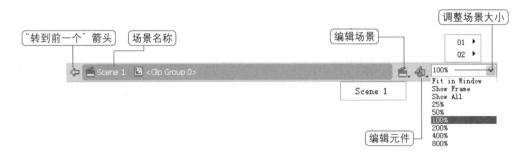

"转到前一个" 箭头　场景名称　编辑场景　调整场景大小　编辑元件

- **"转到前一个"箭头**：在要素内部可以插入多个阶段的要素。用于跳转到前面阶段。在位于最前面的要素中，该功能处于非激活状态。
- **场景名称**：分不同场景制作影片时，显示当前操作场景的名称。
- **编辑场景**：显示所有场景的目录，可以选择并切换到相应的场景。
- **编辑元件**：显示所有元件的目录，选择元件时，可以切换到相应操作区域。
- **调整场景大小**：为了方便操作，可以根据实际需要放大或缩小场景。

什么是要素？

要素、对象、Object指的都是相同内容。要素包含多种含义。我们可以将影片中使用的各种内容都看成要素。要素既可以是点，也可以是线，还可以是角色。跟着本书循序渐进地学习，我们自然而然地就会理解要素的含义了。

自由调整操作区域和场景大小

EXAMPLE

02

由于受画面大小的限制，有时我们必须根据需要放大或缩小场景区域。为了使整体操作区域变得更大，我们也必须放大或缩小面板区域。这部分内容不是必须掌握的，但为了提高工作效率，我们最好还是对其有所了解。

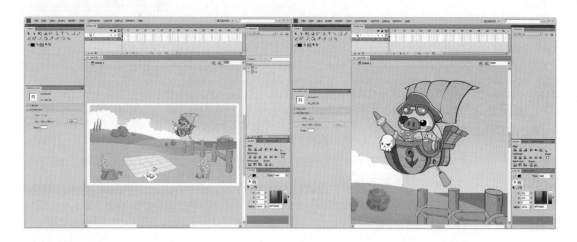

根据需要放大或缩小面板区域

 Sample\Part_01\01_002.fla

打开Flash会发现，各种面板占据了相当大的空间。下面我们就来了解放大和缩小面板区域的方法，以便在操作过程中自由使用这些空间。

01 下面我们将更改为复杂的面板构成界面。首先将界面构成更改为Designer。

02 为了放大工具面板，将光标移动到PROPERTIES面板和工具面板之间的边框线上方，当光标变成双向箭头（图）时，单击并上/下拖动鼠标。

TIP

将光标置于Flash画面中的任何边框处，都会生成双向箭头。左右或上下拖动鼠标时，可以放大或缩小指定区域。

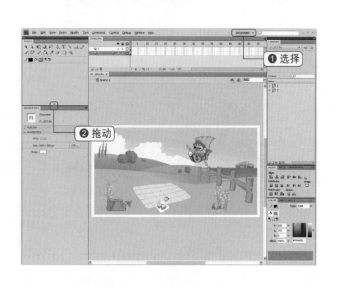

❶选择

❷拖动

03 由于受面板区域的限制，各种面板都通过选项卡捆绑成组。切换至要使用的面板名称的选项卡，就会显示所选面板的选项。

04 当前显示的是COLOR面板。接下来为了放大SWATCHES面板，切换到SWATCHES选项卡。

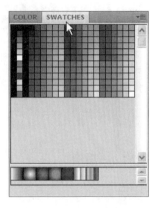

05 为了只显示面板组的标题栏，或显示隐藏起来的部分，单击标题栏或双击面板选项卡标签。

06 单击时间轴面板的标题显示栏的空白处，或双击时间轴面板选项卡标签，我们可以简单理解这部分内容。

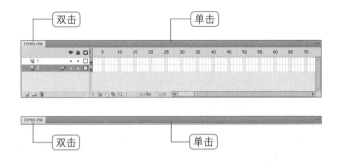

07 将面板区域中的面板变为图标形式，这样也可以达到放大操作区域的目的，当单击这些图标时就会变为面板形式。

08 单击面板区域的最上端。显示面板图标后，单击相应图标便能看见该图标所对应的面板。

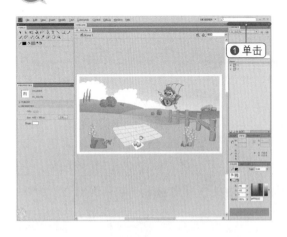
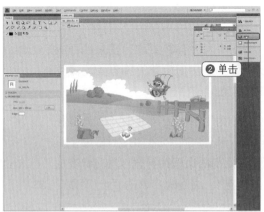

09 前面我们尝试更改了面板大小，接下来为了返回Designer界面构成的默认状态，选择Reset 'Designer'命令。

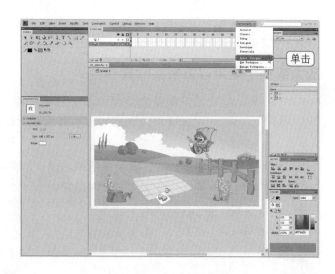

单击

PART 01
PART 02
PART 03
PART 04
PART 05
PART 06
PART 07
PART 08

深入了解

快速隐藏或显示所有面板

执行菜单栏中的Window>Hide Panels(F4)命令，可以快速隐藏或显示所有面板。在Flash 2004以前版本中使用的是Tab键。从该版本之后，按下F4键就能隐藏面板，再次按下F4键便能显示面板。此外还有个有趣功能，将光标移到隐藏起来的工具箱、面板区域或PROPERTIES面板区域的边缘，就会显示隐藏起来的区域。将光标移到区域之外时，又会隐藏该区域。

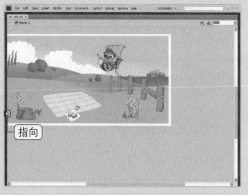

指向

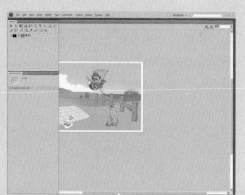

指向

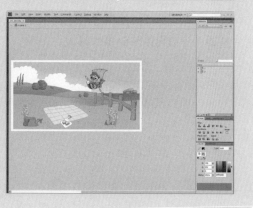

指向

放大或缩小场景以方便实际操作

下面我们将了解放大和缩小操作区域的方法，以方便实际操作。注意这里放大或缩小的并不是实际影片的大小。

01 选择工具面板中的缩放工具，然后单击选项区中的放大图标，接下来多次在场景中单击。可以看到，操作区域放大了。

TIP

为了缩小操作区域，我们只需选择选项区中的缩小图标（🔍），然后在场景中单击。此外还有一个有趣功能：如果在按住 Alt 键的状态下单击场景，会产生完全相反的效果。

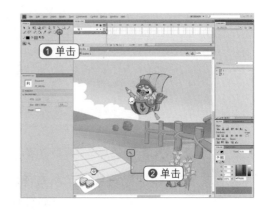

02 还有一种更简便的方法可用来仅放大特定区域。那就是拖动出要放大的区域。

03 操作区域放大后，场景中的许多要素都看不全了，此时，使用手形工具在场景中单击并拖动，可以自由移动操作区域。

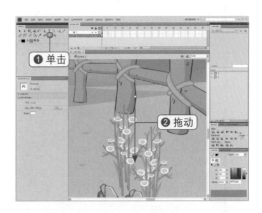

04 为了使放大或缩小后的操作区域快速返回100%显示状态，只需双击缩放工具即可。

场景最小可以缩至8%，最大可以放至2000%。

05 为了显示场景中的所有要素，单击调节场景大小的下拉按钮，然后选择Show All命令。

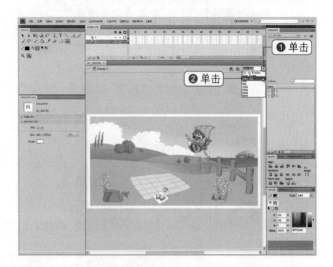

在场景之外的操作区域中也可以放置要素。取消选择剪贴板[View>Pasteboard（ Shift + Ctrl + W ）]命令的话，则只能在场景区域中放置要素，而无法在场景周围区域中放置要素。

深入了解

放大或缩小场景的相关命令

放大或缩小场景时，我们可以选择菜单栏中的View>Magnification菜单中的相应命令，也可以更改操作区域上方调节场景大小选项中的百分比，还可以实际参考操作区域中的要素。

- 百分比：可以选择25%~800%来更改场景大小。还可以直接输入百分比。
- Fit in Window（符合窗口大小）：根据操作区域来调整场景大小。
- Show Frame（显示帧）：根据操作区域调整场景中对象的大小。
- Show All（显示所有）：调整场景大小，使场景之外的对象也显示在操作区域中。

PART 01
PART 02
PART 03
PART 04
PART 05
PART 06
PART 07
PART 08

Special page

提高文件显示速度

下面我们一起了解使用View>Preview Mode菜单中的相关命令降低场景中显示要素的画质和提高操作速度的方法。需要注意的是，这里虽然降低画质，但并不降低影片最终结果，只是为了提高操作速度而已。

- Outlines（轮廓）：只显示场景中要素的轮廓，从而可以高速显示复杂场景。
- Fast（高速显示）：取消消除锯齿设置，提高显示速度。缺点是会产生锯齿现象。
- Anti-Alias（消除锯齿）：进行消除锯齿设置。线条表现得很平滑，但显示速度要比Fast慢。
- Anti-Alias Text（消除文字锯齿）：所有文本的线条均显得很平滑。当存在很多文本时，显示速度会下降。
- Full（整个）：显示全部内容，因此显示速度会下降。

◀ 选择Full（默认设置）命令

◀ 选择Fast命令

◀ 选择Outlines命令

当计算机配置很高时，无需调整这些设置。笔者的计算机在使用Flash CS4时，不存在任何问题，因此不使用这些命令。但如果计算机配置较低，这些命令就显得非常实用。

制作Flash影片时的辅助功能

制作Flash影片时，我们会发现有些功能并不是常用的。但掌握的话，在实际操作中就会收到事半功倍的效果。这些功能包括在操作区域显示标尺，或在场景中显示网格等，使用这些功能可以将要素定位在精确位置。

精确找到要素位置的辅助功能

下面我们一起了解创建辅助线（Guide）的方法。在实际操作中创建辅助线，可以准确显示操作区域的空间或特定位置。

创建辅助线之前，我们必须在操作区域的周围创建标尺（Ruler）。选择菜单栏中的View>Rulers(Ctrl+Alt+Shift+R)命令，操作区域的上端和左侧就会显示标尺。需要更改标尺单位时，首先执行菜单栏中的Modify>Document(Ctrl+J)命令，在弹出的对话框中可以在Ruler units下拉列表中更改标尺单位。

标尺（Ruler）

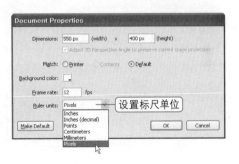

设置标尺单位

为了创建显示场景区域的辅助线，首先单击左侧和上端的标尺，然后将其拖动到场景操作区域。辅助线图层通常显示在最上方，因此将比场景大的图像拖动到场景中时，只要显示辅助线，便可知道场景的正确位置，如下图所示。

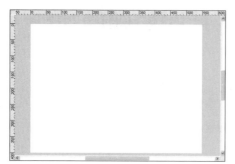 

拖动和清除辅助线

我们可以拖动辅助线。选择工具面板中的选择工具，然后将光标移到辅助线上方，光标会变为（<span></span>）形状。单击后即可将辅助线拖动到指定地方。如果要清除辅助线，只需将辅助线拖动到操作区域之外。此外，选择菜单栏中的View>Guides命令，还可查看有关辅助线的功能。

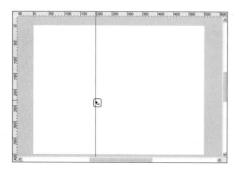 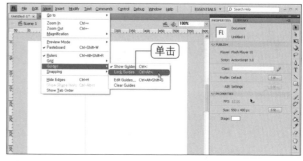

- Show Guides（显示辅助线）(Ctrl + ;)：选择是否显示辅助线。没有选择该命令时，场景中不显示辅助线。
- Lock Guides（锁定辅助线）(Ctrl + Alt + ;)：锁定辅助线，防止拖动或删除辅助线。
- Edit Guides（编辑辅助线）(Ctrl + Alt + Shift + G)：设置辅助线的颜色、是否显示辅助线、是否贴紧至辅助线以及是否锁定辅助线等功能。
- Clear Guides（清除辅助线）：清除所有的辅助线。即使锁定了辅助线，使用该命令也能将其清除。

在场景中显示网格，从而精确放置要素

需要在场景中显示网格时，只需选择菜单栏中的View>Grid>Show Grid(Ctrl+')命令。需要更改网格大小时，首先选择菜单栏中的 View>Grid>Edit Grid(Ctrl+Alt+G)命令，在弹出的Grid对话框中可更改网格的宽度和高度。

在Grid对话框中可以设置网格线的颜色、是否显示网格、是否贴紧至网格等。

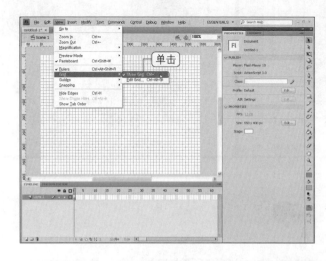

- **Color（颜色）**：设置网格线的颜色。
- **Show grid（显示网格）**：选择是否在场景中显示网格。
- **Show over objects（在对象上方显示）**：在所有对象上方显示网格。
- **Snap to grid（贴紧至网格）**：要素以一定间隔位于网格线上时，会像磁石一样贴紧至网格线。
- **左右/上下间隔**：调整网格线的左右距离。可根据实际需要设置得较宽或较窄。
- **Snap accuracy（贴紧精确度）**：勾选"贴紧至网格"复选框时，设置网格线和要素之间保持多大的距离时，要素会自动贴紧至网格。

认识标尺、辅助线和网格

EXAMPLE

03

下面我们将使用标尺、辅助线和网格将要素放在指定的精确位置。这些功能看起来大同小异，但各有各的优点，我们将通过实例了解它们之间的差异。

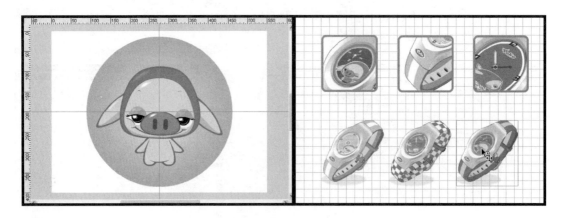

显示标尺并灵活应用辅助线

Sample\Part_01\01_003.fla

下面我们一起了解如何在操作区域中显示标尺以及更改其单位。

01 选择菜单栏中的View>Rulers
（Ctrl + Alt + Shift + R)命令。

02 可以看到，操作区域上端和左侧显示了标尺。利用标尺确认场景的大小是550像素×400像素。

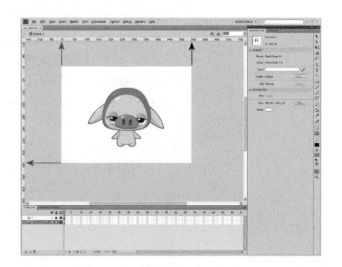

03 接下来将标尺单位更改为厘米。选择菜单栏中的Modify>Document命令，在弹出的Document Properties对话框中将标尺单位更改为Centimeters，然后单击OK按钮。

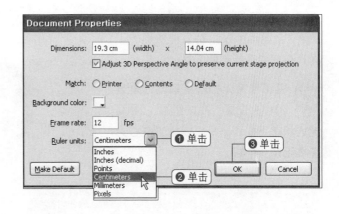

04 查看标尺会发现，标尺单位已经从像素变为厘米。之后再次将标尺单位更改为我们熟悉的像素。

05 接下来我们将在场景的正中央绘制圆。在单击操作区域上端标尺的状态下拖出辅助线至200像素位置。

06 接下来在单击操作区域左侧标尺的状态下拖出辅助线至275像素位置。

按住工具面板中的矩形工具，会显示可以绘制多种图形的工具。在其中选择椭圆工具。

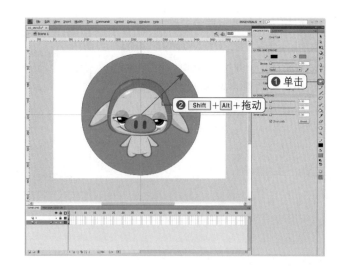

 接下来将光标移至辅助线重叠的中央位置，在按住 Alt + Shift 键的状态下拖动鼠标，以场景中心为基准绘制一个圆。

精确定位对象

选择椭圆工具后，最下端会显示Snap to Object（贴紧至对象）按钮 。使用该功能时，即使不将光标置于精确位置，也会自动查找辅助线或要素，并且像磁石一样贴紧至对象。

在场景中显示网格

下面我们将了解在场景中显示网格的方法。网格功能非常实用，可以在保持一定间隔的前提下放置要素。

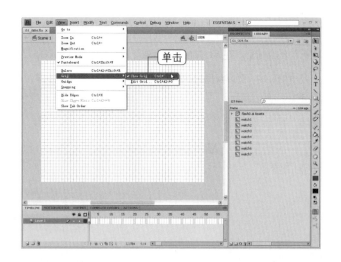

01 选择菜单栏中的File>Open（Ctrl + O）命令，打开Sample\Part_01文件夹中的01_004.fla文件。

02 接下来选择菜单栏中的View>Grid>Show Grid（Ctrl + '）命令。可以看到，场景中显示了网格。

场景中的网格只在制作影片的过程中显示，播放影片时并不显示。

03 接下来我们将更改网格的间隔和颜色。选择菜单栏中的View>Grid>Edit Grid(Ctrl + Alt + G)命令，弹出Grid对话框。

04 在该对话框中可以设置网格的颜色、网格的左右/上下间隔大小、是否显示网格以及是否贴紧至网格等，然后单击OK按钮。

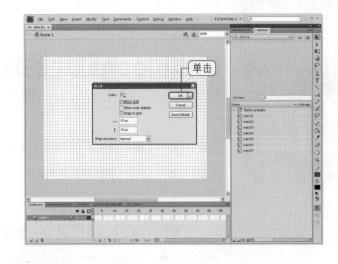

单击

05 这样我们便可参考网格线放置库面板中的元件。

TIP

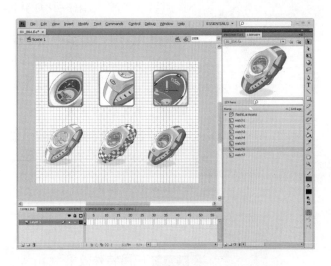

即使没有勾选Snap to grid（贴紧至网格）复选框，通过拖动我们能将要素拖动到指定位置。但如果勾选Snap to grid复选框，要素会保持一定间隔自动贴紧至网格。

06 接下来选择菜单栏中的Control>Test Movie(Ctrl + Enter)命令进行测试。可以发现，播放影片时并不显示网格。

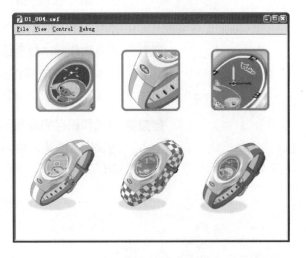

PART 01
PART 02
PART 03
PART 04
PART 05
PART 06
PART 07
PART 08

04

制作Flash影片的流程和相关知识

为了便于初次接触Flash的新手理解制作影片的全过程，下面我们将制作一个简单的影片。
学完该实例之后，我们将全面了解Flash影片的制作流程，为学习后面的内容打下基础。

了解制作Flash影片的流程

下面我们就来了解制作Flash影片的基本步骤。当然，并不是一定要按照这些步骤来制作所有的Flash影片。

Step 01 策划制作什么样的影片

较之漫无目的地制作Flash影片，之前最好进行一些策划工作。简明扼要地记一些必备要素、设计模式等。

Step 02 添加媒体要素

包括制作影片时会用到的图像、视频、音频、文本等，或创建将用于动画的要素。

Step 03 布置要素

在场景和时间轴中布置要素，设置各要素在不同时段以何种方式显示和运动。

Step 04 应用特殊效果

应用图形滤镜（阴影、模糊、发光、倾斜等）和混合模式等功能赋予动画活力。

Step 05 使用动作脚本控制运动

插入可以控制媒体要素的动作脚本，使要素和用户之间产生交互作用（根据用户的实际需要会不同）。

Step 06 测试和保存完成后的影片

测试影片结果，然后保存完成后的影片（格式为HTML, MOV, GIF等）。

关于设置影片环境的相关知识

选择菜单栏中的Modify>Document命令，或单击操作区域的空白处后单击PROPERTIES面板的PROPERTIES选项区中的Edit按钮，均会弹出设置影片环境的Document Properties对话框。

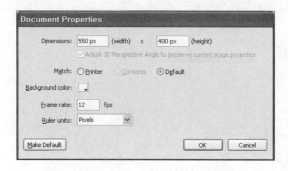

- Dimensions（尺寸）：以像素为单位设置场景大小。默认设置是550像素×400像素，最大可设置为2880像素×2880像素。
- Adjust 3D Perspective Angle to preserve current stage projection（调整3D透视角度以保留当前舞台投影）：调整3D透视角度，以保留当前场景的投影。
- Printer（打印机）：将影片大小更改为打印机用纸的大小。
- Contents（内容）：设置场景大小，使其包含场景中的所有要素。
- Default（默认）：将影片大小更改为默认设置值（550×400像素）。
- Background color（背景颜色）：设置影片的背景颜色。
- Frame rate（帧频）：每秒钟显示的帧的个数。默认值为23，即每秒钟显示23帧。
- Ruler units（标尺单位）：选择菜单栏中的View>Rulers命令，操作区域中会显示标尺。该选项用来设置标尺的单位。
- Make Default（设为默认值）：使更改后的内容返回默认值。

在PROPERTIES面板中也能快速设置影片环境。单击场景或操作区域的空白处，之后在PROPERTIES选项区中单击Edit按钮，即可在弹出的对话框中设置影片环境。PROPERTIES面板中还包括以下两个主要选项区。

PUBLISH选项区

发布影片时的设置讲解如下。

- Player（**播放器**）：显示播放影片的Flash Player版本。可以看到，最新版本是Flash Player 10。
- Script（**脚本**）：显示影片中将用到的ActionScript版本。当前文档是利用ActionScript 3.0制作的。
- Class（**类**）：可以在当前影片中连接类文件。在后面的ActionScript 3.0中我们将详细介绍这部分内容。
- Profile（**配置文件**）：设置Flash影片的发布。单击Edit按钮与选择菜单栏中File>Publish Settings命令的效果是一样的。
- AIR Settings（**AIR设置**）：设置用来发布完成影片的AIR。

PROPERTIES选项区

影片完成之前的设置讲解如下。

- FPS：每秒钟显示的帧数。该值越大，影片的动作就越自然，但容量也会随之变大；反之，该值越小，就越容易出现不连贯的现象，但容量也会随之变小。
- Size（**大小**）：可以查看影片的大小。单击Edit按钮，可在弹出的对话框中设置影片环境。
- Stage（**舞台**）：在此可以直接更改影片的背景颜色。

创建以一定速度运动的四边形

EXAMPLE 04

如果是初次使用Flash的读者，那么下面这个实例将是我们接触到的第一个Flash影片。是不是有些紧张？这里我们要注意的一点是：与创建动画结果相比，深入理解动画的创建过程更为重要。

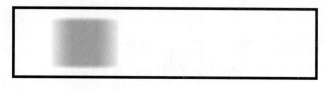

设置影片环境

在正式制作影片之前，我们首先设置影片的相关信息、影片大小、背景颜色以及每秒钟显示的帧数等。虽然我们可以随时设置影片环境，但尽量在制作影片的初期完成这些操作。

01 首先我们将设置影片环境。选择菜单栏中的Modify>Document(Ctrl+J)命令，会弹出Document Properties对话框。

02 将影片的尺寸更改为650×200像素，然后单击OK按钮。

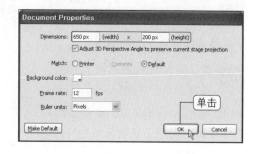

03 查看场景会发现，场景大小已更改为了650×200像素。这里的场景区域是播放影片时所显示的区域。

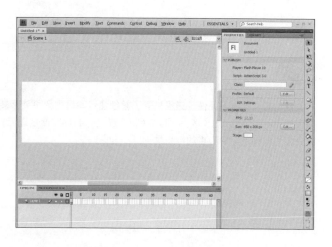

创建用于运动的要素

并非所有用于运动的要素都是使用下面这种方法来制作，但该方法最典型，读者最好能牢固掌握。

01 在工具面板中选择矩形工具，然后单击笔触颜色按钮，选择不使用轮廓颜色。

02 在按住 Alt + Shift 键的状态下拖动鼠标，在场景中绘制一个正方形。

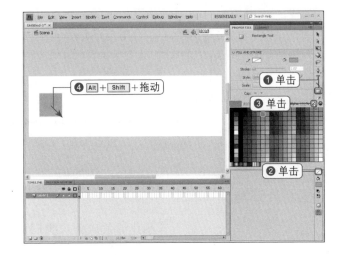

03 为了将用于运动的四边形转换为元件，利用工具面板中的选择工具选择场景中的四边形。

04 为了将所选要素转换为元件，选择菜单栏中的Modify>Convert to Symbol(F8)命令，在弹出的对话框中如右图所示设置元件的Name和Type，然后单击OK按钮。

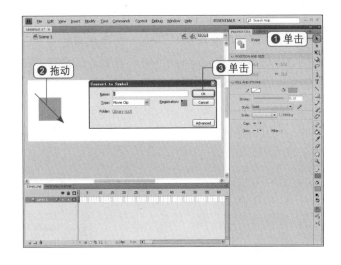

后面我们将详细学习元件，这里只需了解创建运动时需要将要素转换为元件即可。查看Convert to Symbol对话框中的Registration选项区，可以看到8个锚点。利用前面创建元件的中心点设置选择中央锚点，四边形元件的中央会生成锚点。中心点的标识是＋。

利用四边形元件创建运动

下面我们将利用四边形元件创建运动。这里创建运动只是目的，至于具体事项我们将在后面详细介绍。

01 利用鼠标右键单击场景中的四边形，在弹出的快捷菜单中选择Create Motion Tween命令。

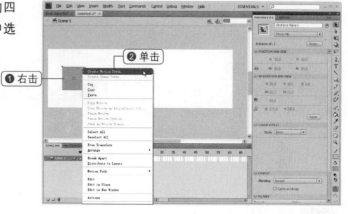

02 查看时间轴会发现，直到第30帧都应用了动作补间。接下来将光标拖到第30帧和第31帧之间的分界线，然后将其拖动到第60帧。

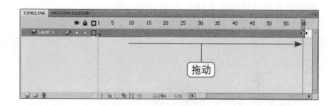

执行菜单栏中的Modify>Document(Ctrl+J)命令，可以看到，Document Properties对话框中的Frame rate值设置为12。将该值更改为30，这样可以将时间轴延长到第30帧。

03 接下来将场景中的四边形拖动到场景右侧，会生成运动路径，时间轴的第60帧处自动插入了关键帧。

04 按下 Enter 键测试结果。可以看到从左侧向右侧运动的四边形。

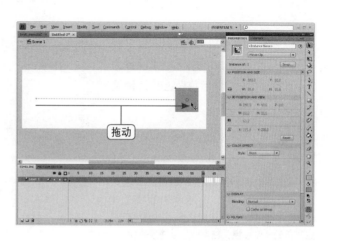

05 但这种运动过于单调。下面我们将创建更有趣的运动。选择工具面板中的选择工具，然后选择运动路径和中心点，接下来如右图所示将运动路径拖动到上方。

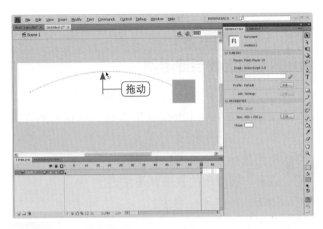

06 选择第30帧，然后选择场景中的四边形元件，接下来将其拖动到下方。这样，运动曲线就变为波浪形状。

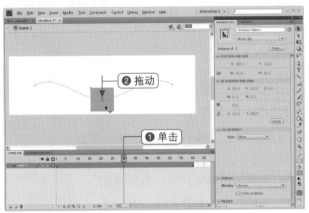

第60帧处自动插入了关键帧。我们可以将关键帧看作插入了某种要素的帧。这里，第1帧插入了四边形。

在运动要素中应用效果

初次制作Flash影片时，哪怕只是单纯的运动，都会让人不禁发出"哇"的感叹。但逐渐熟悉Flash影片制作后就会发现，这种运动实在过于枯燥和单调。接下来我们将创建具有速度感的运动。

01 在MOTION EDITOR面板中将Basic motion的X和Y值设置为Simple(Slow)，然后将Eases值设置为-100。

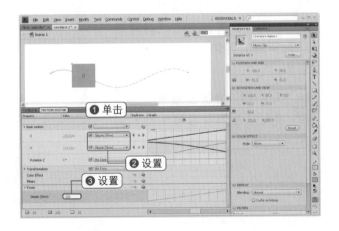

Eases值与运动速度有关。0表示运动的起始速度和终止速度一样。100表示开始时运动速度较快，终止时运动速度较慢。-100表示开始时运动速度较慢，结束时运动速度较快。

02 为了使运动显得更真实，选择第1帧处的四边形元件，然后单击Filters的＋按钮，选择Blur效果。

03 将Blur X设置为40，Blur Y设置为100。应用模糊效果，可以发现，四边形变模糊了。

Blur X和Blur Y后面有连接其属性值的▦图标。该图标连接上时，X、Y坐标值会保持一定的比例发生变化；断开连接时，X、Y坐标值会单独应用变化。

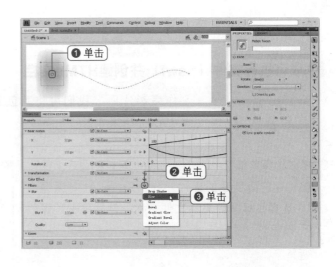

04 再次选择第60帧，然后选择四边形，接下来在MOTION EDITOR面板中将Blur的X,Y值均设置为0。

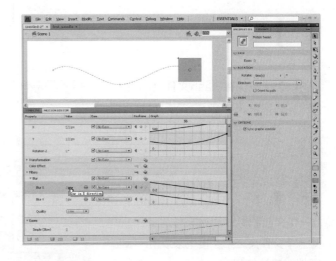

05 选择菜单栏中的Control>Test Movie(Ctrl + Enter)命令，测试结果。

06 运动速度似乎有些过快吧？在场景的空白处单击，在PROPERTIES面板中将FPS设置为32。再次测试结果。

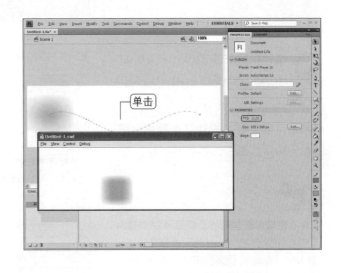

生成可执行文件（*.swf）并创建HTML文档

制作完影片后，我们可将其创建为多种格式的文件，然后在浏览器中查看结果。

01 选择菜单栏中的File>Save(Ctrl+S)命令，保存前面创建的影片。弹出Save As对话框后，选择目标文件夹和文件名称，然后单击"保存"按钮。

02 为了在保存Flash文件（*.fla）的文件夹中创建SWF和HTML文件，选择菜单栏中的File>Publish命令。

03 移动到保存了影片的文件夹中，可以看到，Flash影片（.swf）、HTML文档和影片原始文件（.fla）同处一个文件夹之中。接下来双击HTML文档，确认结果。

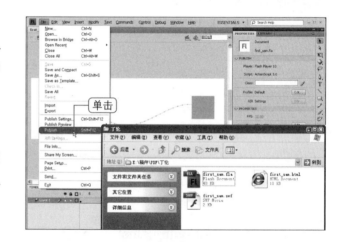

04 选择菜单栏中的File>Publish Preview>Default-(HTML)命令。

05 可以看到，启动了浏览器，开始播放影片。

也许有些读者到现在为止还没有完全理解FLA和SWF文件吧？Flash影片操作文件格式是FLA，Flash执行文件格式（即在Flash Player中播放的文件）是SWF。

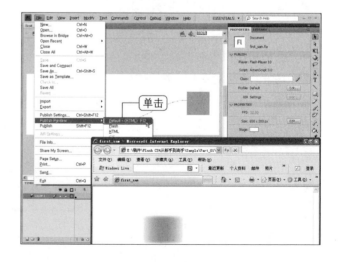

以多种文件格式发布创建完的Flash影片

我们可以通过不同文件格式发布完成后的Flash影片。创建保存FLA文件的文件夹，可以选择创建GIF、JPG、PNG、Windows可执行文件（*.exe）或MOV文件。

Step 01 选择菜单栏中的File>Publish Settings（Ctrl + Shift + F12）命令，弹出对话框后，在Formats选项卡中选择所需的文件格式。这里我们选择所有格式。

Step 02 根据需要进行设置。完成设置后，单击Publish按钮。

这里我们不详细说明各文件的相关选项。如果需要详细了解，可以参考Flash帮助。

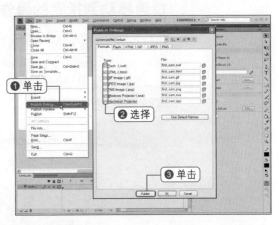

Step 03 移动到保存FLA文件的文件夹中。可以看到，创建了前面所选格式的文件。

Step 04 双击first_sam.exe文件。可以看到，弹出影片播放窗口，影片开始播放。

使用Flash管理视频文件时，必须利用QuickTime Player软件。如果当前计算机里还没有安装该软件，我们可以从门户网站中搜索并下载安装该软件。

CS4

05
SECTION

通过撤销和重置命令缩短操作时间

下面我们将介绍移动到前一操作步骤或再次返回后一步骤的方法。此外，我们还将介绍如何使用HISTORY面板的基本功能将操作过的各种命令捆绑成一个命令，以方便反复操作。

快速移动到指定的操作步骤

执行Edit菜单中的Undo(Ctrl+Z)命令，可以移动到当前操作的前一步骤。反之，移动到前面步骤后，如果要再次返回后一步骤，也可以执行Edit菜单中的Redo(Ctrl+V)命令。Undo和Redo命令的旁边还会同时显示要返回的命令。

只移动一个步骤时，使用Undo和Redo命令非常方便；但如果要移动多个步骤，该命令就显得不太方便。此时我们可以使用HISTORY面板。首先选择菜单栏中的Window>Other Panels>History(Ctrl+F10)命令，激活HISTORY面板。

HISTORY面板具有独特而实用的功能。不仅可以移动到指定的操作步骤，还可以保存指定操作步骤，然后在其他影片中依次应用这些操作步骤。

❶ Replay（重放）：重新执行所选步骤。

❷ Copy selected steps to the clipboard（复制所选步骤到剪贴板）：将所选择的步骤保存到剪贴板中，然后在其他要素中依次应用这些步骤。选择菜单栏中的Edit>Paste in Center(Ctrl+V)命令，可以应用复制后的步骤。

❸ Save selected steps as a Command（将选定步骤保存为命令）：以一个命令的形式保存所选择的步骤，然后在其他要素中通过执行命令依次应用这些步骤。在Commands菜单中可以看到保存后的命令。

PART 01

PART 02

PART 03

PART 04

PART 05

PART 06

PART 07

PART 08

前面我们已经讲过，单击HISTORY面板中的Save selected steps as a Command按钮，将操作步骤保存为命令后，会成为Commands菜单下的一个命令。如果想更改新增命令的名称或删除该命令，首先选择菜单栏中的Commands>Manage Saved Commands命令，在弹出的对话框中即可更改相应的命令名称或删除命令。

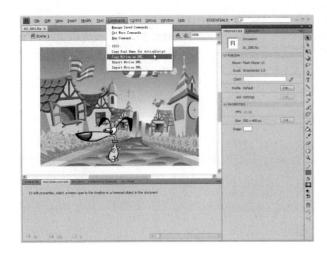
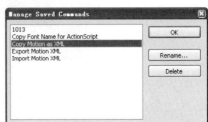

选择要更改名称的命令，然后单击Rename按钮，在弹出的对话框中可以更改名称。如果想删除命令，首先选择要删除的命令，然后单击Delete按钮即可。

SAVE AND COMPACT命令

这里有一个非常有趣的现象。选择菜单栏中的Edit>Undo命令或使用HISTORY面板，移动到前一操作步骤后，并不会对影片的大小产生影响。例如，以影片格式打开容量很大的动态视频后，即使取消操作，使用Redo命令也能返回取消之前的步骤，从而保留动态视频的相关信息。为了彻底删除取消了的项目，我们可以选择菜单栏中的File>Save and Compact命令。

Flash CS4从新手到高手

自由移动到影片的相关操作步骤

PART 01
PART 02
PART 03
PART 04
PART 05
PART 06
PART 07
PART 08

EXAMPLE 05

首先我们将了解如何快速移动到影片制作的特定步骤，然后将了解如何从HISTORY面板中保存的操作步骤中选择并复制所需操作，并在指定要素中应用这些操作，最后还将学习将操作步骤保存为命令并加以应用的方法。

 **阶段 1** 阶段 2 阶段 3

使用Undo和Redo命令移动操作步骤

下面我们将了解如何快速移动到前/后面的操作步骤。

01 选择菜单栏中的File>Open（Ctrl + O）命令，打开Sample\Part_01\01_005.fla文件。

02 为了设置取消执行操作的步骤，选择菜单栏中的Edit>Preferences（Ctrl + U）命令，将取消步骤（Undo）设置为4，然后单击OK按钮。

 TIP

取消执行操作的步骤数最小可设置为2，最大可设置为300。该值越大，则返回到前面步骤的信息也越多，因此对计算机内存的占用会越大。

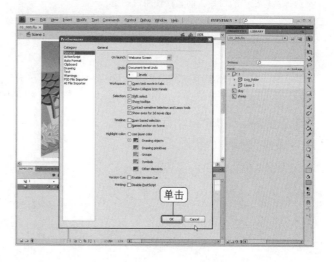

单击

03 将库面板中的sheep元件拖动到场景中，拖动6次，并将元件放置在指定地方。

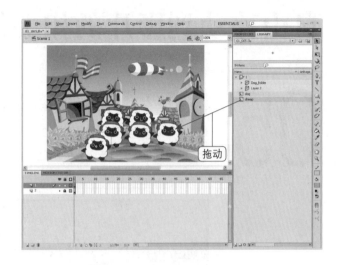

04 为了取消前面的操作，选择4次菜单栏中的Edit>Undo(Ctrl + Z)命令。这里取消了前面操作步骤中的4个步骤，因此还保留两个步骤结果。

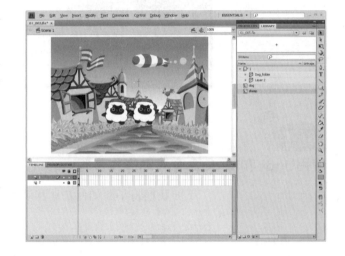

最好记住常用命令的快捷键。这里我们可以不选择菜单栏中的命令，而直接使用快捷键 Ctrl + Z 。

05 下面我们将复原前面取消过的4个操作步骤。选择4次菜单栏中的Edit>Redo(Ctrl + Y)命令，这样便返回到了步骤3的状态。

06 为了进行后面测试，再次将取消执行操作的步骤数更改为100。

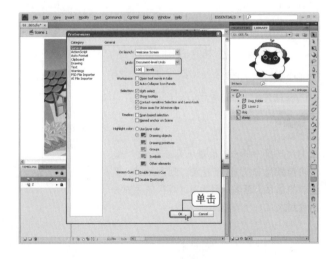

利用HISTORY面板进行取消和再执行操作

单击HISTORY面板中保存的操作内容，可以对其进行移动，此外还可以在其他要素中应用这些操作内容。下面我们就来了解应用不同操作内容创建角色阴影的方法。

01 将界面构成更改为DESIGNER，重新打开01_005.fla文件。接下来将库面板中的dog元件拖动到场景中。

02 如果没有显示HISTORY面板，选择菜单栏中的Window>Other Panels>History(Ctrl + F10)命令，激活HISTORY面板。

前面我们将取消执行操作的步骤数设置为4，这样HISTORY面板中也只显示4个步骤。为了能够跟着操作过程学习，这里我们必须将其设置为20以上。

03 选择场景中的dog元件，然后依次选择菜单栏中的Edit>Copy(Ctrl + C)、Edit>Paste in PLace(Ctrl + Shift + V)命令。

依次选择菜单栏中的Edit>Copy(Ctrl + C)、Edit>Paste in Place(Ctrl + Shift + V)命令，可以在场景中央复制所选择元件。

04 接下来将复制后的角色创建为阴影。在TRANSFORM面板中将水平倾斜值设置为70。

05 然后将要用作阴影的角色移动到如图所示的位置。

06 为了创建阴影，单击PROPER-TIES面板FILTERS选项区中的Add filter按钮，然后选择Drop Shadow命令。

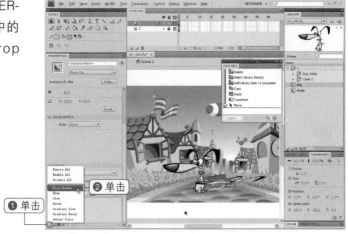

07 显示阴影相关的选项后，将Blur X值设置为30，Blur Y值设置为30，颜色设置为黑色。此外，为了只显示阴影，这里勾选Hide object复选框。

查看HISTORY面板会发现，与Flash CS3不同的是，滤镜属性设置中的操作步骤均显示为红色的X。也就是说，无法对其进行连续执行。

08 这里存在的问题是，阴影位于原始图像的上方。为了将阴影放到原始图像的下方，选择菜单栏中的Modify>Arrange>Send Backward(Ctrl+↓)命令。

09 选择HISTORY面板中的Copy命令，然后在按住 Shift 键的状态下单击Add filter命令。接下来在按住 Ctrl 键的状态下选择Arrange命令。

10 单击Copy selected steps to the clipboard按钮，保存所选择的命令组。

11 将库面板中的sheep元件拖动到场景中，然后单击Replay按钮，或选择菜单栏中的Edit>Paste in Center(Ctrl+V)命令。

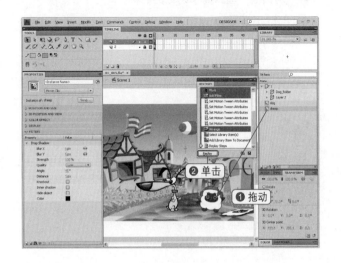

12 可以看到应用阴影后的效果，但没有设置阴影的位置和滤镜的属性。下面我们先在PROP ERT-IES面板的FILTERS选项区中设置Blur值和Hide object，然后如右图所示更改阴影的位置。

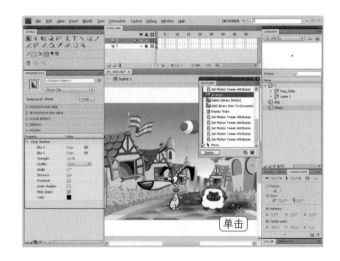

利用命令保存和管理执行步骤

关闭Flash后无法使用HISTORY面板中保存过的操作步骤。如果需要反复使用，我们可以以命令的形式保存前面操作过的步骤，以便日后需要时直接使用。

01 继续前面的操作。为了将所选择的命令注册到Commands菜单中，单击HISTORY面板中的Save selected steps as a Command按钮。

02 在弹出的Save As Command对话框中输入简单易记的名称，然后单击OK按钮。

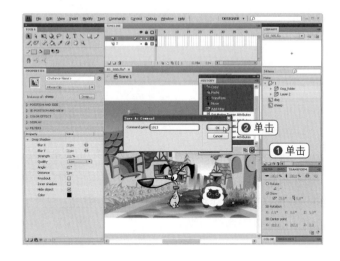

所谓再使用，指的就是保存前面创建的动作，在以后需要时打开使用。Adobe公司收购Macromedia公司以后，在其软件中新增了很多类似功能。不管是对新手还是对专家来说，这些功能都非常实用。

03 删除场景中的元件和阴影，重新将dog元件拖动到场景中。

04 接下来我们将应用阴影。在Commands菜单中选择前面创建的命令。

05 选择完命令后，再如右图所示设置阴影参数。

06 选择菜单栏中的Control>Test Movie(Ctrl + Enter)命令，测试结果。

07 可以看到，阴影会跟随角色而运动。

PART 01
PART 02
PART 03
PART 04
PART 05
PART 06
PART 07
PART 08

反编译当前网页中的 Flash影片

浏览各种网页时，我们经常会看见很多华丽的Flash影片。此时，我们难免会产生反编译这类影片的冲动。下面我们就来具体进行操作。

网页中Flash影片的扩展名是SWF。使用Sothink SWF Decompiler软件（此外还有很多其他软件）可以打开这种SWF文件并将其转换为FLA文件。安装该软件后，在浏览器中可以看到Sothink SWF Capture图标。单击该图标，会显示当前页面中的SWF文件目录。

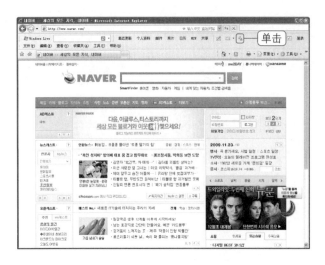

勾选目录中的SWF文件，然后单击Save按钮保存文件，接下来单击SWF Decompiler按钮。

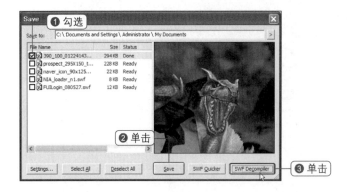

启动Sothink SWF Decompiler软件后会发现，左侧有影片中使用的Resources。仅选择所需项目，如果都需要则单击Export FLA/FLEX按钮。

启动Flash软件可以打开已转换为FLA文件格式的影片。按照相同方法，我们可以打开并反编译其他Flash影片。

前面已经讲过，除了该软件之外，还有好几种类似软件。用户可以在门户网站中搜索，然后选择并使用最合适的软件。有时候，这类软件对创作Flash影片非常实用。

Flash CS4

Part 02

▶ **灵活应用Flash
提供的各种工具**

- - - - - - - - - - - - -

　　下面我们将了解制作影片之前必须
知道的常识性内容。所谓常识，指的就
是可了解，也可不了解的内容，但了解
后会对学习产生很大帮助。在利用Flash
制作影片之前，我们必须首先了解一些
该软件的常用工具。下面我们就来详细
介绍Flash CS4提供了哪些工具以及如
何使用这些工具。

了解Flash影片中使用的各种要素

我们将制作影片时使用的所有内容统称为要素。这里所讲的要素，既可指线条、圆等各种图形，也可指从外部打开的图像、动态视频、音频等。我们可以将这些内容统称为要素。这些内容读者理解起来有困难吗？下面我们就来具体了解各种要素以及如何使用这些要素。

理解位图和矢量图的概念

一般的图形要素分为矢量图和位图。Flash和Illustrator软件基本上使用矢量图方式。使用矢量图时，即使放大该图像也不会使图像失真。而Photoshop和其他照片相关软件基本上使用位图方式。位图和原始照片很类似，但容量较大，放大图像时还会破坏图像的清晰度。

▲ 位图图像

▲ 矢量图图像

位图图像

位图图像由像素（四边形的小点）组成，使用像素相关的颜色值等信息表现图像。高分辨率的图像需要使用很多像素，因此会增大图像的容量。谈到显示器分辨率时，我们经常会使用800×600像素、1024×768像素等。这种说法指的是横/竖方向上像素的个数。位图图像受分辨率的影响。也就是说，将图像分辨率从800×600像素变为1024×768像素时，图像会出现锯齿并变得模糊不清。

TIP

前面我们简单介绍了矢量图和位图图像。也许有的读者还没有完全理解，不过不用担心，我们只需有个大致了解就行。矢量图容量偏小，放大图像也不会使图像失真；而放大位图图像时，会导致图像模糊不清。

矢量图图像

矢量图图像也称为绘图图像，在数学上定义为一系列由贝塞尔曲线连接的点，因此不受分辨率的影响。也就是说，不管如何放大，图像都不会失真。同时，矢量图图像的容量比位图图像小。Flash影片基本上采用矢量图方式，因此容量相对偏小。但矢量图图像逼真度较低，无法像位图图像一样如实表现对象。

创建由笔触和填充构成的要素

查看工具面板，可以看到下端的笔触（边框）和填充颜色。Flash中创建的要素包括笔触和填充颜色。根据实际需要，我们也可以不选择使用这些笔触和填充颜色。

为了方便理解，下面我们来绘制一个矩形。选择工具箱中的矩形工具（▣）后，在PROPERTIES面板中更改笔触颜色、填充颜色以及笔触大小，然后在场景中拖动绘制。可以看到一个由笔触颜色和填充颜色组成的矩形。

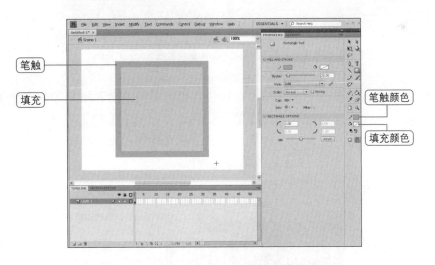

笔触

填充

笔触颜色

填充颜色

使用选择工具（▶）单击矩形内部，选择填充颜色。之后按下 Esc 键取消选择，接下来选择矩形边缘的笔触颜色。单击时，仅选择单击后的笔触颜色。双击笔触颜色的话，可选择所有具有相同属性（颜

色、大小）且相互连接的笔触颜色。为了选择填充以及所有相连的笔触颜色，双击填充颜色。

▲ 选择填充

▲ 选择笔触

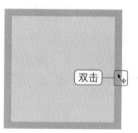

▲ 选择全部笔触

▲ 选择所有填充和笔触

这里我们需要掌握，笔触和填充是两个概念。如果想绘制只有边框的矩形，先选择填充颜色，然后按下 Delete 键即可。反之，如果想删掉边框（即笔触颜色），先双击笔触颜色，然后按下 Delete 键即可。

▲ 删除填充颜色后的矩形

▲ 删除笔触颜色后的矩形

绘制图形之前，可以设置是否使用笔触和填充颜色。如果不想使用笔触颜色，先在笔触颜色选择面板中选择无色（▨），然后创建即可。反之，如果不想使用填充颜色，先在填充颜色选择面板中选择无色（▨），然后创建即可。

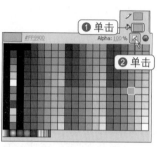

▲ 不使用填充颜色时的设置

▲ 不使用填充颜色时绘制的矩形

将分离的要素创建为组

EXAMPLE 06

分离的要素互相重叠时，放在下面的要素就会被删掉。此外，移动分离的要素时，必须选择所有要素。为了解决这类问题，我们可以选择这些要素并将其创建成组，以方便管理。

PART 01
PART 02
PART 03
PART 04
PART 05
PART 06
PART 07
PART 08

创建组要素的方法

下面我们将讲解将指定要素创建成组的方法。将多个要素创建成组可以方便管理。

01 选择菜单栏中的File>Open（Ctrl + O）命令，打开Sample\Part_02文件夹中的02_001.fla文件。

02 可以看到两个具有分离属性的角色。选择工具面板中的选择工具，框选右边的角色。

Part 02 灵活应用Flash提供的各种工具

73

03 为了使所选角色具有组属性，选择菜单栏中的Modify>Gr-oup命令。

04 选择场景中的角色，可以看到该角色变为了由轮廓组成且具有组属性的角色。

要素具有组属性后，选择和移动都变得非常方便，即使重叠也不会对其他要素产生影响。

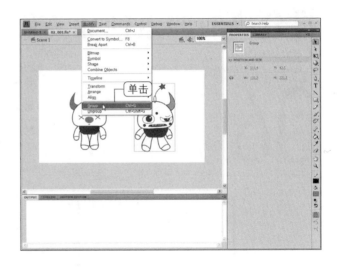

05 使用绘图工具创建要素时，便可直接应用组属性。下面我们就来绘制具有组属性的对角线。

06 选择线条工具，可以发现工具面板下端出现了Object Drawing（▣）图标。如果已选择了该选项，绘制的要素就会自动创建成组。

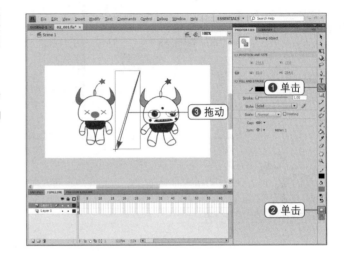

07 当分离的要素和组互相重叠时，组会位于分离要素的上方。在同一组中，先创建的要素位于上方。

08 对左边角色进行相同的组设置。如果两个角色互相重叠，后创建的左边角色位于上方。

09 为了将位于下方的右边角色放到左边角色的上方，选择菜单栏中的Modify>Arrange>Bring Forward(Ctrl+↑)命令。

10 可以看到，右边角色位于左边角色的上方了。

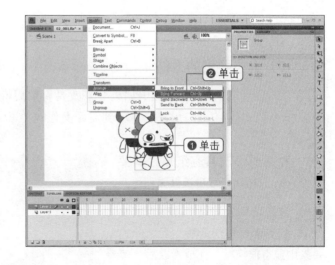

② 单击

① 单击

PART 01
PART 02
PART 03
PART 04
PART 05
PART 06
PART 07
PART 08

深入了解

要素重叠时如何更改顺序

两个要素重叠时，根据实际需要，我们经常要更改它们的优先顺序。选择菜单栏中的Modify>Arrange命令，会看到很多关于要素优先顺序的命令。

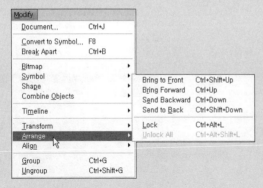

- Bring to Front（移至顶层）(Ctrl + Shift + ↑)：将所选择的要素移到最上方。
- Bring Forward（上移一层）(Ctrl + ↑)：将所选择的要素向上移动一层。
- Send Backward（下移一层）(Ctrl + ↓)：将所选择的要素向下移动一层。
- Send to Back（移至底层）(Ctrl + Shift + ↓)：将所选择的要素移到最下方。
- Lock（锁定）(Ctrl + Alt + L)：锁定对象。
- Unlock All（解除全部锁定）(Ctrl + Alt + Shift + L)：解除对象的锁定状态。

修改和分离组要素的方法

在Flash中如果要修改具有组属性的要素，只需双击该要素即可。双击后，会移动到需要操作的要素，而无关的要素就会变模糊。

01 如果要修改具有组属性的要素，只需简单双击该要素即可。

02 查看场景会发现，具有组属性的要素显得很清晰，而之外的要素则显得很模糊。完成修改后，单击场景上方的场景名称，或单击旁边的"转到前一个"箭头。

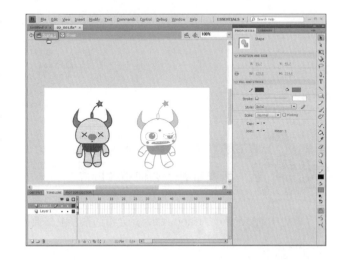

03 接下来我们将打散具有组属性的要素。选择组要素，然后选择菜单栏中的Modify>Ungroup (Ctrl + Shift + G)命令。

04 选择分离后的要素，则需同时选择笔触和填充颜色。

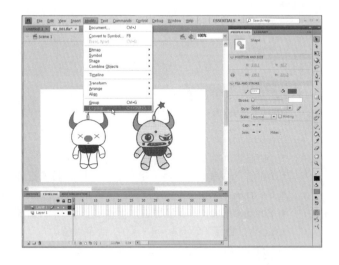

分离组的其他方法

选择菜单栏中的Modify>Ungroup命令可以分离组。此外，Modify>Break Apart(Ctrl + B)命令也具有相同功能。该命令不仅可以分离组，还可以分离元件、图像等。

利用Flash导入外部要素

下面我们将了解如何导入制作影片时要利用到的外部文件（位图、矢量图、音频和视频等），以及如何在PROPERTIES面板中管理这些文件。当然，仅使用Flash自身的资源也可以制作影片，但如果没有这些外部文件，就很难制作更加精美的Flash影片。

打开图像、音频、动态视频的命令

在Flash中可以打开外部图像、音频、动态视频等文件。选择菜单栏中的File>Import命令，可以看到4种有关导入的命令。

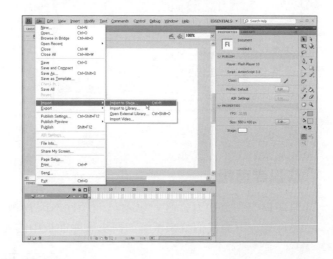

- **Import to Stage（导入到舞台）**：将外部文件导入到场景和库面板中。
- **Import to Library（导入到库）**：将外部文件仅导入到库面板中。
- **Open External Library（打开外部库）**：将Flash文件（.fla）仅导入到库面板中。
- **Import Video（导入视频）**：可导入视频文件。

选择菜单栏中的File>Import>Import to Stage(Ctrl+R)命令，会弹出Import对话框。在Import对话框中的"文件类型"下拉列表中可以看到Flash支持打开的文件格式。此时需要注意的是，为了自由打开和应用各种格式的文件，必须首先安装QuickTime软件。如果当前计算机中还没安装该软件，可先在门户网站（如Sina、Sohu等）中搜索，然后下载安装。QuickTime软件是一款免费软件，下载安装后即可使用。

认识库面板

库面板中存放所有元件，以及从外部导入的音频、动态视频、图形文件等。下面我们就来了解如何更改库面板中的元件名称和类型。

PART 01
PART 02
PART 03
PART 04
PART 05
PART 06
PART 07
PART 08

❶ **选择文件**：当前操作文件的目录。显示所选文件的库面板要素。

❷ **固定当前库**：固定所选库的项目。

❸ **复制库面板**：再创建一个相同的库面板。在打开其他库面板中的库项目时非常有用。

❹ **新建元件**：创建新的元件。其功能与选择菜单栏中的Insert>New Symbol...(Ctrl + F8)命令一样。

❺ **新建文件夹**：创建新的文件夹。使用文件夹管理元件、要素等。

❻ **更改元件属性**：更改元件的类型（影片剪辑、按钮和图形）。

❼ **删除**：从库面板中删除所选项目。

在库面板中不仅可插入动态视频、图像、音频，还可插入多种要素。为了便于管理众多要素，我们可使用文件夹功能。单击库面板中的"新建文件夹"按钮，便可创建新的文件夹。我们还可更改文件夹的名称。更改文件夹名称时，只需双击文件夹名称部分，然后再进行修改即可。文件夹创建好后，再将待插入的要素拖动到文件夹上方。双击文件夹图标，可以查看或隐藏插入到文件夹内的要素。

完成影片的制作后，还需查找并删除库面板中的无用项目。虽然我们没有使用这些项目，但它们会占用影片的容量。在库面板的扩展菜单中选择Select Unused Items命令，这样就会显示未使用的项目。另外一种方法是，选择Keep Use Counts Updated或Update Use Counts Now命令，如果显示使用次数为零，便可删除该项目。

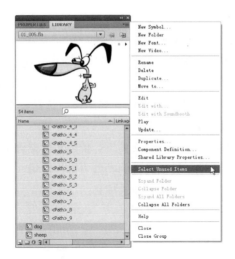

有时我们需要打开并使用前面操作过的Flash文件的元件或要素。此时可选择菜单栏中的File>Import>Open External Library(Ctrl + Shift + O)命令，这样会不打开Flash文件，只打开该文件的库面板。将库面板中的元件和要素拖到指定场景或库面板，元件和要素便会自动保存到当前文件的库面板中。

在Flash中创建影片时需要
用到的各种类型图像

EXAMPLE
07

下面我们将了解在Flash中导入外部图像文件的方法。利用这些方法，我们可在保持图层属性的同时，导入Photoshop的PSD文件和Illustrator的AI文件。下面我们就来一起学习这些知识。

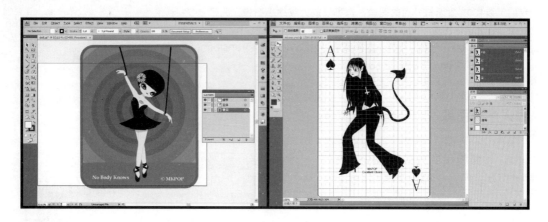

导入外部位图图像

下面我们将了解导入位图图像的方法。位图图像指的就是JPG, GIF, PNG等格式的文件。

导入外部图像文件

01 选择菜单栏中的File>Import> Import to Stage命令，在新窗口中导入位图图像文件。

02 弹出Import对话框后，选择 Sample\Part_02文件夹中的 Character.jpg文件，然后单击"打开"按钮。

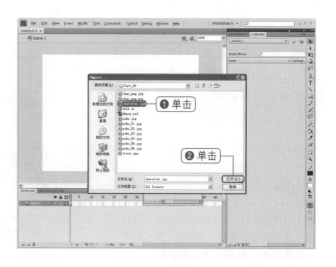

03 在场景和库面板中均会显示打开的图像。如果没有显示库面板，则选择菜单栏中的Window>Library(Ctrl+L)命令，激活库面板。

我们可以100%显示打开后的图像，也可以放大或缩小图像。为了100%显示图像，首先选择图像，然后在TRANSFORM面板中将其大小设置为100%。如果没有显示TRANSFORM面板，选择菜单栏中的Window>Transform(Ctrl+T)命令，激活该面板。

导入序列图像

01 按照相同的方法导入Sample\Part_02文件夹中的poko_01.jpg文件。在弹出的对话框中单击"是"按钮。

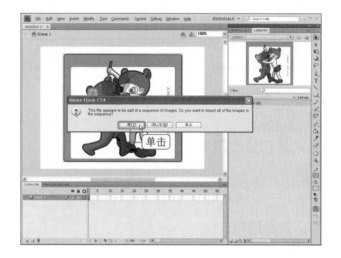

在Part_02文件夹中，从poko_01.jpg到poko_06.jpg，文件依次编上了序号。在导入此类文件时，Flash中会弹出要求用户选择是要打开所选择的文件，还是要打开所有相关编号文件的对话框。

02 可以看到依次在帧中插入图像后的样子。当然，库面板中也同样保存了该图像。

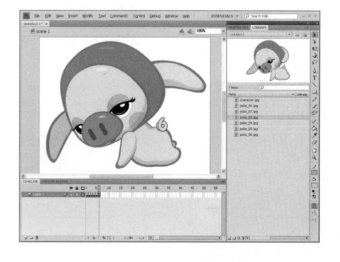

放大位图图像时，会产生锯齿现象。因此，过度放大原始图像时，会对影片产生影响。实际操作时，最好先将图像设置为适当大小，然后再在Flash中导入图像。

导入Illustrator文件

下面我们将了解利用Flash打开Illustrator文件（*.ai）的方法。到目前为止，Flash的绘图功能还不如专业图形图像软件。因此，一般要在Illustrator中绘制图形，然后再在Flash中打开并利用该文件。

01 在Illustrator软件中打开Sample\Part_02\doll.ai文件。可以发现，图像是由3个图层构成的。

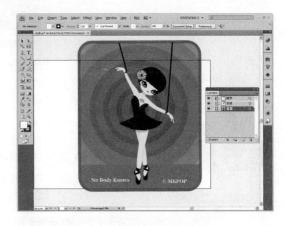

02 返回Flash中，选择菜单栏中的File>Import>Import to Stage命令，导入Illustrator文件（*.ai）。

03 在弹出的Import对话框中选择Sample\Part_02文件夹中的doll.ai文件，然后单击"打开"按钮。

04 在弹出的Import "doll.ai" to Stage对话框中勾选要打开的选项。

05 接下来将图层的要素创建为影片剪辑元件。首先选择图层，然后勾选Create movie clip复选框，将Registration设置为中央位置。完成设置后，单击OK按钮。

影片剪辑元件常用于创建独立运动的要素。实例名称是场景中影片剪辑的名称，参考实例名称可以控制动作。选择场景中的影片剪辑，可随时在PROPERTIES面板中设置实例名称。

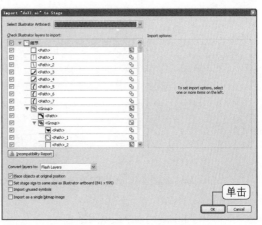

Part 02 灵活应用Flash提供的各种工具

83

06 导入文件后，可见在场景中添加了3个新图层，并且这些图层要素已保存为影片剪辑元件。

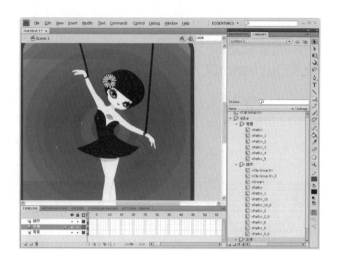

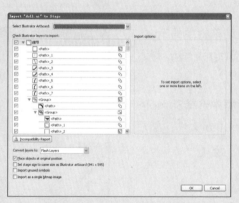

Import "doll.ai" to Stage对话框的相关选项

这里简单介绍相关的选项，以方便大家理解。如果想了解更多详细内容，可参考Flash帮助信息。

- Flash Layers：将AI文件的各图层转换为Flash文件的图层。
- Keyframes：将AI文件的各图层依次插入Flash文件的帧中。插入了某种要素的帧称作关键帧。
- Single Flash Layer：将AI文件的所有图层插入到Flash文件的单一图层中。
- Place objects at original postion：将AI文件中要素的位置（坐标）放置在Flash场景中的相同位置。如果不勾选该复选框，要素将会置于场景中央。
- Set stage to same size as Illustrator artboard/crop area：将场景大小更改为AI文件的操作区域或裁剪区域的大小。
- Import unused symbols：在Flash库面板中打开未使用的且已在库面板中保存过的所有元件。
- Import as a single bitmap image：将AI文件作为单一位图图像导入。

- **Import as Bitmap**：将在Check Illustrator layers to import中选择的图层或要素转换为位图图像并打开。
- **Create movie clip**：将Check Illustrator layers to import中选择的图层或要素转换为影片剪辑元件并打开。Instance name（实例名称）与元件名称是两个不同的概念，在动作中识别影片剪辑时，使用的是实例名称。Registration（注册）就是决定将影片剪辑的中心点放在什么地方。大小变化、旋转等都是以中心点作为基准。

在Check Illustrator layers to import列表框中勾选的复选框不同，其选项也会不同。本书由于篇幅限制，在此不一一列举，具体请参考帮助信息。

导入Photoshop文件（PSD）

下面我们一起了解如何在Flash中导入Photoshop文件。为了打开包含图层信息的Photoshop文件，首先必须将文件保存为Photoshop的基本文件格式，即PSD格式。

将Photoshop文件的图层导入为相同的Flash图层

01 利用Photoshop软件打开mkpop.psd文件。可以看到，图像是由3个图层构成的。

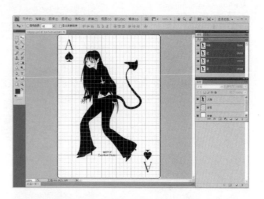

02 为了在Flash中导入Photoshop文件（*.psd），选择菜单栏中的File>Import>Import to Stage命令。

03 在弹出的Import对话框中选择Sample\Part_02文件夹中的mkpop.psd文件，然后单击"打开"按钮。

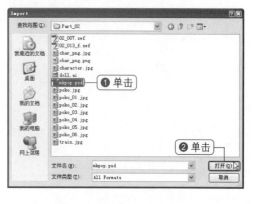

04 在弹出的Import "mkpop.psd" to Stage对话框中如右图所示进行设置，然后单击OK按钮。

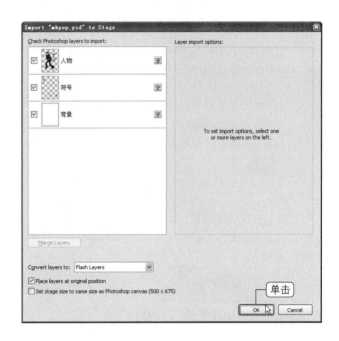

05 打开文件后，当前场景中会添加3个新图层。可以发现，这些图层中的元素均以组的形式存在。

導入并使用其他Flash文件中的要素

在制作影片的过程中，有时我们需要使用其他Flash文件（*.fla）中的要素。此时，不打开Flash文件，只打开库面板会更方便。

01 选择菜单栏中的File>Open（Ctrl+O）命令，打开Sample\Part_02文件夹中的02_002.fla文件。

02 接下来我们将在已打开的文件中插入其他Flash文件中的角色。

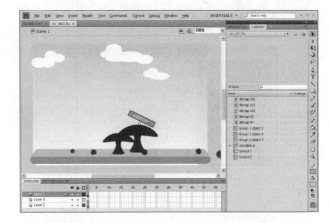

03 选择菜单栏中的File>Import>Open External Library命令。弹出Open as Library对话框后，选择Sample\Part_02文件夹中的02_003.fla文件，然后单击"打开"按钮。

04 可以看到，当前只打开了02_003.fla文件的库面板。将库面板中的角色拖到场景（此时需选中背景图层，本例为Layer 1图层），会自动添加在02_002.fla文件的库面板中。

TIP

外部的文件可以不插入到场景中，而是直接拖动并插入到库面板中。我们可以根据实际情况选择比较方便的方法。

位图图像文件的优化及相关应用

EXAMPLE

08

前面展示了如何导入位图图像文件，接下来将介绍如何优化位图图像文件、如何分离和使用这些位图图像，以及如何打开背景透明的位图图像。

缩小图像文件的容量

下面介绍既能保持外部导入的位图图像文件的画质，同时还能缩小文件容量的方法。位图图像文件的容量通常都很大，因此需要进行这种优化操作。

01 选择菜单栏中的File>Import>Import to Stage命令。

02 弹出Import对话框后，选择Sample\Part_02文件夹中的train.jpg文件，然后单击"打开"按钮。

03 利用鼠标右键单击库面板中的图像文件，在弹出的快捷菜单中选择Properties命令。

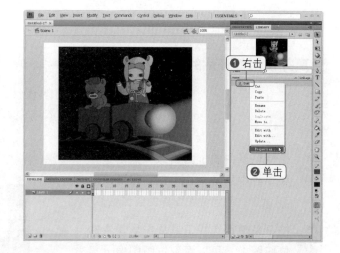

TIP

如果没有显示库面板，可以选择菜单栏中的Window>Library(Ctrl + L)命令，激活库面板。

04 弹出Bitmap Properties对话框后，选中Custom单选按钮，然后将Quality值设置为50。

05 接下来确认图像的缩小程度。单击Test按钮，可确认原始图像容量缩小的百分比。

TIP

可以将位图图像文件的画质设置为1~100。缩小影片容量时，首先在预览中查看图像，然后将其更改为合适画质的图像。

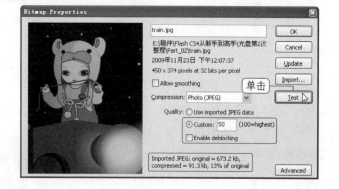

深入了解

Bitmap Properties对话框的作用

　　Flash CS4中进一步强化了位图图像的功能。单击Advanced按钮，可将位图图像与类文件连接起来，这样可以简化操作。这部分内容对设计人员或新手来说都不常用，我们只需了解这种功能即可。

分离并使用打开后的位图图像

打开后的位图图像具有组属性。下面我们将取消位图图像的组属性，以便更广泛地使用位图图像。

01 选择场景中的位图图像，然后选择菜单栏中的Modify>Break Apart（Ctrl + B）命令，取消位图图像的组属性。

02 接下来使用选择工具单击场景中的位图图像。可以看到位图图像分离后的样子。

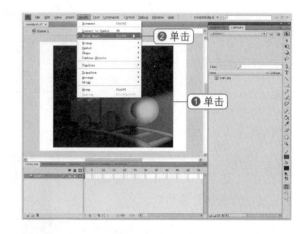

03 选择工具面板中的矩形工具，然后设置为不使用填充色，接下来将边角设置为50。

04 从图像左上角处拖动鼠标，绘制一个包含整个图像的圆角矩形。

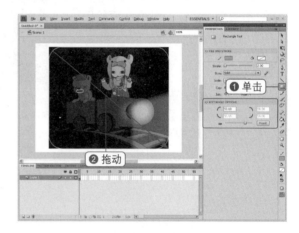

05 利用选择工具分别选择圆角矩形4个圆角未包含住的图像部分，然后按下 Delete 键将其删除，最后在圆角矩形轮廓线上双击鼠标将其选中，再删除轮廓线。

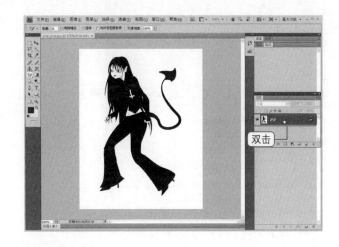

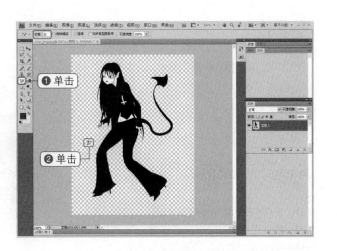

PART 01

PART 02

PART 03

PART 04

PART 05

PART 06

PART 07

PART 08

在Flash中导入背景透明的图像

下面我们了解如何在Flash中导入透明背景的位图图像文件。在Photoshop软件中将背景透明的位图图像保存为PNG文件格式即可。

01 打开Photoshop软件，然后打开Sample\Part_02文件夹中的char_png.jpg文件。

02 为了将图层面板中的"背景"图层更改为普通图层，双击该图层。

 TIP

在Photoshop CS4中使用魔术橡皮擦工具单击图像空白处，图层将自动转换为普通图层。

03 在弹出的"新建图层"对话框中更改图层名称，然后单击"确定"按钮。

04 在工具面板中选择魔术橡皮擦工具，单击图像的背景。可以看到白色四边形和灰色四边形相互连接的纹路，这表示背景是透明的。

 TIP

这里将"容量"设置为32。由于图像的界线比较清晰，该值越大，则边框就越简洁。

05 选择菜单栏中的"文件>存储为"（[Shift] + [Ctrl] + [S]）命令，接着设置用来保存文件的目标文件夹和文件名称，并将文件格式指定为PNG(*.png)，最后单击"保存"按钮。

06 在弹出的"PNG 选项"对话框中单击"确定"按钮。

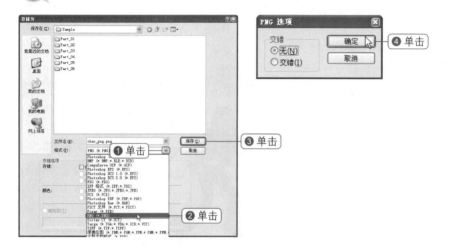

07 再次返回Flash软件，选择菜单栏中的File>Import>Import to Stage命令。弹出Import对话框后，选择前面所保存的文件，单击"打开"按钮。

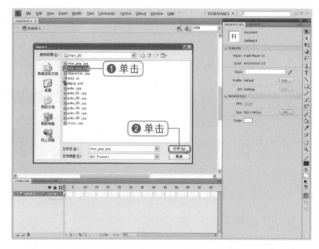

08 查看场景中打开的图像文件，可以看到背景是透明的。当背景是白色而无法清楚显示时，我们可以更改背景颜色。

有时，我们打开的图像显得很凌乱。此时，笔者一般对图像稍作一些修改。我们只需利用Photoshop软件，便能简单解决这类问题。

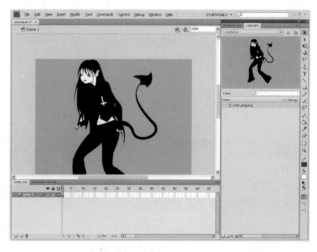

了解Flash CS4中的新增工具

Flash CS4中新增加了几种工具。Flash的老用户一定对此很感兴趣。下面我们就来了解Flash CS4中的新增工具。这些新增工具实际操作起来并不难。

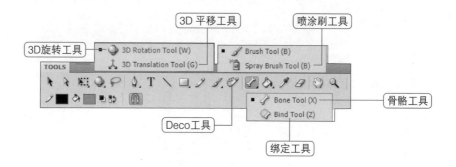

3D旋转工具

 Sample\Part_02\02_003a.fla

使用该工具可以沿着X、Y、Z方向旋转所选要素。将该工具运用到补间动画中时，可以使运动要素进行3D旋转。

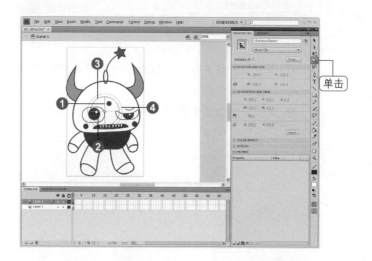

❶ 单击红色线条并进行拖动，可以沿着X轴方向旋转要素。

❷ 单击淡绿色线条并进行拖动，可以沿着Y轴方向旋转要素。

❸ 拖动里面的蓝色圆，可以沿着Z轴方向旋转要素。

❹ 拖动外面的黄色圆，可以沿着X、Y、Z轴方向自由旋转要素。

3D平移工具

利用该工具可以沿着X、Y、Z轴方向调整所选要素的大小和位置。

❶ 单击红色箭头并进行拖动，可以沿着X轴方向移动要素。

❷ 单击淡绿色箭头并进行拖动，可以沿着Y轴方向移动要素。

❸ 单击中央位置的圆并进行拖动，可以沿着Z轴方向更改要素大小。

喷涂刷工具

选择可以创建喷涂效果的喷涂刷工具，然后在场景中单击并进行拖动，可以看到利用喷涂刷喷涂特定要素的效果。

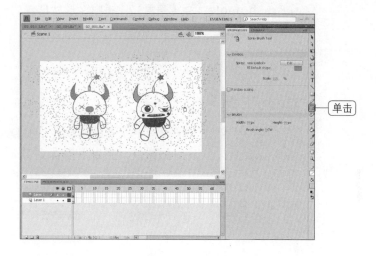

单击

SYMBOL

- Spray（喷涂）：显示要利用喷涂刷喷涂的元件名称。勾选Default shape复选框后，会显示为no symbol。
- Edit（编辑）：选择要应用喷涂刷工具的元件。
- Default shape（默认形状）：喷涂Flash CS4中默认提供的形状。使用默认形状时可以更改颜色。
- Scale（缩放）：设置使用形状（元件）的大小。可以更改默认形状的整体大小，但将形状设置为元件后，则可以设置不同的宽度和高度。
- Random scaling（随机缩放）：随机设置形状的大小。
- Rotate symbol（旋转元件）：沿着一定的方向旋转喷涂的形状。
- Random rotation（随机旋转）：沿着相互不同的方向旋转喷涂的形状。

BRUSH（画笔）

- Width/Height（**宽度/高度**）：以像素（Pixel）为单位设置喷涂形状的位置。
- Brush angle（**画笔角度**）：将喷涂形状创建成一个组时，设置该组的旋转角度。

Deco工具

该工具用于创建背景或特定要素的模板。选择Deco工具，然后单击场景，会看见创建出的树枝、树叶和花朵。我们也可以更改树叶和花朵。

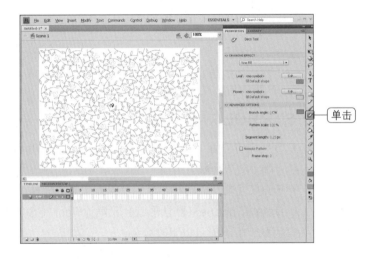

DRAWING EFFECT – Vine Fill（绘制效果——藤蔓式填充）

可以创建由花朵、茎杆和叶子组成的模板。

- Leaf（**叶**）：设置花的叶子。单击Edit按钮，可以选择已转换为元件的花叶。勾选Default shape复选框则应用默认设置的叶子。
- Flower（**花**）：选择花朵。单击Edit按钮，可以选择已转换为元件的花朵。勾选Default shape复选框则应用默认设置的花朵。

ADVANCED OPTIONS（高级选项）

- Branch angle（分支角度）：应用花朵的茎杆角度和颜色。更改角度后，有可能出现无法真实表现花朵的情况。
- Pattern scale（图案缩放）：设置应用模板的大小。该值越小，图案就越密。
- Segment length（段长度）：设置应用模板填充。该值越大，模板填充就会减少。
- Animate Pattern（动画图案）：在各帧中应用模板的应用过程。
- Frame step（帧步骤）：可以减少各帧的应用步骤。该值越大，在帧中应用的步骤就越短。

DRAWING EFFECT – Grid Fill（绘制效果——网格填充）

可以按照网格形式布置对象。

- Fill（填充）：按照一定间隔选择要布置的要素。单击Edit按钮，可以将要素转换为元件。勾选Default shape复选框，可以按照一定间隔布置黑色四边形。

ADVANCED OPTIONS（高级选项）

- Horizontal spacing（水平间距）：设置要素之间的水平距离。
- Vertical spacing（垂直间距）：设置要素之间的垂直距离。
- Pattern scale（图案缩放）：设置应用模板的大小。

DRAWING EFFECT – Symmetry Brush
（绘制效果——对称刷子）

可以在场景中创建锚点，并使用这些锚点自由调整要素。

- Module（模块）：按照一定的间隔将要素布置成圆形。单击Edit按钮，可以将要素更改为元件。勾选Default shape复选框，可以按照一定的间隔布置黑色四边形。

ADVANCED OPTIONS（高级选项）

选择Reflect Across Line（跨线反射）、 Reflect Across Point（跨点反射）、Rotate Around （绕点旋转）或Grid Translation（网格平移），可以按照不同的方式布置要素。

骨骼工具

在对象中创建骨骼和关节的工具。骨骼的移动会导致对象发生变化。下面的图像是由4个影片剪辑元件连接而成的。使用骨骼工具也可以创建自由移动的效果。

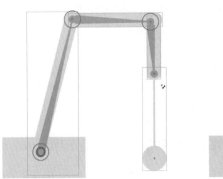

绑定工具

绑定工具与骨骼工具一起使用，用于连接骨骼的关节处和要素的特定支点。我们可以将其看作连接骨骼和肉的工具。由于关节和特定支点相互连接，关节和要素会做相同的运动。该工具只能应用于具有分离属性的对象。

使用Flash CS4中的新增工具

PART 01
PART 02
PART 03
PART 04
PART 05
PART 06
PART 07
PART 08

EXAMPLE

09

前面我们介绍了Flash CS4中新增工具的功能以及新增工具的各种选项，接下来我们将逐一了解这些新增工具及其选项的设置方法。这里列举的实例都很简单，大家很容易就能理解。

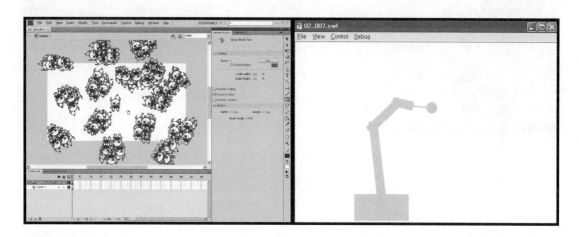

阶段 **1** 阶段 **2** 阶段 **3** 阶段 **4** 阶段 **5**

利用3D旋转工具对要素进行3D变形

下面我们将使用3D旋转工具创建三维运动的效果。这里虽然使用3D这个词，其实也就是对2D图像进行X、Y、Z轴方向的变形。

01 选择菜单栏中的File>Open（Ctrl + O）命令，打开Sample\Part_02文件夹中的02_004.fla文件。

02 按下 Enter 键，可以看到从右侧向左侧运动的1元件。

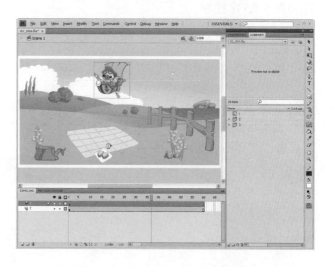

Part 02 灵活应用Flash提供的各种工具

99

03 将播放头移动到第60帧，然后沿着 X、Y、Z轴方向对角色进行变形。

04 按下 Enter 键浏览动画。

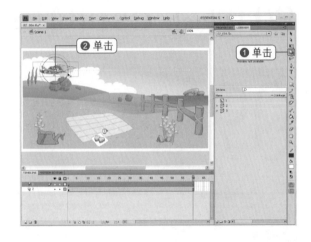

TIP

若要在补间中去掉3D属性，可以利用鼠标右键单击应用了动作补间的帧，然后取消勾选3D Tween命令。

阶段 1　阶段 **2**　阶段 3　阶段 4　阶段 5

利用喷涂刷工具在场景中喷涂角色

使用喷涂刷工具可以创建喷涂效果。我们可以使用喷涂刷工具创建星星形状，然后在场景中创建夜晚的星空。我们还可以使用喷涂刷工具在场景中喷涂角色。

01 选择菜单栏中的File>Open（Ctrl + O）命令，选择Sample\Part_02文件夹中的02_005.fla文件。

02 选择图像后，接下来选择菜单栏中的Modify>Convert to Symbol（F8）命令。弹出对话框后，设置完Name和Type后单击OK按钮。

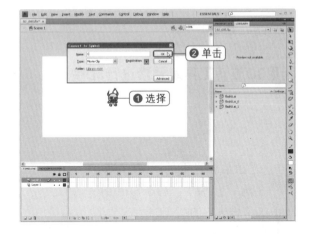

03 选择喷涂刷工具，然后单击PROP-ERTIES面板中的Edit按钮。弹出对话框后，选择刚才创建的元件，然后单击OK按钮。

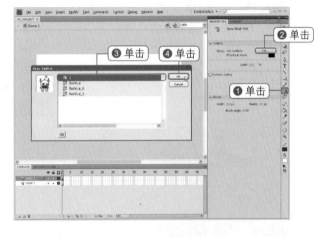

04 接下来在场景中单击并拖动，可以发现，场景中喷涂的不是点，而是角色。

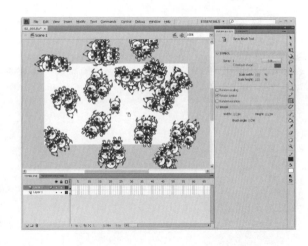

阶段1 阶段2 阶段3 阶段4 阶段5

利用Deco工具创建特定图案

利用Deco工具可以在特定区域中插入图案，并可以将花朵和叶子更改为所需图案。

01 选择菜单栏中的File>Open（Ctrl + O）命令，打开Sample\Part_02文件夹中的02_006.fla文件。

02 此时可见库面板中包括花朵和叶子两个元件。

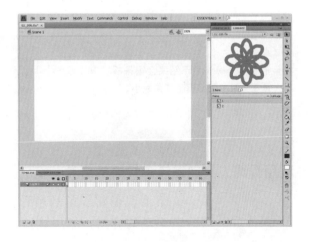

03 选择Deco工具，然后单击位于PR-OPERTIES面板Leaf区域中的Edit按钮。

04 弹出对话框后，选择2元件，然后单击OK按钮。

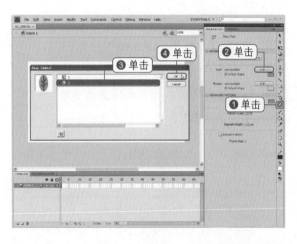

05 接下来单击位于Flower区域中的 Edit按钮。弹出对话框后，选择1 元件，然后单击OK按钮。

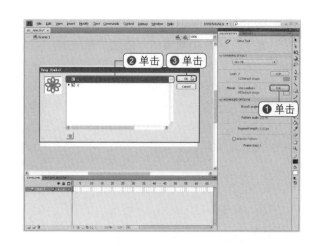

06 在场景中创建大小适当的圆，然后 选择Deco工具单击圆，应用图案。

07 如果没有圆或其他形状进行约束， 将对整个场景应用所设置的图案。

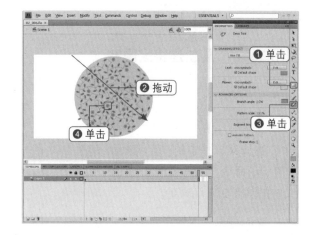

花朵形状过大时，显示结果会很呆板。需要显 示大量花朵时，最好缩小花朵大小。

阶段 **1** 阶段 **2** 阶段 **3** 阶段 **4** 阶段 **5**

利用骨骼工具创建包含骨骼的影片

下面我们将了解利用骨骼工具连接多个影片剪辑元件并控制其 运动的方法，利用这种运动可以创建相互连接的动画。

01 选择菜单栏中的File>Open（[Ctrl] + [O]）命令，打开Sample\Part_02文 件夹中的02_007.fla文件。

02 将库面板中的1～4元件拖动到场景 中，然后如右图所示布置元件。

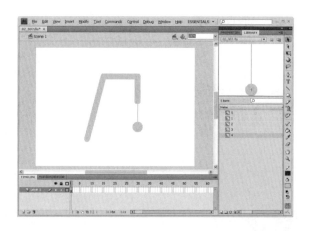

03 选择骨骼工具，然后单击1元件的下侧并将其拖动到与2元件的重叠处，创建第一个骨骼。

04 这样便利用骨骼工具将1和2元件连接起来了。

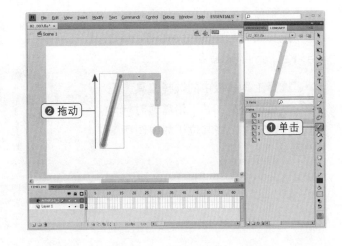

05 接下来利用骨骼工具连接2和3元件。单击连接1和2元件的支点，即关节所在处，然后将其拖动到3元件的上方。

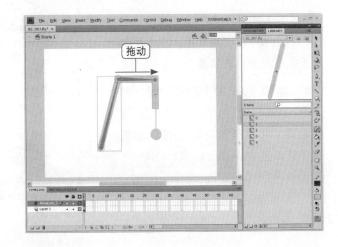

06 最后单击2和3相连的关节处，并将其拖动到4元件的上方，连接骨骼。

07 查看时间轴可以发现，生成了新图层。

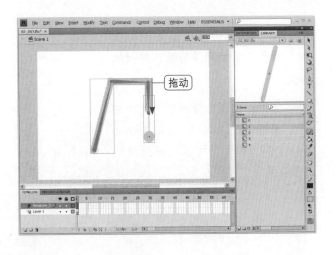

08 选择新增图层的第60帧，然后选择菜单栏中的Insert>Timeline>Keyframe(F6)命令。

09 选择工具面板中的选择工具，然后选择第20帧，沿着逆时针方向旋转4元件，使其位于如右图所示的位置。

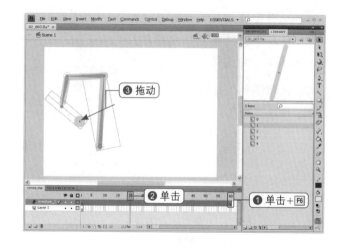

10 接下来选择第40帧，然后沿着顺时针方向旋转4元件，使其位于如右图所示位置。

11 选择Layer 1图层的第1帧，然后在1元件的底部添加0元件当作底座。接下来选择第60帧，然后选择菜单栏中的Insert>Timeline>Frame(F5)命令。

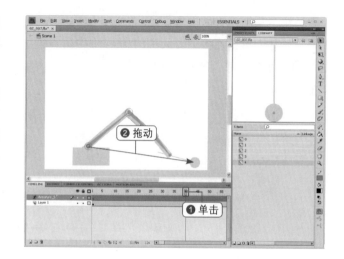

12 按下Enter键测试结果。可以看到，骨骼和关节相连并自然移动。

13 如果对结果比较满意，选择菜单栏中的Control>Test Movie(Ctrl + Enter)命令，可以观察连续的动画效果。

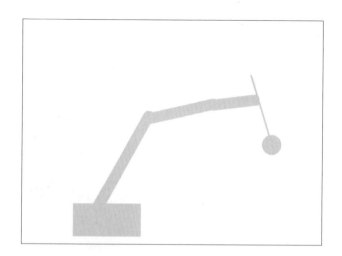

利用绑定工具连接骨骼和特定要素

绑定工具通常与骨骼工具同时使用。在具有分离属性的要素中创建骨骼时，绑定工具常用于连接分离后要素的特定位置。

01 在新窗口中绘制具有分离属性的四边形，然后使用骨骼工具绘制骨骼。

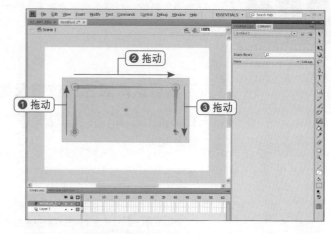

02 选择绑定工具，然后单击骨骼的关节处，这样在周边已连接的地方，或要连接的棱角处会生成黄色的四边形。

03 拖动骨骼的关节，将其与四边形连接起来。只有在要连接时才会显示黄色的连接线，以后将不会显示任何内容。此时可以设置多个连接线。

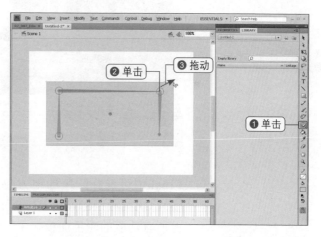

04 使用选择工具拖动已连接的关节部分。可以发现，所选的棱角部分会和关节一起运动。

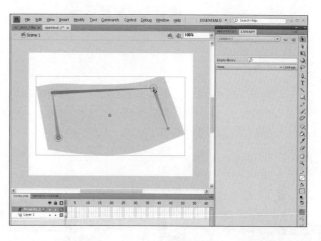

利用颜色将Flash影片变得更精致

下面我们一起了解如何使用颜色将动画中用到的要素变得更漂亮。前面我们已经讲过，Flash使用笔触颜色和填充色创建要素。也就是说，只有正确使用颜色，才能创建出令人满意的要素。

了解可选择颜色的位置及相关功能

首先我们需要了解可以选择颜色的位置，然后再了解相关部分的名称及功能。

Flash中可选择颜色的地方包括工具面板、PROPERTIES面板、COLOR面板及SWATCHES面板。下面我们就来认识包含颜色相关的所有功能的颜色面板，了解颜色面板的各构成部分的名称及其功能。充分掌握这些知识后，在Flash中使用颜色时便不会存在任何困惑。

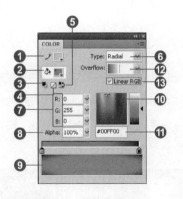

❶ Stroke color（笔触颜色）：设置要素的边框颜色。

❷ Fill color（填充颜色）：设置填充特定区域的颜色。

❸ Black and White（黑白）：将笔触颜色设置为黑色，填充颜色设置为白色。

❹ No color（无颜色）：将所选的笔触颜色或填充颜色设置为无颜色。

❺ Swap colors（变换颜色）：交换笔触颜色和填充颜色。

❻ Type（类型）：选择填充颜色的类型。

- None（无）：不使用任何填充颜色。
- Solid（纯色）：将填充颜色设置为单一颜色。
- Linear（线性）：两种以上的颜色呈线性渐变。
- Radial（放射状）：两种以上的颜色呈放射状渐变。
- Bitmap（位图）：用可选的位图图像平铺所选的填充区域。

❼ RGB：设置RGB（红色、绿色、蓝色）颜色的数值并选择颜色。

❽ Alpha：设置所选颜色的透明度。如果将该值设置为0%，表示该颜色是透明的；如果将该值设置为100%，则表示该颜色是不透明的。

❾ 当前颜色样本：表示当前所选颜色。选择Linear和Radial类型时，会显示调节渐变的滑块。

❿ 系统颜色选择器：可从视觉上选择颜色并调节颜色的明暗度。

⓫ 十六进制值：表示所选颜色的十六进制值。

⓬ Overflow（溢出）：控制超出渐变限制的颜色。

⓭ Linear RGB（线性RGB）：创建兼容SVG（可伸缩的矢量图形）的线性或放射状渐变。

创建并保存自定义颜色

10

创建具有立体感的要素时，使用渐变颜色可获得比使用单色更好的效果。下面我们就来了解创建渐变颜色的方法。创建渐变颜色后，我们还可以将创建好的渐变颜色保存起来，在以后需要时随时打开使用，而无需每次制作影片时都重新创建渐变颜色。

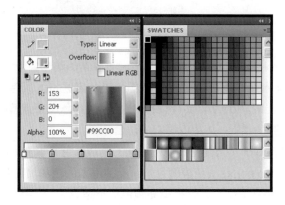

创建新的渐变颜色

接下来我们将了解如何创建新的渐变颜色。这里我们只介绍创建线性渐变颜色的方法，其实创建放射状渐变颜色的方法也是相同的。

01 在COLOR面板的Type下拉列表中选择Linear选项，可以看到两个用来选择颜色的滑块。选择左侧的滑块后，设置RGB颜色（255, 255, 255）和Alpha值（100%）。

02 按住右侧滑块一段时间后释放鼠标，或者直接对其双击，在显示的颜色目录中选择所需的颜色。

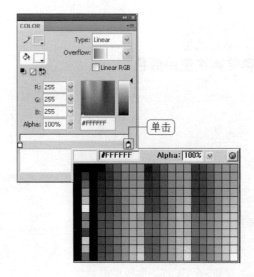

单击

TIP

单击滑块并对其左右拖动将会改变颜色。

 03 下面我们再增加一个新的滑块。单击滑块与滑块之间的位置，可以发现添加了新的滑块。将其更改为自己所需的颜色。

单击

TIP

将光标移到滑块和滑块之间时，光标会变为（⬚）。单击该处，便可添加新的滑块。可对其设置不同的颜色和透明度。

04 按照相同的方法创建所需的滑块。反之，如果要删除滑块，只需在按住滑块的状态下将光标拖到面板之外即可。

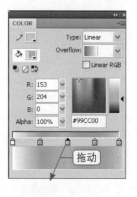

拖动

PART 01
PART 02
PART 03
PART 04
PART 05
PART 06
PART 07
PART 08

保存并再次使用颜色

下面我们将了解保存创建好的单色或渐变颜色，然后在需要时对其调用的方法。这样便无需在每次制作影片时都重新创建颜色，从而大大简化了操作。

01 为了保存创建好的颜色或渐变，单击面板扩展按钮后，在弹出的菜单中选择Add Swatch命令。

02 观察SWATCHES面板的颜色目录。可以发现，我们创建的渐变保存在列表的最后位置。

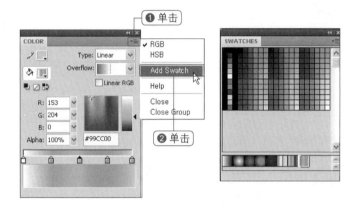

03 按照相同的方法，保存多个渐变和颜色。为了将Swatches面板的颜色目录保存为文件，单击面板扩展按钮后，在弹出的菜单中选择Save Colors命令。

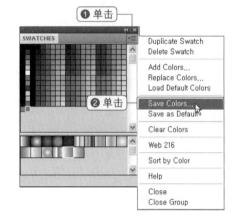

04 弹出Export Color Swatch对话框后，设置用来保存文件的目标文件夹和文件名称，然后单击"保存"按钮。

PART 01
PART 02
PART 03
PART 04
PART 05
PART 06
PART 07
PART 08

05 接下来选择菜单栏中的File>New(Ctrl + N)命令创建新文件。然后单击SWATCHES面板的扩展按钮，在弹出的菜单中选择Add Colors命令。

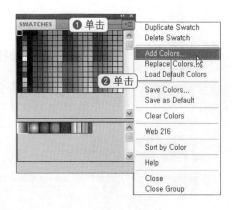

06 弹出Import Color Swatch对话框后，移动到保存过文件的文件夹并选择所需文件，然后单击"打开"按钮。

07 可以看到，在SWATCHES面板中调入的颜色。选择矩形工具，然后选择填充颜色，会显示更改后的颜色目录。

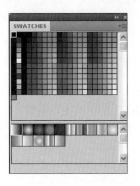

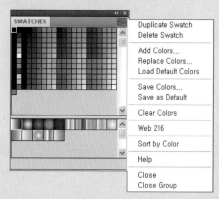

SWATCHES面板的相关选项

SWATCHES面板中包含了保存颜色的目录。扩展菜单中的命令具有在颜色目录中添加或删除颜色的功能。

- Duplicate Swatch（直接复制样本）：复制并添加所选的颜色。
- Delete Swatch（删除样本）：删除所选的颜色。
- Add Colors（添加颜色）：打开颜色信息文件并添加颜色。
- Replace Colors（替换颜色）：打开颜色信息文件，替换为新的颜色目录。
- Load Default Colors（加载默认颜色）：更改为默认颜色目录。
- Save Colors（保存颜色）：保存当前的颜色信息。
- Clear Colors（清除颜色）：只保留白色、黑色以及黑白色的渐变，删除其他所有颜色。
- Web 216（Web 216色）：利用网页中常用的216种颜色创建颜色目录。
- Sort by Color（按颜色排序）：排列颜色。

灵活使用Linear渐变和Radial渐变

PART 01
PART 02
PART 03
PART 04
PART 05
PART 06
PART 07
PART 08

EXAMPLE

11

首先我们将使用Linear（线性）渐变创建天蓝色背景，接下来再使用Radial（放射状）渐变创建不同于线性渐变的效果。在Radial渐变中，颜色从圆的中心开始逐渐向外发生变化。最后我们将用从外部导入的位图图像来填充对象。

利用Linear渐变创建背景

下面我们将利用由两种以上颜色自然连接而成的线性渐变创建蓝色的天空背景。

01 打开Part_02\02_008.fla文件。将布局更改为DESIGNER。

02 由于缺少背景，画面显得很单调。下面我们就来创建背景。在COLOR面板中将Type设置为Linear。

03 可以看到颜色面板色条中出现了两个
滑块，分别选择左侧和右侧的滑块，
并如右图所示设置RGB值。

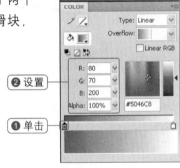

04 选择天空图层（Layer 3），然
后选择矩形工具，接下来在场
景中央绘制一个没有边框的小四
边形。

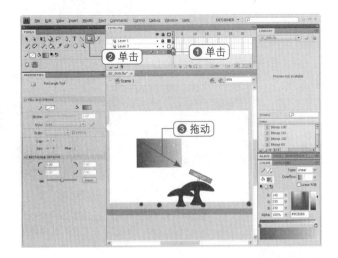

05 在任意变形工具菜单中选择渐
变变形工具，然后单击场景中
的四边形。

06 拖动角度控制手柄如右图所示
进行旋转，缩小渐变的应用范
围。由于是初次接触该工具，设置时
大家最好还是跟笔者保持一致。

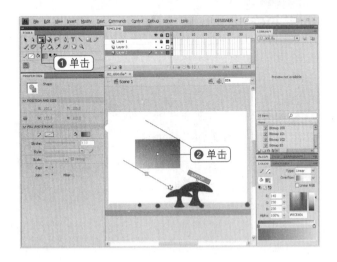

07 接下来选择任意变形工具，然后再次单击四边形，拖动控制手柄使四边形填满整个场景。

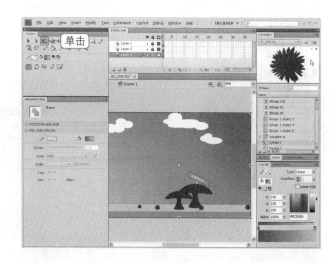

08 再次选择渐变变形工具，然后选择绘制好的四边形，根据需要调节背景的明暗度。

深入了解

Linear渐变的变形控制手柄

❶ 初始位置的控制手柄：初始位置的控制手柄表示的是渐变的中心，即两种颜色变化的中间位置。

❷ 调节大小的控制手柄：可放大或缩小渐变的应用范围。

❸ 调节角度的控制手柄：设置应用渐变的角度。

利用Radial渐变创建具有立体感的要素

01 打开Part_02\02_009a.fla文件。

02 在COLOR面板中将Type更改为Radial，然后如右图所示分别设置两侧滑块的RGB值。

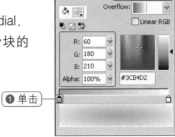

03 完成渐变的设置后，选择颜料桶工具，然后单击角色的脑袋。可以发现，以单击过的那点为中心点应用了渐变。

04 用与上面同样的方法对另一个角色的脸部填充渐变颜色。可以看到，应用渐变后的效果比单色时更漂亮。

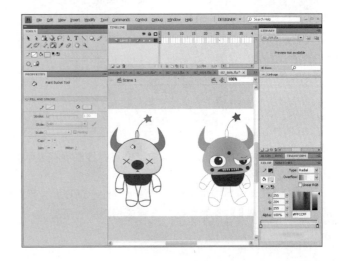

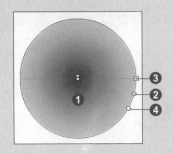

Radial渐变的变形控制手柄

❶ 初始位置的控制手柄：设置渐变变化开始的中心点。
❷ 调节形状的控制手柄：可更改应用渐变的形状。
❸ 调节大小的控制手柄：可放大或缩小渐变的应用范围。
❹ 调节角度的控制手柄：设置应用渐变的角度。

用位图图像平铺所选的填充区域

在Flash中，我们可以用位图图像平铺所选的填充区域，之后还可以使用渐变变形工具调整应用了颜色的位图图像的大小。

01 新建文档，选择菜单栏中的File>Import>Import to Library命令。

02 弹出Import to Library对话框后，选择Part_02文件夹中的poko.jpg文件，然后单击"打开"按钮。

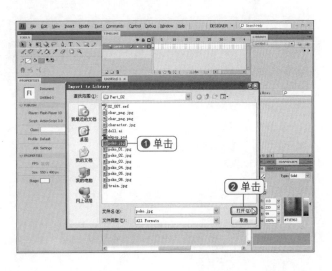

03 在COLOR面板中将Type更改为Bitmap，在面板下方的列表框中可以看到导入的位图图像。

04 选择位图图像，然后选择矩形工具并在场景中拖动。可以看到，导入的位图图像作为背景填充了整个矩形区域。

在COLOR面板中此处只能看见一个位图图像。这是因为当前只导入了一个位图图像。

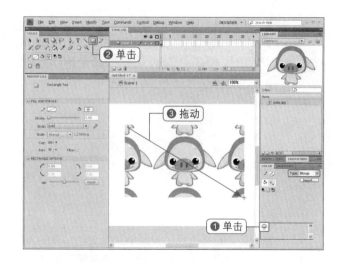

05 选择渐变变形工具后，单击场景中的图像，会显示控制手柄。拖动调节大小的控制手柄即可缩小填充的位图图像。

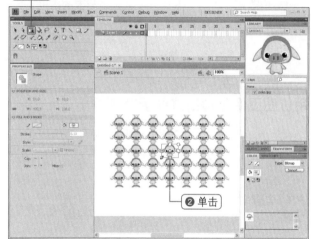

掌握相关的绘制工具，自由绘制所需要素

所谓绘制工具，指的就是可在场景中创建多个要素的工具。绘制工具的使用方法非常简单，只需操作一遍，便能轻松掌握。但如果想自由绘制所需要素，还需要多下功夫。

与绘制相关的属性面板和选项

在介绍工具面板中的绘制工具之前，我们首先了解一下PROPERTIES（属性）面板与绘制相关的选项。

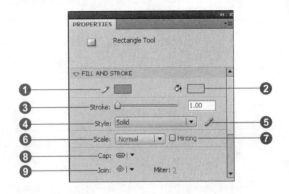

❶ Stroke color（笔触颜色）：设置要素的边框颜色。

❷ Fill color（填充颜色）：设置要素的内部填充颜色。

❸ Stroke（笔触高度）：设置笔触颜色的高度，即边框的厚度。

❹ Style（笔触样式）：选择笔触的样式。

❺ Edit stroke style（自定义笔触样式）：可以直接定义笔触的样式。

❻ Scale（笔触缩放）：设置成为动画时笔触的水平/竖直方向的缩放。

❼ Hinting（笔触提示）：将笔触锚点保持为全像素，可防止模糊现象。

❽ Cap（端点）：设定路径终点的样式。

  • None（无）：路径终点没有任何形状。

  • Round（圆角）：将路径终点设置为圆形。

  • Square（正方形）：将路径终点设置为方形。

Part 02 灵活应用Flash提供的各种工具

119

绘制一个只有边框的四边形，然后将四边形各条边设置为不同的颜色，接下来更改Cap值。

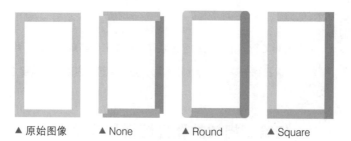

▲ 原始图像　　▲ None　　▲ Round　　▲ Square

⑨ Join（接合）：定义两个路径段的相接方式。

- Miter（尖角）：将两个路径段的相接方式设置为尖角。通过设置Miter值还可以调整连接线的粗细。
- Round（圆角）：将两个路径段的相接方式设置为圆角。
- Bevel（斜角）：将两个路径段的相接方式设置为如同截断过一样。

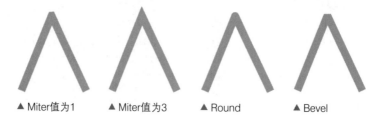

▲ Miter值为1　　▲ Miter值为3　　▲ Round　　▲ Bevel

选择工具面板中的绘制工具后，工具面板下端会显示Object Drawing（对象绘制）和Snap to Object（贴紧至对象）选项。大家可以根据实际需要选择使用。

❶ Object Drawing（对象绘制）：使绘制的对象具有组属性。选择菜单栏中的Modify>Ungroup命令或Modify>Break Apart(Ctrl＋B)命令，可以取消对象的组属性。

❷ Snap to Objects（贴紧至对象）：绘制线条时，如果与其他要素之间达到一定距离，就会像磁石一样贴紧至对象。在连接线条和要素时，选择该选项可方便操作。

了解相关的绘制工具

与绘制相关的工具很多，例如线条工具、椭圆工具、矩形工具等。下面我们就来逐一了解这些工具。这部分内容相当容易，因此无需详细说明。

在按住 Shift 键的状态下进行拖动，可以绘制水平、垂直或将角度限制在45°倍数的线条。在按住 Alt 键的状态下进行拖动，绘制的线条将以单击处为中心向两侧延伸。也可以同时使用这两个键。

- **线条工具**：顾名思义，线条工具就是用来绘制线条的工具。在属性面板中可以设置线条的颜色、厚度和样式等。将笔触样式设置为hairline时，不管是放大还是缩小对象，线条的粗细都不会发生变化。单击Edit stroke style按钮，可以更改线条的样式。

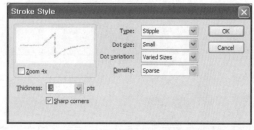

- **铅笔工具**：铅笔工具与线条工具类似，不同之处是，铅笔工具可以绘制自由的线条。使用选项中的绘制模式，可以更自由地绘制直线、平滑曲线和不用修改的手画线条。此外，更改PROPERTIES面板中的Smoothing（平滑）值，可以使线条的弯曲度变得更柔和。

Part 02 灵活应用Flash提供的各种工具

121

- Straighten（伸直）：尽量使绘制的线条成为直线。
- Smooth（平滑）：使绘制的曲线变得更平滑。在PROPERTIES面板中可以设置Smoothing值。
- Ink（墨水）：绘制不用修改的手画线条。

- **刷子工具**：刷子工具不同于只能绘制线条的工具，它可以绘制多种样式的线条。使用选项栏中刷子大小和刷子形状选项可改变其线条样式。与线条工具和铅笔工具一样，刷子工具不使用笔触颜色，而使用填充颜色。在PROPERTIES面板中可以设置Smoothing值。

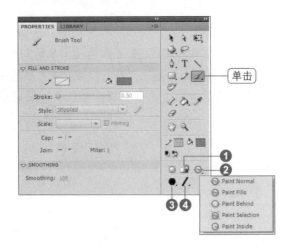

❶ Lock Fill（锁定填充）：选择填充的渐变，选择该选项时，刷子工具绘制过的所有地方都会受到渐变的影响。取消选择时，会应用各自的渐变。

❷ Brush Mode（刷子模式）：设置利用刷子绘制的线条所应用的位置。
- Paint Normal（标准涂色）：无条件对要素涂抹颜色。
- Paint Fills（填充涂色）：不对笔触颜色产生影响，只涂抹填充颜色。
- Paint Behind（后面涂色）：只对要素之外的背景涂抹颜色。
- Paint Selection（选区涂色）：只对当前所选区域涂抹颜色。
- Paint Inside（内部涂色）：只对初次单击后的填充区域涂抹颜色。

❸ Brush Size（刷子大小）：设置刷子的大小。

❹ Brush Shape（刷子形状）：设置刷子的形状。

- **矩形工具**：用来绘制矩形的工具。在PROPERTIES面板中将矩形的边角半径设置为40，这样便能绘制圆角矩形。边角半径值可用来设置矩形边角的圆度。单击"将边角半径控件锁定为一个控件"图标（），可设置各边角的圆度。

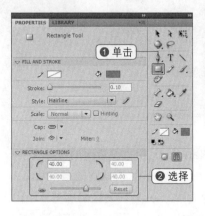 

TIP

利用基本矩形工具绘制的矩形具有组属性。选择菜单栏中的Modify>Ungroup命令或Modify>Break Apart（Ctrl + B）命令，可以取消组属性。

- **基本矩形工具**：基本矩形工具与矩形工具类似。但利用基本矩形工具绘制的矩形具有组属性。当边角处显示锚点时，利用选择工具拖动边角处的锚点，可调节边角的圆度。在PROPERTIES面板中单击Lock coner radius controls to one control（将边角半径控件锁定为一个控件）按钮，解除锁定后，可分别调节4个边角的圆度。

- **椭圆工具**：用来绘制圆形的工具。在场景中可绘制一个普通的圆。在PROPERTIES面板中设置Start angle（0）和End angle（280），再设置Inner radius（50），这样可绘制有趣的圆形。

- **开始角度**（Start angle）：设置圆的开始角度。
- **结束角度**（End angle）：设置圆的结束角度。
- **内部半径**（Inner radius）：设置圆的内部半径。
- **闭合路径**（Close path）：没有勾选该复选框时，就不应用填充颜色。

- **基本椭圆工具**：基本椭圆工具与椭圆工具类似。但利用基本椭圆工具绘制的圆具有组属性，同时利用锚点可以对圆进行变形。

- **多角星形工具**：该工具的名称很有趣吧。顾名思义，多角星形工具就是用来绘制多边形和星星的工具。选择多角星形工具后，在PROPER-TIES面板中单击Options按钮，在弹出的对话框中将样式设置为polygon，边数设置为8，然后单击OK按钮。这样便可绘制一个边数为8的多边形。我们可以按照相应方法尝试着绘制边数不同的多边形。

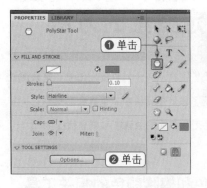

① 单击

④ 拖动

③ 单击

② 单击

接下来我们尝试绘制星星。单击Options按钮，在弹出的对话框中将样式设置为star，这样便可绘制一个边数为8的星星图案。在该对话框中还可以看到设置星星端点大小的选项。该选项仅在绘制星星时使用，不会对多边形产生影响。

利用部分选择工具（Subselection Tod）可以对使用绘制工具绘制的具有分离属性的要素进行多种变形。大家可尝试利用锚点和正切手柄将绘制的图形更改为所需形状。

复制和应用填充和笔触属性，以及擦除指定要素的方法

本节首先介绍了如何使用滴管工具从一个对象复制填充和笔触属性（填充颜色、笔触颜色和笔触样式），然后介绍了如何使用墨水瓶工具和颜料桶工具应用笔触和填充属性，最后介绍了如何使用橡皮擦工具擦除笔触颜色和填充颜色。

应用吸取的颜色和擦除颜色的相关工具

下面我们将了解快速复制和应用当前要素的笔触和填充属性（颜色和样式）的方法。该方法使用起来非常方便，无需重新创建新颜色和样式，只需简单的单击即可。

复制笔触和填充的属性

使用滴管工具可以复制笔触和填充的属性（颜色和样式）。利用滴管工具选择笔触后，会复制所选的笔触颜色和样式并自动切换成墨水瓶工具。墨水瓶工具用于改变笔触的颜色和样式。打开Part_02\02_009.fla文件，亲自体验一下吧。

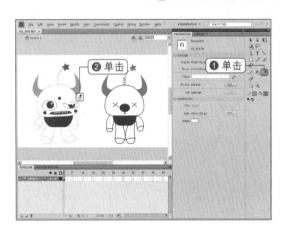

利用滴管工具选择填充颜色，会复制所选的填充颜色并自动切换到颜料桶工具。颜料桶工具用于改变填充颜色。

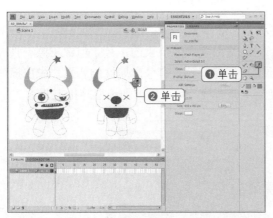

颜料桶工具的选项

选择颜料桶工具后，可以看到颜料桶工具的相关选项。

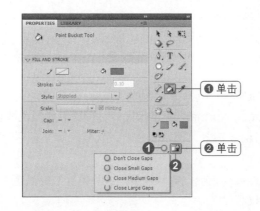

❶ Gap Size（空隙大小）：应用填充时，根据空隙大小决定是否填充颜色。共提供了4种大小，我们可以根据实际需要选择使用。

❷ Lock Fill（锁定填充）：该选项只能应用于渐变。锁定填充后，就不会应用渐变了。渐变之外的普通颜色不会受到任何影响。

了解橡皮擦工具

顾名思义，橡皮擦工具指的就是用来擦除要素的工具。但橡皮擦工具无法擦除具有组属性的要素，只能擦除具有分离属性的要素。橡皮擦工具中包含多种选项，使用这些选项，可以更方便地擦除指定要素。

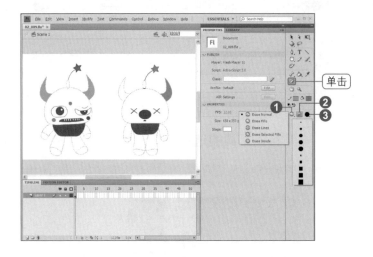

❶ **橡皮擦模式**（Easer Mode）：选择擦除模式。

- Erase Normal（**标准擦除**）：擦除笔触颜色和填充颜色。
- Erase Fills（**擦除填色**）：只擦除填充颜色，对笔触颜色不产生影响。
- Erase Lines（**擦除线条**）：只擦除笔触颜色，对填充颜色不产生影响。
- Erase Selected Fills（**擦除所选填充**）：只擦除当前所选的填充区域。
- Erase Inside（**内部擦除**）：只擦除选择区域内部，不擦除笔触颜色。

❷ **水龙头**（Faucet）：擦除所有相连的笔触颜色或填充颜色。

❸ **橡皮擦形状**（Eraser Shape）：可以选择不同形状和大小的橡皮擦。

应用吸取的颜色和橡皮擦 工具的使用方法

PART 01
PART 02
PART 03
PART 04
PART 05
PART 06
PART 07
PART 08

EXAMPLE
12

下面我们将通过实例介绍如何使用滴管工具快速复制现有要素中的笔触和填充属性（颜色和样式），以及如何应用填充和笔触属性。最后用橡皮擦工具擦除不需要的颜色。

吸取颜色后进行应用

下面我们将了解使用滴管工具吸取所需颜色以及使用颜料桶或墨水瓶工具应用所吸取颜色的方法。滴管工具可以复制线条的颜色和样式。

01 选择菜单栏中的File>Open（Ctrl + O）命令，打开Sample\Part_02文件夹中的02_009.fla文件。

02 选择滴管工具，然后单击左侧角色的触角内部。这样便会自动选择颜料桶工具，填充颜色更改为角色触角的颜色。

03 接下来单击右侧角色的鼻子内部。我们将在这里应用填充颜色。按照相同的方法，可以简单地复制和应用所需颜色。

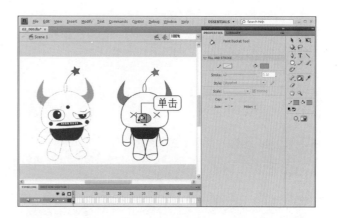

04 再次选择滴管工具，然后单击左侧角色的边框（即笔触）。此时会自动切换成墨水瓶工具，笔触颜色和样式（厚度）都将发生改变。

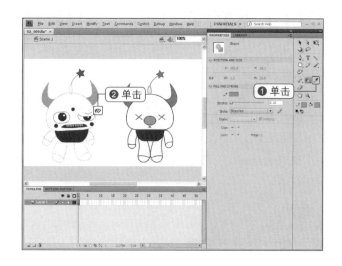

05 接下来单击右侧角色中要应用笔触的地方，可以看到应用笔触颜色和样式后的效果。

TIP

利用墨水瓶工具单击笔触，不会将颜色应用到整体。若单击内部，则相连的所有笔触都将应用笔触颜色和样式。

擦除不需要的颜色

01 选择橡皮擦工具，然后将橡皮擦模式选择为Erase Fills选项，在橡皮擦形状选项中选择橡皮擦的形状。

02 在场景中拖动后会发现，在光标经过的地方中，填充颜色被擦掉了，而笔触颜色则被保留着。

由于橡皮擦工具无法擦除具有组属性的要素，在擦除具有组属性的要素时必须到组内部擦除。

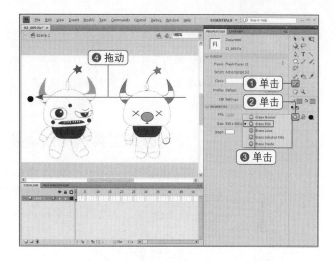

03 接下来我们将保留填充颜色，只擦除笔触颜色。将橡皮擦模式选择为Erase Lines选项，然后在场景中进行拖动。可以看到，只擦除了笔触颜色。

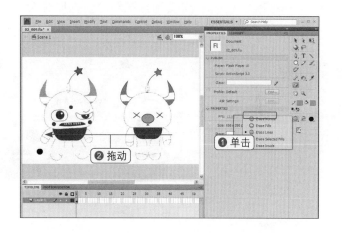

04 单击特定区域的颜色，快速擦除该区域的颜色。激活Faucet（水龙头）按钮后，再选择笔触或填充，可擦除相连的所有颜色。

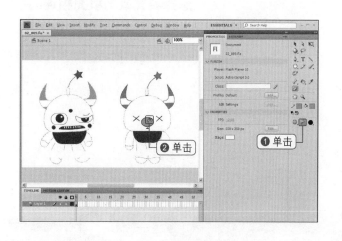

了解工具面板的核心：选择工具的多种功能

CS4

12

SECTION

顾名思义，选择工具就是用来选择要素的工具。但使用选择工具还可对要素进行变形。

比如，使用选择工具，可将直线变为曲线，或通过拖动边角改变形状。还有一种选择工具就是套索工具。套索工具与选择工具不同，其选择范围更广。下面将会详细讲解。

使用选择工具选择所需要素

Sample\Part_02\02_010.fla

在Mac操作系统中使用选择工具选择要素时，我们需要了解 Shift 键的功能。 Shift 键用于选择多个要素。在Windows操作系统中，使用的是 Ctrl 键。大家千万不要搞混淆。

选择要素的笔触

单击选择笔触时，同时也会选择属性（颜色和样式）相同的直线或曲线。双击则可选择所有相连的、具有相同属性的笔触。

双击

选择填充或与填充相连的笔触

选择填充的方法非常简单。单击便可选择相连的所有填充颜色。在选择填充的同时，如果还想选择相连的笔触，可以双击填充区域。

PART 01

PART 02

PART 03

PART 04

PART 05

PART 06

PART 07

PART 08

单击

双击

拖动并指定选区

我们可以通过拖动来指定选区。如果要素具有组属性，即使只选择了要素的部分，也可选择要素整体。如果想选择场景中的所有要素，只需选择菜单栏中的Edit>Select All(Ctrl+A)命令。

使用 Alt 键和选择工具，可以简单地复制要素。按住 Alt 键后，拖动场景中的要素。可以发现，复制了一个与原始要素一样的新要素。

拖动

使用选择工具对要素进行变形

使用选择工具不仅可指定选区，还可对要素进行变形。

拖动边缘和棱角对要素进行变形

将鼠标光标拖动至分离后要素的边缘，光标右下角会出现曲线图标。单击后进行拖动，可放大或缩小曲线组成的区域。在按住 Alt 键的状态下拖动鼠标时，曲线组成的区域以光角形式放大或缩小。

Part 02 灵活应用Flash提供的各种工具

将鼠标光标移动到分离后要素的尖角处，光标右下角会出现直角折
线图标。单击后进行拖动，可放大或缩小尖角区域。

选择工具的相关选项

① ② ③

① Snap to Objects（贴紧到对象）：当要素与要素之间的间隔达到一定值时，会像磁石一
样自动贴紧到对象。
② Smooth（平滑）：使选区变得更柔和。
③ Straighten（伸直）：使选区成为直线。

了解套索工具的使用方法

PART 01
PART 02
PART 03
PART 04
PART 05
PART 06
PART 07
PART 08

EXAMPLE

13

与普通选择工具不同，使用套索工具可以更自由地选择要素，尤其在选择分离的位图图像的特定区域时非常有用。拖动要选择的区域，选择所需要素或连接线曲线，可指定选区。

阶段 **1**

使用套索工具自由指定选区

下面我们将了解使用套索工具指定选区的方法以及连接线条指定选区的方法。

01 选择菜单栏中的File＞Open（Ctrl＋O）命令，打开Sample\Part_02文件夹中的02_011.fla文件。

02 场景中有一个位图图像。为了使该位图图像具有分离属性，首先选中场景中的图像，然后选择菜单栏中的Modify＞Break Apart（Ctrl＋B）命令。

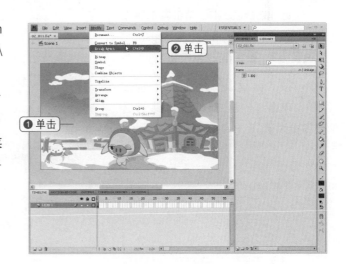

03 在图像外部区域单击并选择套索工具，然后在分离后的位图图像上进行拖动。可以发现，拖动过的区域被指定为选区了。

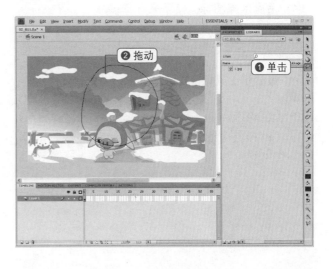

这里只是为了介绍自动选择选项而使用位图图像。自动选择选项只能在位图图像中使用。如果不是位图图像，则找不出什么特别之处。

Part 02 灵活应用Flash提供的各种工具

135

04 按下 Esc 键取消选择，然后激活魔术棒图标 。在场景中单击鼠标，会选择相连的类似颜色。

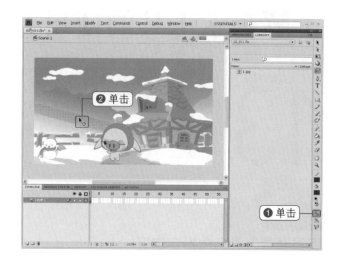

05 下面我们将扩大自动选择所能选择的颜色范围。单击魔术棒设置图标，在弹出的对话框中将Threshold值设置为30，最后单击OK按钮。

06 按下 Esc 键取消选择，单击前面单击过的地方。可以发现选区变得更大了。

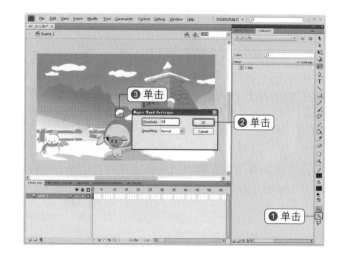

07 按下 Esc 键取消选择，并取消激活魔术棒图标。接下来选择多边形模式选项，然后在场景中多次单击，场景中会连接单击过的地方。

08 最后双击鼠标，指定选区。

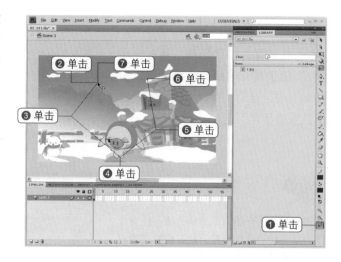

了解相关的变形工具

变形可分为对要素进行的变形和对渐变填充进行的变形。使用任意变形工具不仅可以放大或缩小场景中要素的大小，还可以旋转要素。使用渐变变形工具可以调节渐变填充的应用位置和方向等。

PART 01
PART 02
PART 03
PART 04
PART 05
PART 06
PART 07
PART 08

任意变形工具

不管是选择要素后选择任意变形工具，还是选择任意变形工具后选择要素，显示的控制手柄都是一样的。当前状态指的是没有选择任何选项的状态。

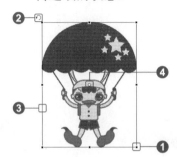

❶ **更改大小**：拖曳位于变换框四角的控制手柄，可以以任意方向调整要素大小，而拖曳位于变换框四条边中点的控制手柄只能在水平或垂直方向上调整大小。

❷ **旋转**：将光标移到变换框四角的控制手柄外时，光标会变为旋转箭头形状，单击后进行拖动，即可对要素进行旋转。

❸ **倾斜**：将光标移到位于四角的控制手柄和位于控制框四边中点的控制手柄之间的位置时，可以看到光标变为反向平行双箭头状。单击后进行拖动，即可进行倾斜调整。

❹ **中心点**：可以随意移动位于变换框中央的白色中心点的位置。旋转要素或按住 Alt 键调节要素大小时，都是以中心点作为基准。

任意变形工具的选项

任意变形工具提供了4个变形选项。其中，扭曲和封套只能在具有分离属性的要素中使用。

❶ 旋转和倾斜（Rotate and Skew）：旋转或倾斜所选要素。

❷ 缩放（Scale）：调整所选要素的大小。

❸ 扭曲（Distort）：只能扭曲具有分离属性的要素。结合 Alt 键，会以当前中心点所在位置为基准进行扭曲。

❹ 封套（Envelope）：只能对具有分离属性的要素进行几何方式上的变形调整。

认识TRANSFORM面板

在以往版本中，只能更改要素的大小，或对要素进行旋转和倾斜变形；但在CS4版本中，还可以设置3D旋转。

❶ 缩放（Scale）：按百分比调整所选要素的大小。

❷ 约束（Constrain）：选择该选项时，可以按照相同的比例调整横/竖方向的要素。

❸ 重置（Reset）：取消大小的变更，返回默认状态。

❹ 旋转（Rotate）：显示所选要素旋转角度大小。

❺ 倾斜（Skew）：显示所选要素的扭曲值。

❻ 3D 旋转（3D Rotation）：可以对所选要素进行3D旋转。只有当所选要素是影片剪辑时，才能选择工具箱中的3D旋转工具。

❼ 3D中心点（3D Center point）：进行3D调整时，设置中心点。

❽ 重制选区和变形（Duplicate Selection and Transform）：复制所选对象，同时应用更改后的设置。

❾ 取消变形（Remove Transform）：取消所有设置，返回默认状态。

使用任意变形工具创建特效文字

EXAMPLE
14

下面我们将通过范例了解任意变形工具的功能，主要流程为在范例中输入文本，然后再对文本进行自由变形。这里我们并不是单纯地更改文本大小，而是对分离后的文本进行各种变形，创建独特有趣的文字。

阶段 1

分离文本并对其进行自由变形

输入文本后，文本通常具有组属性。如果不是一个文字，而是两个以上的文字，每个文字会组成一个组，所有文字又会组成一个组。这里等于设置了两次组属性。

01 在新窗口中选择文本工具，然后在场景中单击确定插入点，输入英文FLASH CS4。

02 如果觉得输入的文字过小，可以使用任意变形工具放大文字。只需拖动变换控制框四角处的控制手柄即可。

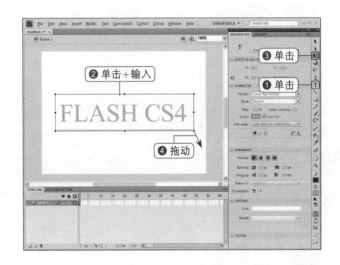

03 在使用扭曲和封套选项创建特效文字之前，我们必须首先分离文字。选择两次菜单栏中的Modify>Break Apart(Ctrl + B)命令。

04 再次选择任意变形工具，然后选择扭曲选项。接下来在按住 Shift 键的状态下如右图所示拖动上端变换控制框右上角的控制手柄。

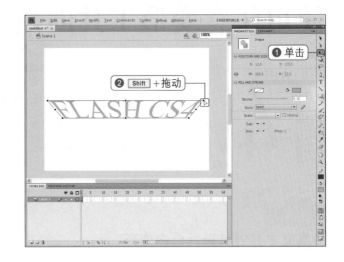

05 接下来选择封套选项，然后将变换控制框顶边中点处的控制手柄向上拖动。

06 接下来我们将对文字进行变形。如右图所示拖动中点处控制手柄的正切手柄进行变形。这样便创建了特殊文字效果。

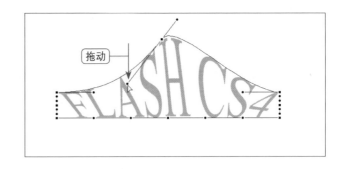

摆脱绘制工具的功能限制，自由绘制要素

使用钢笔工具时，利用锚点和正切手柄可以精确绘制直线和曲线。下面我们就来了解钢笔工具的功能和使用方法。这部分内容对已经接触过Photoshop或Illustrator的用户来讲并不难，但对新手来说还是存在一定难度。希望大家反复学习，努力掌握钢笔工具的功能。

PART 01
PART 02
PART 03
PART 04
PART 05
PART 06
PART 07
PART 08

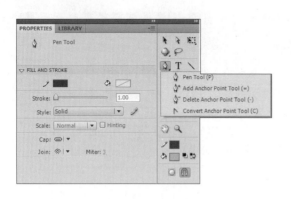

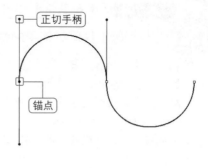

钢笔工具（Pen Tool）

TIP
如果不想继续使用钢笔工具创建锚点，双击最后一个锚点或按下 Esc 键即可。此外，单击第一个锚点，在最后一个锚点和第一个锚点间会生成曲线，然后会显示不相连的新锚点。

选择钢笔工具后，在场景中单击会生成锚点。再次单击场景的另一处，会生成新的锚点，且两个锚点会连接起来。通过这种方法可以创建相连的曲线。

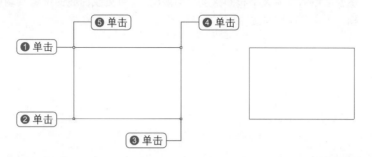

如果想绘制曲线，再次单击场景的某一处，然后向下拖动，会添加新的锚点，同时还会生成正切手柄（即处于切角状态下的控制手柄）。拖动光标后，在单击的状态下向上拖动，可以绘制如下图所示的曲线。使用这种方法可以绘制各种曲线。不管在何种状态下，拖动最后一个锚点都可创建正切手柄。

```
                    ┌─────────┐
                    │ 4 拖动  │
                    └─────────┘
                        ↑
┌─────────┐   ┌─────────┐   ┌─────────┐
│ 1 单击  │── │ 3 单击  │   │ 5 单击  │
└─────────┘   └─────────┘   └─────────┘

┌─────────┐
│ 2 拖动  │
└─────────┘
                        ↓
                    ┌─────────┐
                    │ 6 拖动  │
                    └─────────┘
```

深入了解

与钢笔工具同时使用的快捷键

- Alt ：单击锚点，会丢失正切手柄信息，从而将曲线变为直线（功能1）。拖动锚点，会生成新的正切手柄，连接线会变为曲线。在按住 Shift 键的状态下进行拖动，可以按照直线或45°角度拖动正切手柄（功能2）。正切手柄以锚点为中心，由两条曲线构成，曲线末端有锚点。拖动锚点，可以调整两侧的曲线。按住 Alt 键后，拖动锚点，将只对一侧曲线产生影响（功能3）。

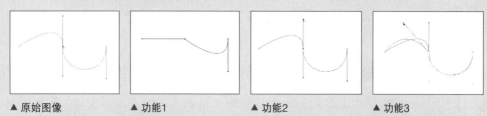

▲ 原始图像　　　▲ 功能1　　　▲ 功能2　　　▲ 功能3

- Ctrl ：可更改锚点的位置（功能4）。拖动正切手柄，可更改曲线的形状（功能5）。可调整曲线的整体大小和倾斜度（功能6）。可更改曲线的位置（功能7）。拖动正切手柄，可更改两侧曲线。

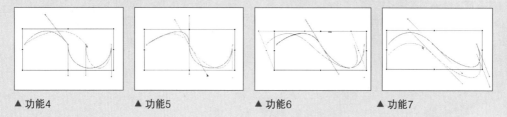

▲ 功能4　　　▲ 功能5　　　▲ 功能6　　　▲ 功能7

添加锚点工具（Add Anchor Point Tool）

使用添加锚点工具可以在锚点之间添加新的锚点。在添加新锚点的同时会显示正切手柄，可更改曲线（功能1）。按住 Alt 键，可删除锚点（功能2）。 Ctrl 键的功能与钢笔工具中介绍的一样。

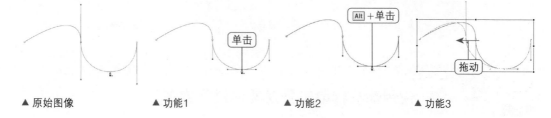

▲ 原始图像　　　　　▲ 功能1　　　　　▲ 功能2　　　　　▲ 功能3

删除锚点工具（Delete Anchor Point Tool）

使用删除锚点工具可以删除不必要的锚点。按住 Alt 键，可添加锚点。 Ctrl 键的功能与钢笔工具中介绍的一样。

转换锚点工具（Convert Anchor Point Tool）

调整锚点和正切手柄可以细致修改要素。拖动锚点会生成新的正切手柄，曲线会发生变化（功能1）。拖动正切手柄的锚点，可以对一侧曲线进行变形（功能2）。按住 Alt 键，可以在维持现有曲线的同时添加新曲线（功能3）。 Ctrl 键的功能与钢笔工具中介绍的一样。

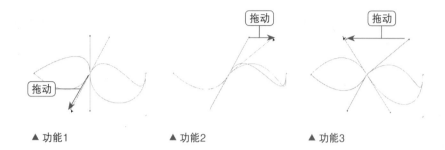

▲ 功能1   ▲ 功能2   ▲ 功能3

使用部分选取工具对要素进行变形

接下来我们将了解部分选取工具（Subselection Tool）的功能和使用方法。部分选取工具与钢笔工具同时使用，可以对具有分离属性的要素进行变形。使用锚点和正切手柄可以对要素进行变形。拖动正切手柄，可以更改曲线（功能1）。同时使用部分选取工具和 Alt 键，只调整一侧正切手柄，对曲线进行变形（功能2）。单击锚点，可以移动到锚点位置（功能3）。拖动曲线，可以整体移动曲线（功能4）。

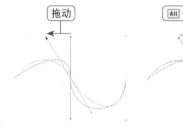   

▲ 功能1   ▲ 功能2   ▲ 功能3   ▲ 功能4

15 SECTION

了解Flash动画中使用的文本

一般来说，用户使用起来最简单，同时也未能百分之百发挥其功能的工具便是文本工具。

文本工具并不是单纯用来显示文本，也可以创建动态文本或用户可以输入数据的文本字段。文本工具的选项很多，看起来有些复杂，但实际操作起来很简单。

了解属性面板中与文本相关的选项

选择文本工具后，属性面板中会显示很多与文本相关的选项。下面我们就来具体了解这些选项。

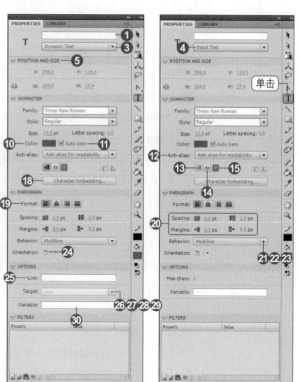

❶ Instance Name（实例名称）：使用脚本可以控制文本的名称（InstanceName.text="你好"）。该功能只能在Dynamic Text和Input Text格式中使用。

❷ Static Text（静态文本）：创建非动态的文本字段，只用于单纯显示文本内容。

❸ Dynamic Text（动态文本）：创建动态的文本字段，例如天气预报、股市走势等。

❹ Input Text（输入文本）：创建用户可以输入数据的文本字段，例如问卷调查、会员加入等。

❺ POSITION AND SIZE（位置和大小）：可以更改输入文本的坐标和大小。激活锁定图标后，可以使宽度和高度在保持一定比例的同时更改大小。

❻ Family（系列）：选择文本的字体。浏览影片时不存在该字体的位置会出现乱码现象。此时，单击Character Embedding按钮，可以在影片中嵌入该字体。这种方法能解决乱码问题，但由于包含字体相关信息，导致影片容量很大。

❼ Style（样式）：设置文本的样式。Regular是基本设置，Bold是粗体，Italic是斜体。Bold Italic是同时应用粗体和斜体。

❽ Size（大小）：设置文字的大小。

❾ Letter spacing（字母间距）：设置文字和文字之间的间隔。

❿ Color（颜色）：设置文字的颜色。

⓫ Auto Kern（自动调整字距）：英文状态时，自动调整文字大小不一致、文字和文字之间的间隔不一致等现象。

⓬ Anti-alias（消除锯齿）：在字体中设置消除锯齿属性，对影片容量和速度会有影响。

⓭ Selectable（可选）：浏览影片（*.swf）时，可拖动并选择文本。只能在Static Text、Dynamic Text格式中使用。

⓮ Render text as HTML（将文本呈现为HTML）：将普通文本创建为HTML格式。

⓯ Show border around text（在文本周围显示边框）：在文本显示区域自动创建黑色边框。

⓰ Toggle the superscript（切换上标）：将所选择的文字更改为上标。

⓱ Toggle the subscript（切换下标）：将所选择的文字更改为下标。

⓲ Character Embedding（字符嵌入）：选择文档中包含的字体项目。在影片中嵌入全部字体时，会导致影片容量增大，因此可以选择性地进行嵌入。

⓳ Format（格式）：选择文本的段对齐方式。

⓴ Spacing, Margins（间距和边距）：可以设置空格、行间距、左侧余白、右侧余白等。

㉑ Single Line（**单行**）：单行显示输入的文本。如果超出了范围，文本会整体向左侧移动，不显示超出范围的文本。

㉒ Multiline（**多行**）：多行显示输入的文本。

㉓ Multiline no wrap（**多行不换行**）：多行显示输入的文本，但不支持自动换行功能。

㉔ Orientation（**方向**）：如果是Static Text格式，可设置文本输入方向（水平/垂直）。如果设置为垂直输入文本，单击Rotate按钮，可旋转输入后的文本。

㉕ Link（**链接**）：可以设置单击文本后要跳转到的目标网址。

㉖ _blank：在新窗口中显示Link中设置的网址。

㉗ _parent：在当前帧的上一帧中显示Link中设置的网址。

㉘ _self：在当前窗口的当前帧中显示Link中设置的网址。

㉙ _top：在当前窗口的最开始的帧中显示Link中设置的网址。

㉚ Variable（**变量**）：设置可以更改文本内容的变量名称。只能在Dynamic Text和Input Text格式中使用，只有ActionScript 2.0以前的版本才提供该功能。

㉛ FILTERS（**滤镜**）：可以对输入文本应用滤镜效果。

利用不同类型的文本

EXAMPLE

15

本节主要介绍创建动态文本、静态文本、链接文本和输入文本的相关方法。这些在网页设计中应用非常广泛。

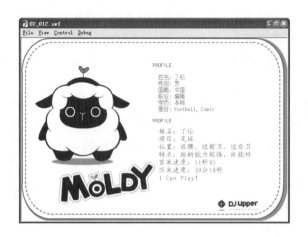

 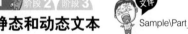

创建静态和动态文本

Sample\Part_02\02_012.fla

Flash中的静态文本（即Static Text）和动态文本（即Dynamic Text）是最常见的文本形式，下面对其进行创建。

01 选择文本工具，然后在PRO-PERTIES面板中将文本类型设置为Static Text，字体设置为"幼圆"，字体大小设置为12pt。

02 单击场景，然后输入由英文和中文组合而成的内容。也可以根据个人兴趣输入不同的内容，但一定要组合英文和中文。

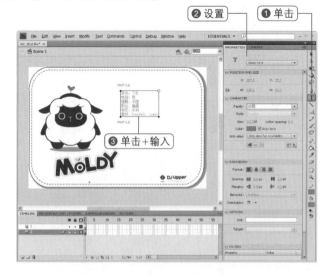

03 接下来在图像下方输入相应文字，之后在PROPERTIES面板中将文本类型设置为Dynamic Text，并设置字体类型和字体大小。

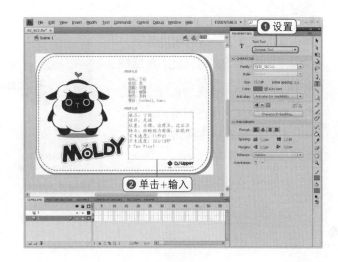

04 查看场景中的文本会发现，Static Text和Dynamic Text之间存在很大区别。选择菜单栏中的Control>Test Movie(Ctrl+Enter)命令，会发现可以选择Dynamic文本。

Static Text中，字体显得不太清楚；但在Dynamic Text中，字体显得非常清楚。如果想使字体显得更清楚，只需将Letter Spacing设置为0。

在文本中创建超链接

Sample\Part02\02_013.fla

在Flash中主要使用按钮元件来创建超链接。但根据实际需要，有时也可以在文本中创建超链接。下面就来介绍如何在文本中创建超链接的相关方法。

01 选择文本工具，然后在场景中单击。为了跳转到相应网页，在文本框中输入相应的网址，然后按下 Esc 键。

02 在PROPERTIES面板的Link文本框中输入相应网站的地址，然后将Target设置为_blank。

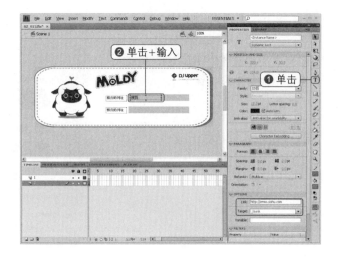

03 此外还有一种设置方法。在PROPERTIES面板中将文本类型设置为Dynamic Text，然后单击Render text as HTML按钮。

04 创建文本显示区域后，为了控制文本，将实例名称设置为linktext。

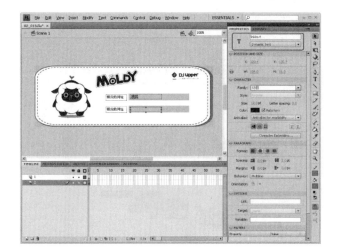

05 选择1图层的第1帧，然后选择菜单栏中的Window>Actions (F9)命令，激活动作面板。接下来在其中输入linkt ext.htmlText="<a href='http://www.daerim.net' DAERIM PUBLISHER</a>";。

06 选择菜单栏中的Control>Test Movie(Ctrl + Enter)命令，测试结果。单击文本后会跳转到相应网页。

动态输入并更改文本

下面将介绍动态输入和更改文本的方法。这样可以跳转到指定网页。

01 选择菜单栏中的File>Open(Ctrl + O)命令，打开Sample\Part_02文件夹中的02_0014.fla文件。

02 选择文本图层，接下来选择文本工具，并将文本类型设置为Input Text。

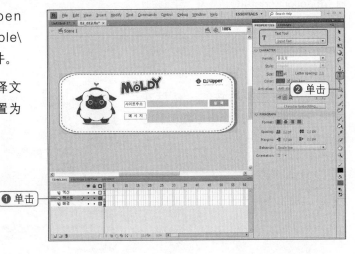

03 拖动输入文本的区域。设置完
PROPERTIES面板中的Variable
后输入文本，指定要使用的变量名
称。这里将变量名称设置为address。

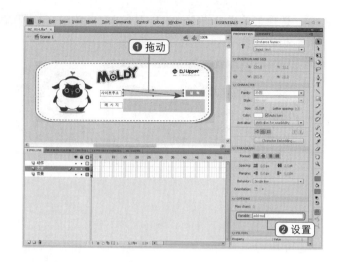

04 按下 Esc 键，取消选择。接下来
选择文本工具，然后将文本类
型设置为Dynamic Text，拖动将显示
文本的区域。

05 设置完PROPERTIES面板中的
Variable后，在此设置可以保
存将显示文本的变量名称。这里将变
量名称设置为message。

所谓变量，指的就是可以保存数据的空
间。在ActionScript中使用变量，可以临时
将数据保存在空间里，也可以调用空间的
数据。

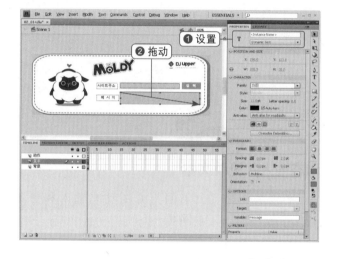

06 选择场景中的按钮，然后在
PROPERTIES面板中将实例名
称设置为btn_input。

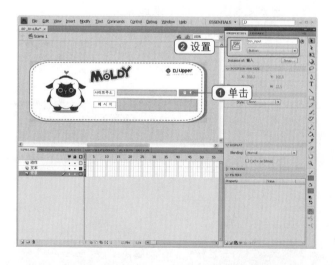

PART 01

PART 02

PART 03

PART 04

PART 05

PART 06

PART 07

PART 08

07 选择"动作"图层的第1帧，然后选择菜单栏中的Window>Actions(F9)，激活动作面板，接下来在动作面板中输入如右图所示的代码。

深入了解

本案例ActionScript代码分析

现在我们无需深入理解Action script。只需明白ActionScript中的message和address的使用情况。

```
1:var address="";
2:var message="";

3:btn_input.onRelease=function(){
4:   if(address=null||address==""){
5:       message="请输入要链接的网页地址";
6:   }else{
7:       getURL(address,_blank);
8:       message="要跳转的目标网页地址是"+address;
9:   }
10:{
```

- 1~2：将address变量和message变量初始化。即，使变量处于不具有任何值、没有输入任何内容的状态（""）。
- 3：onRelease是按下按钮，即单击输入按钮（btn_input）并释放时，执行大括号内部（以{开始,}结束）的动作。
- 4：if语句是一种条件语句。如果address中没有存保存的值（null或空白），将执行第5行的动作。如果address中包含保存的值，将执行7~8行的动作。getURL动作将跳转到目标网页。

08 选择菜单栏中的Control>Test Movie(Ctrl + Enter)命令，测试结果。然后输入要跳转的目标网页地址，单击"输入"按钮可以看到该网页的相关信息。

深入了解

调整范例的ActionScript运行环境

该范例无法在ActionScript 3.0中运行，我们必须选择ActionScript 1.0或2.0版本。选择菜单栏中的File>Publish Setting(Ctrl + Shift + F12)命令，弹出对话框后，切换至Flash选项卡，然后将Script版本更改为ActionScript 2.0。

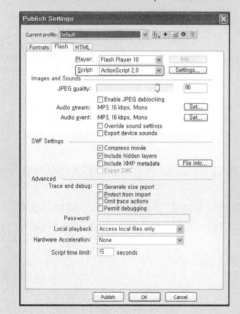

MEMO

Part **03**

▶ **逐步接近Flash**

Flash动画看起来很复杂，但只要我们努力学习，最后都能灵活制作Flash动画。即使是新手，也不用过于担心，因为Flash动画其实并不太难创建，下面我们一起进入本领域的学习流程吧。

理解和应用Flash动画的基础：时间轴

Flash动画就如同电影的胶片一样。电影胶片是由一系列动作依次组合而成的，通过投影机快速显示胶片便形成了连续的动作。Flash的原理也是这样的。在时间轴的帧中依次组合一系列动作，然后通过快速显示帧来创建连续动作。

动画的核心：时间轴

在Flash中，我们通过时间轴来创建和控制动作。制作Flash动画时，时间轴是最重要的。下面我们就来了解时间轴的构成以及各部分名称。

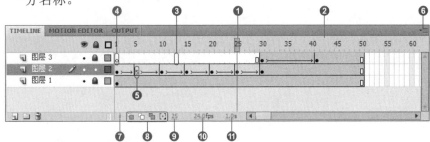

❶ **播放头（Play Head）**：在当前播放位置或操作位置上显示。可以对其单击和拖动。

❷ **时间轴标题**：显示帧的编号。

❸ **帧**：类似电影胶片的某一动作的空间。在帧中可插入一个动作。

❹ **空白关键帧**：为了在帧中插入要素，首先必须创建空白关键帧。选择菜单栏中的Insert＞Timeline＞Blank Keyframe(F7)命令，可以创建空白关键帧。

❺ **关键帧**：在空白关键帧中插入要素后，该帧就变成了关键帧。将从白色的圆变为黑色的圆。

❻ **下拉菜单**：显示与时间轴相关的菜单。

❼ **帧居中**：将播放头所处位置的帧置于中央位置。但如果播放头位于第1帧，即使单击该按钮，也无法处于第1帧的中央位置。

❽ **绘图纸外观轮廓**：在场景中显示多帧要素，可以边查看帧的运动边进行操作。

❾ **当前帧**：显示播放头所处位置的帧的编号。

❿ **帧速率**：一秒钟内显示帧的个数。默认值是12，即一秒钟内显示12个帧。

⓫ **运行时间**：显示到播放头所处位置为止，动画的播放时间。帧的速率不同，动画的播放时间也会不同。

深入了解

设置时间轴以方便操作

在帧的下拉菜单中提供了可以更改时间轴位置和帧大小的命令。这些命令不太常用，但有时却非常实用。

- **帧的大小**：可以调节帧的大小，分为Tiny, Small, Normal, Medium和Large。操作过程中，如果需要用到很多帧，可以将其设置为Tiny；如果想仔细查看插入到帧中的音频波形等，可以将其设置为Large。
- **Preview（预览）**：利用帧来显示插入到帧的要素。
- **Preview in Context（关联预览）**：缩小文本，显示各帧的要素。
- **Short（较短）**：调节帧的纵向高度。
- **Tinted Frames（彩色显示帧）**：根据帧的设置，应用不同的颜色。这样，仅通过颜色便能简单掌握帧的设置。

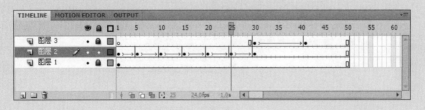

几种管理帧的方法

以后我们将使用时间轴中的帧创建各种不同的运动。涉及移动、删除、复制或粘贴帧等内容。下面我们就来具体了解这些内容。

几种选择帧的方法

移动、删除、复制或粘贴帧时，我们首先要选择对应的帧。下面我们就来了解如何选择帧。使用下面3种方法，便可选择特定帧。不同于老版本的是，新版本中 Shift 和 Ctrl 键的功能发生了一些变化。

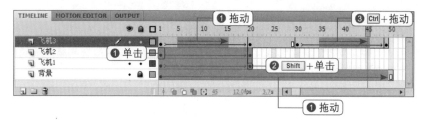

- **方法1**：选择帧，然后进行拖动（背景图层）。
- **方法2**：使用 Shift 键选择关联的帧（飞机1～飞机2图层）。
- **方法3**：使用 Ctrl 键选择不关联的多个帧，结合单击和拖动来选择区域（飞机3图层）。

移动所选的帧

移动帧的方法非常简单。首先选择要移动的帧，然后单击所选的帧，并将其拖动到目标位置。

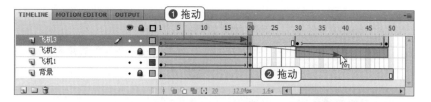

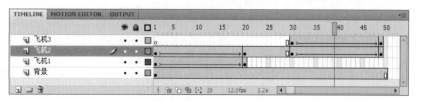

复制并粘贴所选的帧

下面我们将了解在不移动所选帧的状态下，只复制所选的帧并将其
粘贴到其他位置的方法。与移动帧不同的是，粘贴帧时，只从所选
区域开始向后移动所粘贴的帧的个数。

Step 01 右击所需复制的帧，然后在弹出的快捷菜单中选择Copy Frames
命令。

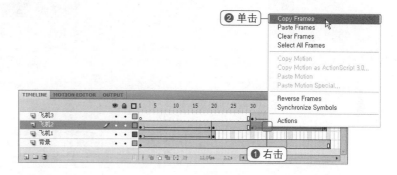

Step 02 右击选择复制后的帧，然后在弹出的快捷菜单中选择Paste Frames
命令。

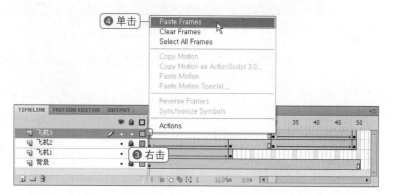

Step 03 在所选帧中粘贴复制帧之后的时间轴面板如下图所示。

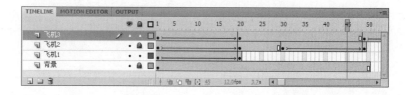

删除所选的帧

粘贴帧后，可以看到帧向后移动的样子。下面我们将删除所选的帧。也许有的读者会这样认为，选择待删除的帧，然后使用Clear Frames命令不就OK了？其实Clear Frames命令只可以删除所选帧的内容，但还保留着帧的位置。如果想同时删除帧的内容和位置，需要使用Remove Frames命令。

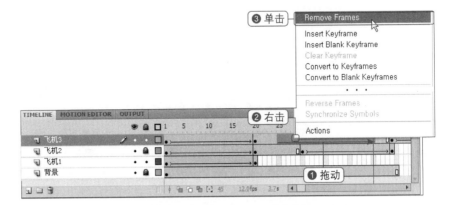

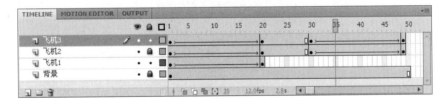

与帧相关的命令

利用鼠标右键选择帧，会显示各种与帧相关的快捷菜单。下面我们就来具体了解这些命令。

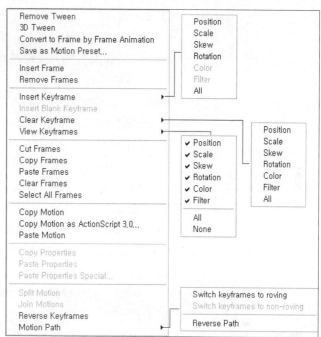

- **Create Motion Tween（创建补间动画）**：在Flash CS4中应用全新的补间动画。

- **Create Shape Tween（创建补间形状）**：创建具有变形效果的补间形状。

- **Create Classic Tween（创建传统补间动画）**：按照Flash CS4之前版本的方法创建补间动画。

- **3D Tween（3D补间）**：使用3D Rotation Tool（）和3D Translation Tool（）对应用了补间动画的关键帧的要素进行3D变形。取消该选择后，也会取消3D相关设置。

- **Convert to Frame by Frame Animation（转换为逐帧动画）**：在应用了补间动画的各帧中插入关键帧。移动插入到各帧中的要素，或对各要素进行变形，不会对其他帧中的要素或运动产生影响。

- Save as Motion Preset（**另存为动画预设**）：在MOTION PRESETS 面板中保存运动的类型，可以根据需要设置应用在要素的运动类型。
- Insert Frame（**插入帧**）：插入新的帧，可以延长动画的长度。
- Remove Tween（**删除补间**）：选择应用了补间动画或补间形状的帧 时会显示该命令，可删除补间设置。
- Remove Frames（**删除帧**）：删除所选的帧。
- Insert Keyframe（**插入关键帧**）：以所选的帧作为基准，复制并粘贴 左边第1帧的要素。
- Insert Blank Keyframe（**插入空白关键帧**）：在帧中插入要素时，首 先必须创建空白关键帧。
- Clear Keyframe（**清除帧**）：清除所选的帧，将其转换为普通帧。
- View Keyframes（**查看关键帧**）：显示关键帧的属性，即坐标、旋 转、大小、倾斜、颜色、滤镜等相关信息。取消选择时，就会显示没 有应用该设置时的样子。
- Convert to Keyframes（**转换为关键帧**）：将所选的帧转换为关键帧。
- Convert to Blank Keyframes（**转换为空白关键帧**）：将所选的帧转 换为空白关键帧。
- Cut Frames（**剪切帧**）：剪切所选的帧。之后使用Paste Frames命令 可以进行粘贴。
- Copy Frames（**复制帧**）：复制所选的帧。之后使用Paste Frames命 令可以进行粘贴。
- Paste Frames（**粘贴帧**）：粘贴利用Cut Frames、Copy Frames命令 所选的帧。
- Clear Frames（**清除帧**）：删除当前所选帧的内容。
- Select All Frames（**选择所有帧**）：选择时间轴的所有帧。
- Copy Motion（**复制动画**）：复制所选补间动画的属性（坐标、大 小、旋转、倾斜、颜色、滤镜、混合模式）。该命令不能在补间形状 中使用。
- Copy Motion as ActionScript 3.0（**将动画复制为ActionScript 3.0**）： 在ActionScript 3.0中保存动画补间的属性。
- Paste Motion（**粘贴动画**）：应用复制的动画补间属性。只需在起始 帧中插入和粘贴要运动的要素即可。

- Paste Motion Special（**选择性粘贴动画**）：在粘贴复制的动画补间属性时，选择是否应用x、y坐标、大小、旋转和倾斜、颜色、滤镜、混合模式等。
- Copy Properties（**复制属性**）：保存动画补间的属性，即坐标、旋转、大小、倾斜、颜色效果、滤镜等设置。
- Paste Properties（**粘贴属性**）：应用所复制的动画补间的属性。
- Paste Properties Special（**选择性粘贴属性**）：选择动画补间的部分属性并进行粘贴。
- Reverse Frames（**反转帧**）：替换起始帧和结束帧中的要素。
- Split Motion（**拆分动画**）：将一个动作补间分成若干个。
- Join Motion（**合并动画**）：将多个分开的动画连接成一个动画。
- Reverse Keyframes（**反转关键帧**）：使应用了动画补间的关键帧位置变为反向。
- Switch Keyframes to roving（**将关键帧切换为浮动**）：删掉动画补间中应用的多个关键帧，只保留起始关键帧和结束关键帧。
- Switch Keyframes to non-roving（**将关键帧切换为非浮动**）：再次显示利用Switch Keyframes to roving命令删掉的关键帧。
- Reverse Path（**翻转路径**）：使应用了动画补间的路径变为反向。
- Actions（**动作**）：激活动作面板。

PART 01
PART 02
PART 03
PART 04
PART 05
PART 06
PART 07
PART 08

在帧中插入要素，创建生动有趣的动画

EXAMPLE
16

最基本的动画是在各帧中插入动作，并依次快速显示这些帧，从而创建连续的运动效果。当特定对象出现时，经常会用到闪烁效果。要想创建这种效果，只需在插入了显示对象的关键帧之间插入空白关键帧。

创建在场景中反复晃动臀部的PoKo

在影片剪辑元件内部的各帧中插入角色跳舞的动作，然后播放影片，可以看到角色反复跳舞的样子。

01 选择菜单栏中的File>Open（Ctrl + O）命令，打开Sample\Part_03\03_004.fla文件。

02 在库面板中可以看到角色PoKo的几个动作。

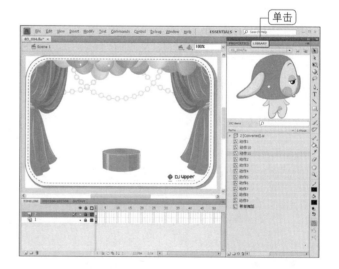

单击

如果没有显示库面板，选择菜单栏中的Window>Library（Ctrl + L）命令，即可激活库面板。

03 选择库面板中的"臀部舞蹈"影片剪辑元件，然后单击预览区域的"播放"按钮，可以看到从动作1到动作11为止的连贯动作。

04 接下来我们将修改"臀部舞蹈"影片剪辑元件。按下编辑元件按钮，然后在弹出的菜单中选择"臀部舞蹈"影片剪辑元件。

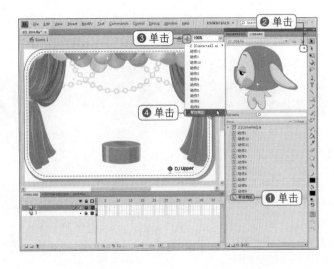

05 将"臀部舞蹈"元件拖动到元件编辑区域。可以发现，第1~11帧依次插入了"动作1~动作11"元件。

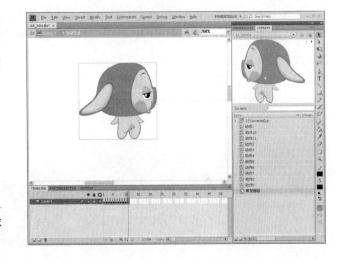

选择第1帧后，按下 Enter 键，可以看到依次显示帧的样子。

06 为了从第12帧开始依次插入"动作11~动作1"元件，选择第1帧，然后在按住 Shift 键的状态下选择第11帧。

07 利用鼠标右键单击所选择的帧，在弹出的快捷菜单中选择Copy Frames命令。

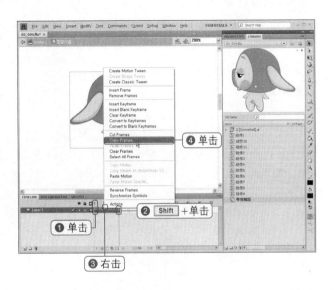

08 为了粘贴前面复制的帧，利用鼠标右键单击第12帧，在弹出的快捷菜单中选择Paste Frames命令。这样，在第12~22帧中依次插入了动作1~动作11。

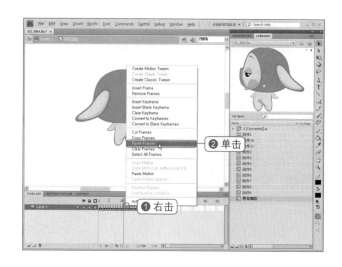

09 为了使前面插入的动作呈反方向运动，即使动作依照"动作11~动作1"的顺序进行运动，选择第12~22帧。然后利用鼠标右键单击所选的区域，在弹出的快捷菜单中选择Reverse Frames命令。

选择第1帧，然后按下 Enter 键，可以确认角色的舞蹈效果是否自然。

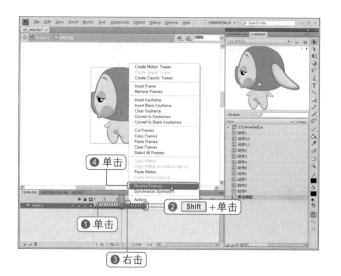

10 单击操作区域上端的Scene 1，移动到主时间轴，然后将库面板中的"臀部舞蹈"影片剪辑元件拖动到场景。

后面将详细地介绍影片剪辑元件。这里我们可以将其看作一种不受主影片影响、独立运动的要素。

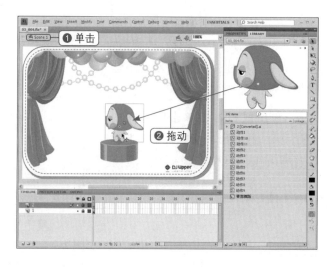

选择菜单栏中的Control>Test Mo-vie(Ctrl + Enter)命令测试结果。可以看到PoKo在场景中的样子。

TIP

为了提高或降低运动速度，首先单击操作区域的空白处，然后调整PROPERTIES面板中的Frame rate值。将该值设置为8时，每秒钟内会显示8帧，这样动作就会减慢。

使用逐帧动画创建角色登场效果

前面我们在各帧中插入了角色的动作，但这种方法过于繁琐。在接下来的实例中，我们只在特殊的地方插入帧即可创建动画。

01 选择菜单栏中的File>Open (Ctrl + O)命令，打开Sample\Part_03\03_005.fla文件。然后按下 Enter 键测试结果。可以看到3个角色登场的样子。

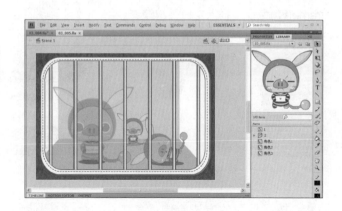

02 选择"角色3"图层的第17帧，然后选择菜单栏中的Insert>Timeline>Keyframe(F6)命令，插入关键帧。

03 选择场景中的"角色3"元件，然后将其透明度（Alpha）从70%更改为80%。

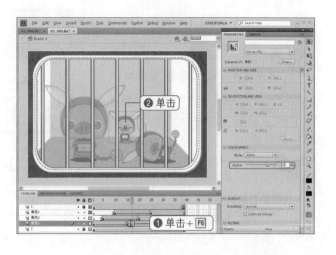

04 接下来在第19帧和第21帧处插入关键帧，然后将"角色3"元件的透明度从90%更改为100%。

05 接下来我们将在关键帧与关键帧之间插入空白关键帧。分别选择第16，18，20帧，然后选择菜单栏中的Insert>Timeline>Black Keyframe(F7)命令，插入空白关键帧。

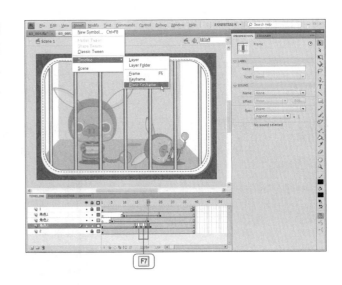

06 按照相同的方法，给"角色2"和"角色1"也设置相同的效果。

07 在关键帧与关键帧之间插入空白关键帧。接下来选择菜单栏中的Control>Test Movie(Ctrl + Enter)命令测试结果。可以看到角色漂亮登场的效果。

插入关键帧时使用F6键，插入空白关键帧时使用F7。选择菜单命令时，不显示这些快捷方式，但熟记后会提高创作速度。

了解补间动画的操作步骤和丰富效果

下面我们将学习Flash CS4中新增的动画补间和老版本中的传统补间动画，然后再尝试更改其透明度、大小等。自Adobe公司收购Flash后，补间动画也发生了相当大的变化。

补间动画  Sample\Part_03\03_003.fla

补间动画只需指定动作的开始和结束状态，便可在Flash中自动创建中间过程。Flash CS4中提供了可以更详细调节动画运动路径的锚点，因此不管是新手还是高手，都能利用Flash CS4方便地创建所需动作。正是因为使用Flash可以简单地创建动作，因此它才会受到越来越多用户的喜爱和青睐。

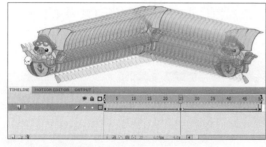

▲ Flash CS4版本中的补间动画

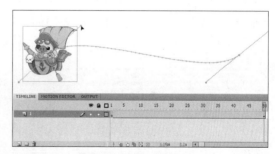

▲ Flash CS4以前版本中的补间动画

此时需要注意的是，动作开始和结束处的要素必须是同一要素，而且必须将该要素转换为元件。元件这个概念以后会详细介绍。根据用途，大致可以将元件分为图形（Graphic）、按钮（Button）和影片剪辑（Movie Clip）3种。

Flash CS4中的补间动画

如果是老版本用户，在CS4中应用补间动画后，会发现无法获得所需结果，不用着急，这是因为Flash CS4中的补间动画发生了变化。下面我们就来学习如何在Flash CS4中应用补间动画的方法和技巧。

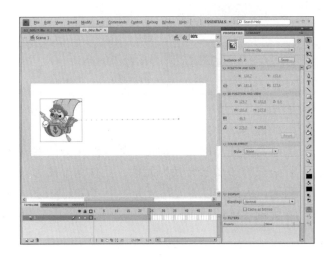

按照帧频应用补间动画，将播放头移动到结束帧的位置。将海盗船元件（即2元件）置于场景左侧，可以看到海盗船运动的路径。查看运动路径，起始和结束处是一个大圆，中间是个小圆，大圆代表的是插入了海盗船的第1帧和第24帧，小圆代表的是第1帧和第24帧之间的各帧。

按下 Enter 键，动作很快就会播放结束。如果想延长动画的长度，首先将光标移动到应用了补间动画的最后一帧的边缘，显示指示两侧方向的箭头后，将光标拖动到所需的帧位置即可。

PART 01
PART 02
PART 03
PART 04
PART 05
PART 06
PART 07
PART 08

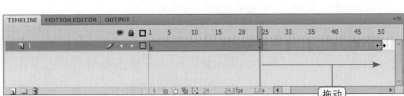

对海盗船的运动进行自由变化

接下来我们将继续前面的操作。CS4版本的Flash补间动画中新增了实用功能，即自动生成运动引导线。使用选择工具对引导线进行变形，可以创建更灵活的运动。将光标移动到引导线上方时，把直线转换为曲线时，光标会变为（ ）。拖动鼠标，就会变为如下图所示的样子。

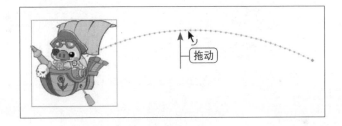

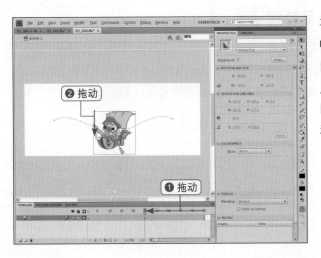

在关键帧和关键帧之间插入新的关键帧后，接下来我们将对运动进行更多的变形。将播放头拖动到第25帧，然后移动场景中的引导线。可以看到，时间轴中自动插入了关键帧，同时运动中的引导线也发生了变化。

下面我们将更为细致地调整引导线。选择部分选取工具，然后选择引导线中相当于关键帧的锚点，会显示正切手柄。如果是直线，就不会显示正切手柄。在按住 Alt 键的状态下拖动关键帧，会显示正切手柄。拖动正切手柄的锚点，可以对引导线进行变形。拖动引导线时，如果按住 Alt 键，将只对一侧引导线产生影响，而不会对两侧引导线产生影响。

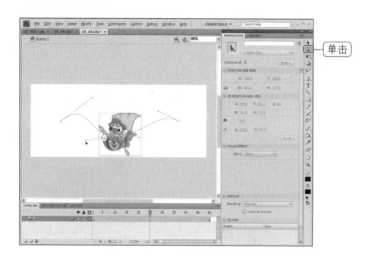

在老版本中应用补间动画

按照同样的方法打开03_002.fla文件，然后选择第20帧，选择菜单栏中的Insert>Timeline>Keyframe(F6)命令。将场景的飞机向左侧拖动。这样便在第1帧和第50帧的位置插入了海盗船元件（即2元件）。

利用鼠标右键单击第1帧与第50帧之间的某一处，在弹出的快捷菜单中选择Create Classic Tween命令。

PART 01
PART 02
PART 03
PART 04
PART 05
PART 06
PART 07
PART 08

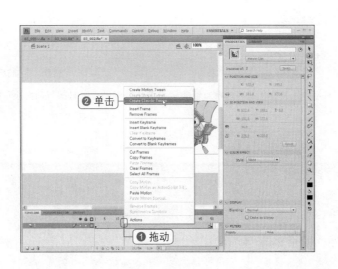

可以看到，虽然应用了动画补间，但没有显示引导线。为了赋予运动某种变化，选择第25帧，然后选择菜单栏中的Insert>Timeline>Keyframe(F6)命令。拖动海盗船，可以看到，海盗船依次沿着关键帧的方向进行运动。

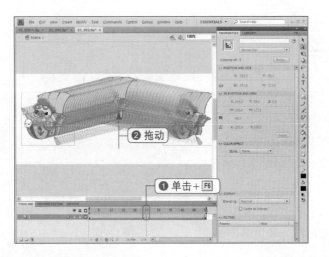

- Edit easing（编辑缓动）：选择应用了动作的关键帧，在TWEENING选项区的Ease旁会显示Edit easing

选项。使用曲线可以控制影片的运动速度。即使是简单的动画补间，如果能灵活设置曲线，同样可以表现出动画的真实感。

制作补间动画

EXAMPLE

17

前面我们已经接触过Flash CS4中发生变化后的补间动画。如果用户很熟悉Flash，只需利用前面介绍的内容，便能轻松制作补间动画。如果是Flash新手，最好从基础开始逐步学习补间动画。

阶段 **1**　阶段 **2**　阶段 **3**　阶段 **4**

将要素转换为元件

创建补间动画时，必须将用于运动的要素转换为图形（Graphic）或影片剪辑（Movie clip）元件。

01 选择菜单栏中的File>Open（Ctrl + O）命令，打开Sample\Part_03\03_006.fla文件。

02 可以发现，场景中有个具有组属性的小猪角色。利用选择工具选择该角色。

03 为了对所选角色应用补间动画，首先必须将角色转换为元件。选择菜单栏中的Modify>Convert to Symbol(F8)命令。

04 在弹出的Convert to Symbol对话框中将元件的Name设置为"M：小猪"，元件的Type设置为Movie Clip，然后单击OK按钮。

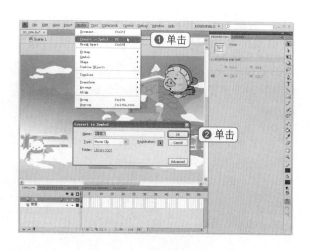

使用元件设置补间动画

下面我们将使用创建好的元件制作动画。这里的动画只包括简单的动作，后面我们将介绍动画补间的各种高级使用方法。

01 选择"小猪"图层的第50帧，然后选择菜单栏中的Insert>Timeline>Frame(F5)命令。

02 利用鼠标右键单击"M：小猪"元件，在弹出的快捷菜单中选择Create Motion Tween命令。

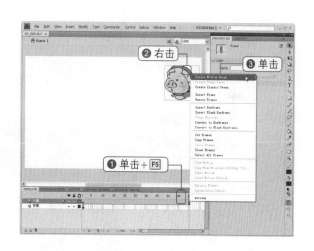

03 如果Play head（即播放头）位于第50帧处，如右图所示将场景中的"M：小猪"元件向画面左侧拖动。显示引导线后，按下Enter键后。可以看到"M：小猪"元件从左侧向右侧运动的动画。

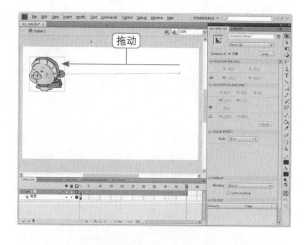

04 利用工具面板中的选择工具和部分选取工具可以创建变化更多的曲线运动。在按住 Alt 键的状态下利用部分选取工具拖动相当于关键帧的圆。

05 显示正切手柄后，拖动正切手柄上的锚点，创建新的引导线。

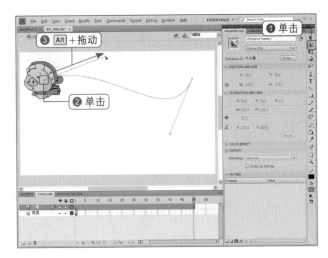

TIP

如果引导线是直线或对角线时，即使使用部分选取工具，也不会显示正切手柄。此时，只需在按住 Alt 键的状态下拖动相当于关键帧的锚点即可。

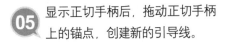

延长背景动画的长度

小猪图层的长度是50帧，背景图层的长度是1帧。即，背景图层的要素只会显示到第1帧。下面我们将进行相关设置，使背景图层显示到第50帧。

01 当前背景图层中只显示第1帧。为了将背景图层的长度延长到第50帧，首先选择背景图层的第50帧，然后选择菜单栏中的Insert＞Timeline＞Frame(F5)命令。

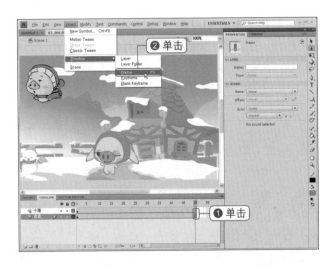

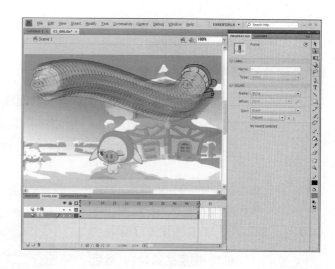

02 接下来选择菜单栏中的Control > Test Movie（Ctrl + Enter）命令，测试结果。

PART 01
PART 02
PART 03
PART 04
PART 05
PART 06
PART 07
PART 08

深入了解

补间动画的相关选项

设置补间动画，或选择应用了补间动画的帧时，PROPERTIES面板中会显示与补间动画相关的选项。在这里可以设置运动的速度、旋转等。

PROPERTIES LIBRARY
Motion Tween
▽ EASE
Ease: 0
▽ ROTATION
Rotate: - time(s) + - °
Direction: none
☐ Orient to path
▽ PATH
X: 106.3   Y: 78.0
W: 500.0   H: 47.0

- Ease（缓动）：可以设置为-100～100之间的值。-100使运动速度逐渐变快，100使运动速度逐渐变慢。查看引导线会发现，表示帧的虚线会变宽或变窄。
- Rotate（旋转）：可以使运动的要素发生旋转。在顺时针方向（CW）或逆时针方向（CCW）赋予旋转值，可以使要素发生相应的旋转。与老版本不同的是，在+号后输入数字，不仅可设置旋转次数，还可设置旋转的角度。
- Path（路径）：可以设置应用补间动画的坐标位置和大小。

自由更改动画中物体的速度

设置补间动画后，查看属性面板，可以看到 ◢ 按钮。在对角线处添加锚点，使用这些锚点可以自由调节动画的运动速度。在Create Classic Tween命令中也能使用这种方法。

01 打开Sample\Part_03\03_0059.fla文件，然后按下 Enter 键测试结果。可以看到，飞机在以一定的速度进行运动。

02 选择 "飞机1" 图层的第1帧，然后在PROPERTIES面板中将Ease值设置为100。测试时可见开始时，运动速度很快；越接近终点，运动速度就越慢。

03 选择 "飞机2" 图层的第1帧，然后在PROPERTIES面板中将Ease值设置为-100。开始时，运动速度很慢；越接近终点，运动速度就越快。

04 选择 "飞机3" 图层的第1帧，然后在PROPERTIES面板中将Ease值设置为-100，接下来单击 ◢ 按钮。

将Ease值设置为-100的原因是为了使开始时运动速度较慢，越接近终点时运动速度越快。

05 在弹出的Custom Ease In/Ease
Out对话框中将Ease值设置为
-100。

06 单击曲线，可以看到锚点和正切
手柄。如右图所示进行拖动，
在第40帧处播放影片长度的30%，这
样影片的播放速度在后10帧之间提
高了70%。

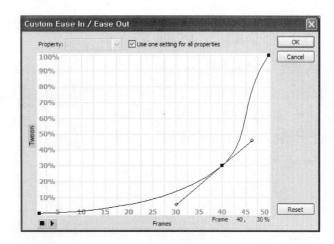

PART 01
PART 02
PART 03
PART 04
PART 05
PART 06
PART 07
PART 08

深入了解

Custom Ease In/Ease Out对话框的相关选项

Custom Ease In/Ease Out对话框
的左侧到目标支点分为100%，下端显示帧的编
号。查看第40帧，此时设置为只播放影片长度
的30%，而第50帧则设置为100%播放影片。这
样，我们可以边查看帧和影片，边调节运动速
度。在Create Motion Tween命令中不提供该
功能，但在Create Classic Tween命令中提供该
功能。

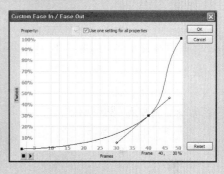

07 选择 "飞机4" 图层的第1帧，然后在PROPERTIES面板中将Ease值设置为0，接下来按下按钮。

08 在弹出的对话框中单击第20帧处的曲线，显示锚点后，设置影片播放到80%。

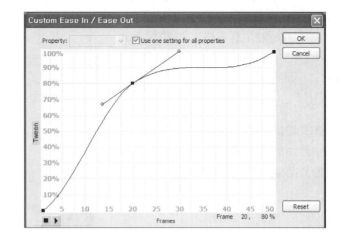

09 接下来单击第40帧处的曲线，显示锚点后，设置为播放到影片的50%。

10 根据该设置，第20帧处，影片会播放到80%；第40帧处，影片会播放到50%。即，移动到后面时，影片会从第50帧移动到100%。

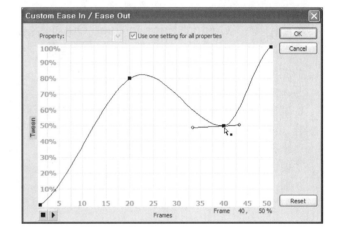

11 选择菜单栏中的Control>Test Movie(Ctrl + Enter)命令，测试结果。可以看到，飞机在以一定的速度运动。虽然飞机的运动速度各不相同，但同时到达目标支点。

TIP

我们可以在Custom Ease In/Ease Out对话框中自由调节运动速度，从而创建不同的运动效果。

利用动画编辑器创建高级效果

Flash CS4进一步简化了补间动画，方便用户在时间轴中应用补间动画。同时，Flash CS4
中新增了MOTION EDITOR面板，使用该面板可以细致调整在动画中应用的动作。

MOTION EDITOR面板的使用方法

使用MOTION EDITOR面板时，必须应用Flash CS4新增的动画补间。
如果应用传统补间（Classic Tween）或形状补间（Shape Tween），
则无法使用该面板。

Step 01 选择菜单栏中的File>Open(Ctrl + O)命令，打开Sample\Part_03\03
_007.fla文件，然后按下 Enter 键。可以看到，从第1~50帧应用了补间动画。

Step 02 选择应用了补间动画的帧，然后切换至MOTION EDITOR面板选
项卡。

Step 03 单击Go to next keyframe按钮，移动到关键帧，然后将Basic motion选项区中的Rotation Z值设置为-45，用于旋转角色。

Step 04 Go to next keyframe命令会使角色移动到下一关键帧，由于这里只包含一个关键帧，于是便移动到最后面的第50帧。

如果不是影片剪辑元件

使用图形元件和影片剪辑元件创建动作补间时需要注意的一点是，3D Rotation工具和3D Translation工具只能在影片剪辑元件中使用。

选择场景中的要素后，查看PROPERTIES面板也能进行相同设置。

Step 05 单击Go to previous keyframe按钮，移动到第1帧后，再单击Color Effect的+按钮，选择Alpha命令，并将透明度设置为0%。

Step 06 在新的补间动画中如下图所示设置属性，将会对所有关键帧应用动画补间。为了使第1帧为透明状态，第50帧为不透明状态，单击Go to next keyframe按钮，移动到最后面的关键帧，然后将透明度设置为100%。

Step 07 按下 Enter 键测试结果。

深入了解

使补间与引导线保持平行

Orient to path（调整到路径）选项可以使对象在运动过程中与引导线保持平行。不旋转对象时，选择该选项，对象与引导线将成为一条直线，从而使要素的运动显得更真实。下面两幅图像分别是设置了Orient to path以及没有设置Orient to path时的不同显示结果。

认识MOTION EDITOR面板

Flash CS4中提供了与补间动画关联的MOTION EDITOR面板。若能充分利用该面板各种功能，即使是Flash新手，同样也能创建出色的补间动画。

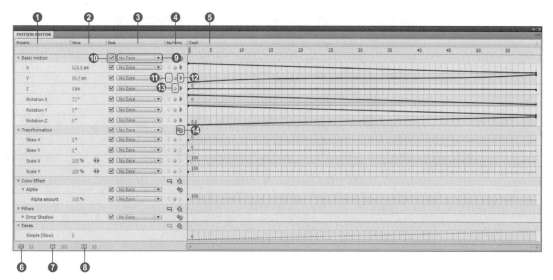

❶ Property（属性）：显示对补间动画产生影响的属性名称。

❷ Value（值）：拖动或单击属性值后，可以更改属性值。

❸ Ease（缓动）：可以更改运动速度。在下边的Eases选项中，可以选择和应用设置好的值。

❹ Keyframe（关键帧）：可以移动关键帧，还可以添加或删除新的关键帧。

❺ Graph（曲线图）：通过曲线显示属性的变化。

❻ Graph Size（图形大小）：设置MOTION EDITOR面板的行高度。

❼ Expanded Graph Size（扩展图形的大小）：设置MOTION EDITOR面板每行展开后的最大高度。

❽ Viewable Frames（可查看的帧）：设置MOTION EDITOR面板的帧的宽度。

❾ Selected Ease（已选的缓动）：可以在MOTION EDITOR面板的Eases栏中应用设置好的运动速度。我们可以在Eases栏中添加多种运动速度，请根据实际需要选择使用。

❿ Enable or Disable Ease（启用或禁用缓动）：决定是否使用所选的Ease属性。

PART 01
PART 02
PART 03
PART 04
PART 05
PART 06
PART 07
PART 08

⓫ Go to previous keyframe（转到上一个关键帧）：将播放头移动到前一个关键帧。

⓬ Go to next keyframe（转到下一个关键帧）：将播放头移动到下一个关键帧。

⓭ Add or Remove keyframe（添加或删除关键帧）：在播放头所处位置添加或删除关键帧。

⓮ Reset Values（重置值）：使该栏的设置值返回默认状态。

Basic motion（基本动画）

3D Translation工具可以通过移动X, Y坐标和Z坐标来调整要素大小。同样，更改X, Y, Z所设置的值，可以如同3D Translation工具一样更改要素坐标和大小。

3D Rotation工具可以通过X, Y, Z坐标旋转要素。更改Rotation X，Rotation Y和Rotation Z的设置值，可以如同3D Rotation工具一样更改要素坐标和大小。

- Reset Values（重置值）：返回设置值之前的状态。

Transformation（转换）

Skew X, Skew Y可以沿着X轴、Y轴方向倾斜对象。
Scale X, Scale Y可以沿着X轴、Y轴方向调节对象大小。

Color Effect（色彩效果）：更改颜色和透明度

使用Brightness, Tint, Alpha和Advanced属性，可以更改颜色的亮度、饱合度以及透明度等。

Filters（滤镜）：滤镜相关的命令

如果是以前使用过Photoshop的用户，那么肯定不会对滤镜感到陌生。Adobe公司收购Flash后，在Flash中新增了功能强大的滤镜。在动画中使用滤镜，可以为动画创建很多特殊效果。

控制运动速度和应用滤镜

EXAMPLE
18

在MOTION EDITOR面板中按下Ease属性中的＋图标，可以看到应用了各种效果的速度以及一些特殊效果的选项。下面我们就来介绍如何创建要素并使用滤镜。只有在按钮元件、影片剪辑元件和文本等要素中才能应用滤镜效果。

了解应用和删除滤镜的方法

在影片中使用滤镜，可以简单创建很复杂的动画效果。下面我们就来了解在MOTION EDITOR面板中应用滤镜的方法。

01 选择菜单栏中的File>Open(Ctrl ＋ O)命令，打开Sample\Part_ 03\03_007.fla文件。按下Enter键，观察 "M：小猪"元件的运动情况。

02 选择 "小猪" 图层的任一帧， 然后切换到MOTION EDITOR 面板。

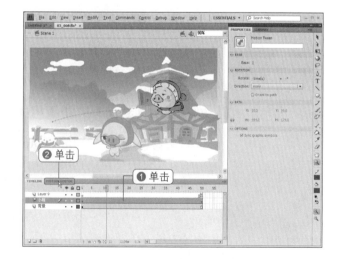

03 将播放头拖动到第1帧，然后单击Filters栏中的Add Color, Filter or Ease按钮，选择Drop Shadow命令。

04 Filter栏中会显示Drop Shadow滤镜的选项，同时会对场景中的角色应用投影效果。

PROPERTIES面板的FILTERS栏中的设置与MOTION EDITOR面板中的设置是一样的。

05 下面再应用另一个滤镜。选择第1帧，然后按下Filters栏中的Add Color, Filter or Ease按钮，选择Blur命令，并将Blur X值设置为100px，Blur Y值设置为50px。

06 将播放头置于最后一帧，可以看到应用的模糊效果。接下来将Blur X值设置为0px，Blur Y值设置为0px。

07 按下 Enter 键测试结果。可以看到，模糊角色逐渐变得清晰起来。

滤镜功能强大且用途广泛，但过于频繁使用时，会导致一些低配置计算机的运行速度变慢。实际操作中，我们最好尽量控制使用滤镜的数量，降低滤镜的强度和品质，以提高运行速度。

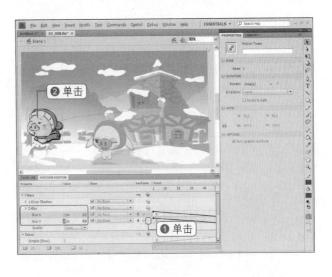

同时更改动画速度和路径

对动画而言，速度无疑很重要。在接下来的实例中，我们将调节动画的速度，创建更加生动有趣的动态效果。

01 继续前面的操作。将播放头拖动到第1帧，然后按下Ease栏中的Add Color, Filter or Ease按钮，选择Damped Wave命令。

02 可以看到，Eases栏中新添加了2-Damped Wave滤镜。

03 在Basic motion选项区的X, Y属性中将Ease更改为前面所设置的Damped Wave。

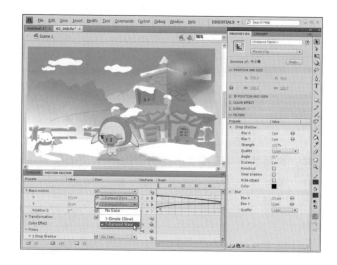

04 按下 Enter 键，可以看到小猪开始时快速地左右运动，后来在中央处停止。

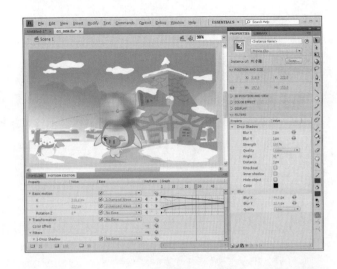

05 下面我们将设置小猪的运动速度。按下Add Color, Filter or Ease按钮，在弹出的菜单中选择Custom命令。

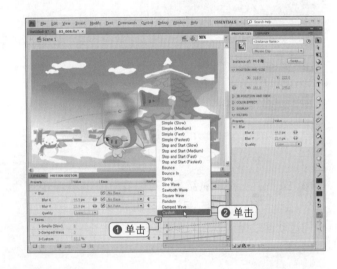

06 单击新增Custom栏的空白处，如右图所示该空间会放大。可以看到对角线一样的线条，将播放头拖动到第25帧，然后插入关键帧（F6）。

07 将第25帧拖动到影片播放的75%支点处，然后如右图所示拖动起始帧和结束帧的正切手柄。

Graph曲线

　　观察下图可以看到，上侧显示帧的编号，左侧显示利用百分比表示的进展情况的数字。前面图像较小，因此无法详细显示数字。同时，到第25帧处，影片播放了70%以上；到第43帧处，播放了60%。因此稍微将曲线拖动到第50帧处，影片就播放了100%。

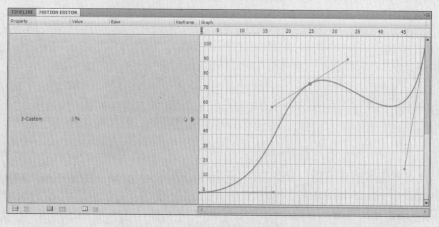

08 将Basic motionX，Y属性的Ease值设置为3-Custom。

09 按下 Enter 键测试结果。可以看到，小猪刚开始时呈快速运动，中间运动得较慢，最后又快速运动。

应用、修改和删除动画预设

下面将和读者一起认识并实际应用动画预设功能。

PART 01
PART 02
PART 03
PART 04
PART 05
PART 06
PART 07
PART 08

理解动画预设

从Flash MX 2004版开始，时间轴效果具有通过简单单击便能创建动画的优点，但同时也存在动画效果差、速度慢的缺点。因此用户很少使用。在Flash CS4中索性去掉了时间轴效果，新增了更简便、更综合的动画预设功能。

应用动画预设

MOTION PRESETS（动画预设）面板中提供了各种预设效果。下面我们将在特定要素中应用这些预设效果。

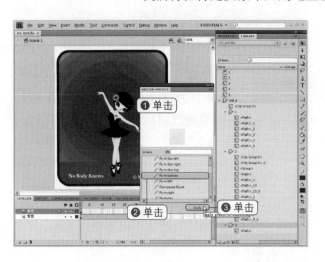

打开Sample\Part_03\03_014.fla文件，然后选择菜单栏中的Window> Motion Presets命令，激活动画预设面板。选择场景中的角色元件，然后选择动画预设面板中的fly-in-bottom选项，最后单击Apply按钮。

按下 Enter 键，可以看到角色如同弹球一样跟随引导线上/下运动。选择第15帧，可以看到角色位于背景外侧了。为了避免角色移动到背景之外，选择任意变形工具，然后选择引导线并对其缩小，使角色位于背景之内。

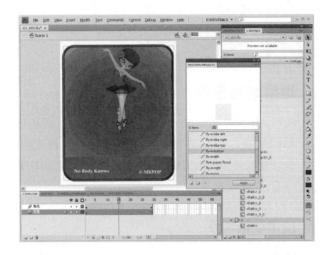

修改动画预设

应用动画预设后，还可对其进行修改。下面我们就来修改角色上下运动的速度、高度以及跳跃之前的大小变化等。

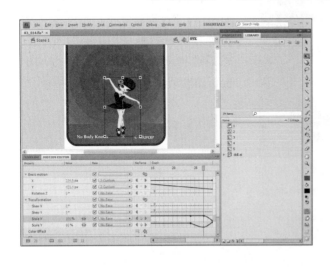

选择场景中的角色，然后单击MOTION EDITOR面板中的选项名称。为了更改跳跃之前的大小，将Playhead拖动到第27帧，然后将Transformation选项区中的Scale X和Scale Y值分别从原来的150%和59.1%更改为100%和80%。该设置适用于表现球弹起的效果，但不适用于人。

为了使角色跳跃后在顶点稍作停留，选择Eases栏的2-Custom选项，设置操作区域。接下来单击最上端的锚点，使正切手柄变为V字形状，这样角色将在顶点作短暂停留。

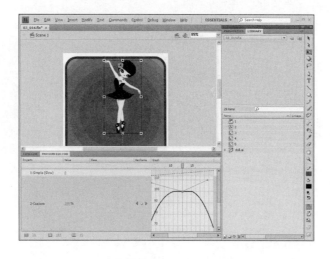

按下 Enter 键。可以看到，跳跃时角色不会跑到旁边，同时也不会变得过小，而且跳跃后角色会在顶点稍作停留。

删除动画预设

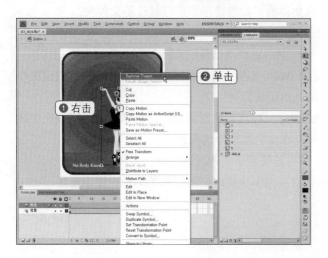

应用动画预设后，并没有特别在帧中进行新的设置，只是应用了前面创建好的动作补间而已。因此，如果要去掉动画预设，只需像去掉动作补间效果一样选择Remove Tween命令即可。

利用鼠标右键单击时间轴中应用了动画预设的帧，在弹出的菜单中选择Remove Tween命令。还可以利用鼠标右键单击应用了动作预设的角色，在弹出的菜单中选择Remove Tween命令。两种方法的结果是一样的。

认识MOTION PRESETS面板

如果想灵活使用动画预设面板，我们首先必须正确掌握该面板中各选项的功能。

- Import（导入）：打开保存为XML格式的动画预设并保存在面板中。
- Export（导出）：保存XML格式的动画预设。
- Rename（重命名）：更改所选预设的名称。
- New Folder（新建文件夹）：创建用来保存预设的文件夹。
- Remove（删除）：删除所选的预设。
- Save（保存）：将当前所选补间动画的运动保存为预设。
- Apply at current location（在当前位置应用）：将当前所选预设更改为当前所选补间动画的运动。
- End at current location（在当前位置结束）：将最后保存在预设中的补间动画的运动保存在当前所选择的预设中。
- Apply（应用）：在当前要素中应用所选预设。
- Search（查找）：存在很多预设时，可以按单词进行搜索查找。

创建并保存动画预设

PART 01
PART 02
PART 03
PART 04
PART 05
PART 06
PART 07
PART 08

EXAMPLE
19

前面讲解过，使用动画预设功能可以简单地在要素中应用运动。下面我们就来了解如何将创建好的运动保存到动画预设面板中，并在以后需要时打开使用。将重复使用的多种运动保存到动画预设面板中，可以极大地节省操作时间。

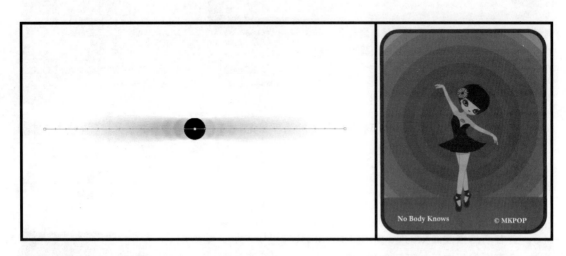

阶段 1

复制创建完的动作并将其保存到动画预设面板

> 下面我们将打开一个运动动画，并在动画预设面板中保存该运动，然后在新角色中应用创建好的动作预设。

01 打开Sample\Part_03文件夹中的03_015.fla文件，然后按下 Enter 键。可以看到，圆出现在中央位置，稍作停顿后又消失了。

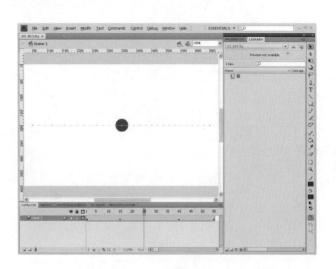

02 为了将该补间动画保存到动画预设面板中，利用鼠标右键单击应用了补间的帧或要素，在弹出的快捷菜单中选择Save as Motions Preset命令。

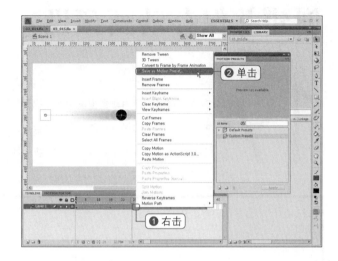

同理，为了将当前所选的动作补间保存到动画预设面板中，也可以单击动画预设面板中的Save Selection as preset图标（▣）。

03 在弹出的Save Preset AS对话框中设置简单易记的名称，然后单击OK按钮。

04 查看动画预设面板的Custom Presets文件可以发现，动画预设面板中保存了前面所创建的预设。

05 如果没有显示动画预设面板，选择菜单栏中的Window> Motion Presets命令即可。

06 打开Sample\Part_03文件夹中的03_014.fla文件，然后选择场景中的角色。

07 接下来选择前面我们创建好的登场预设，然后单击Apply按钮。

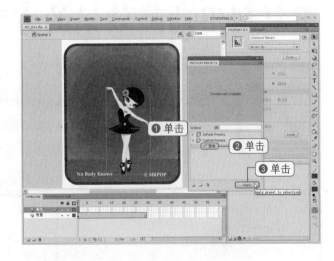

08 选择背景图层的第55帧，然后选择菜单栏中的Insert> Time-line>Frame(F5)命令，延长背景图层的长度。

09 将播放头拖动到第27帧，然后选择工具面板中的任意变形工具。如右图所示拖动引导线，使角色位于场景的中央位置。操作过程中也可以缩小引导线的大小。

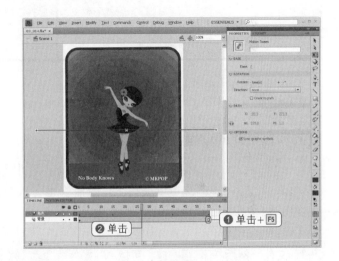

10 接下来选择菜单栏中的Control>Test Movie(Ctrl + Enter)命令，测试结果，可以看到，角色快速登场，停顿一会儿又快速消失了。

重复利用动画效果的方法

20

下面将介绍复制补间动画并将其粘贴到其他影片剪辑元件中的方法。该功能在设置重复活动的动画中非常常用。下面我们就来学习利用动作脚本复制和应用补间动画的方法。该功能只能在ActionScript 3.0中应用。

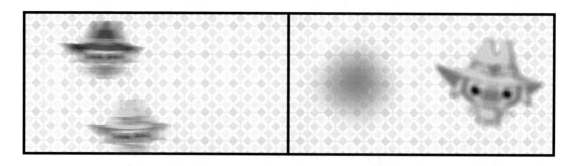

复制和应用补间动画

接下来我们将复制动画补间并将其粘贴到影片剪辑元件中。这种方法可以提高影片的播放速度。

01 打开Sample\Part_03\03_012.fla文件，然后按下 Enter 键。可以看到，角色刚一登场便立即消失了。

02 为了复制所选区域的补间动画，利用鼠标右键单击应用了补间动画的帧，在弹出的快捷菜单中选择其中的Copy Motion命令。

选择菜单栏中的Edit>Timeline>Copy Motion命令，也能起到相同作用。

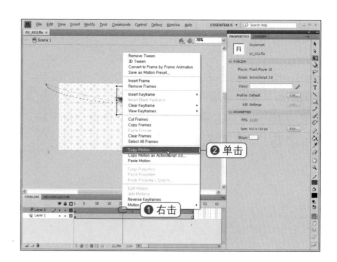

03 单击Insert Layer图标，添加新图层，然后将库面板中的"M：角色2"元件拖动到场景中。

04 接下来利用鼠标右键单击场景中的"M：角色2"元件，在弹出的快捷菜单中选择Paste Motion命令。

选择菜单栏中的Edit>Timeline>Paste Motion命令，也能起到相同作用。

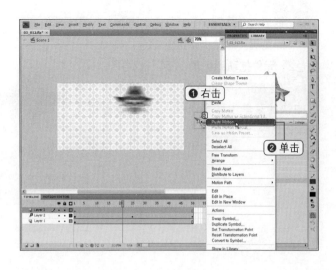

05 可以看到应用补间动画后的界面。选择第1帧，然后按下 Enter 键测试结果。可以看到，新建元件的动画效果。

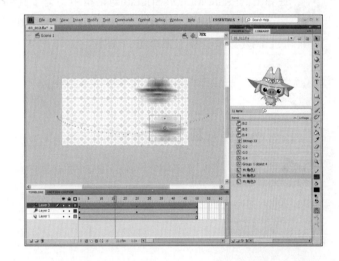

06 打开Sample\Part_03\03_013.fla文件。可以看到，海盗图层（即Layer2图层）中应用了Create Classic Tween。

07 利用鼠标右键单击应用了Create Classic Tween的帧，在弹出的快捷菜单中选择Copy Motion命令。

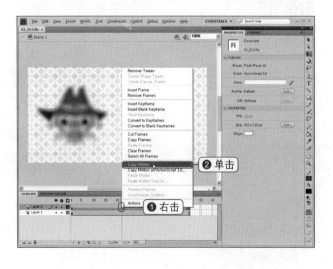

08 返回03_012文件，在其中添加新图层，然后将库面板中的"M:角色2"元件拖动到场景，接下来利用鼠标右键单击"M:角色2"元件，在弹出的快捷菜单中选择Paste Motion Special命令。

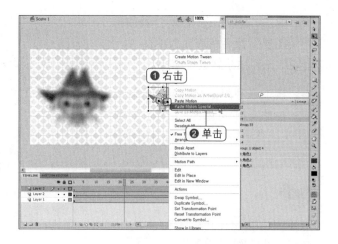

09 在弹出的Paste Motion Special对话框中，为了避免角色大小发生变化，取消勾选Horizontal scale和Vertical scale复选框。接下来单击OK按钮。

Paste Motion Special命令不能在Create Motion Tween中使用，只能在Create Classic Tween中使用。

10 选择第1帧，然后按下 Enter 键测试结果。可以看到，角色在运动中的大小并未发生变化。

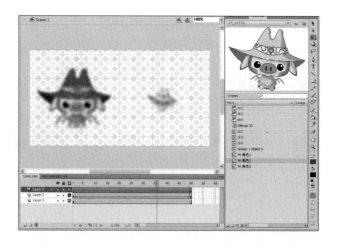

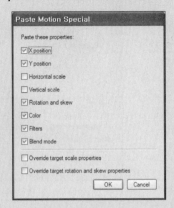

深入了解

Paste Motion Special对话框的相关选项

- X, Y Position：选择是否应用X、Y坐标的属性。
- Horizontal, Vertical scale：选择是否应用更改水平、竖直大小的属性。
- Rotation and Skew：选择是否应用旋转和倾斜属性。
- Color：选择是否应用更改颜色的浓度、亮度、透明度等。
- Filters：选择是否应用滤镜效果。
- Blend mode：选择是否应用混合模式。
- Override target scale properties：忽略大小变化属性，不对大小产生影响。
- Override target rotation and skew properties：忽略旋转和倾斜属性，不对旋转和倾斜产生影响。

使用ActionScript复制和应用动作

01 打开Sample\Part_03\03_013.fla文件，然后按下 Enter 键。可以看到快速登场的角色。

02 创建新图层，然后将"角色2"元件拖动到场景中。

03 接下来我们将给角色元件命名。选择场景中的"M:角色2"元件，然后在属性面板中将实例名称设置为character。

单击

TIP

制作动画时创建的元件并不是保存在所创建的地方，这里只是元件的副本。后面我们将深入学习。这种影片剪辑或按钮元件都是对象。我们将这种对象的副本称作实例。实例名称指的就是控制场景中的复制元件时所使用的名称。

04 选择设置了补间动画的区域，然后利用鼠标右键单击该区域，在弹出的快捷菜单中选择Copy Motion as ActionCript 3.0命令。

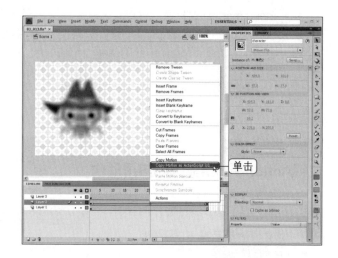

单击

05 在弹出的对话框中将要应用动作的元件的名称设置为Character，然后单击OK按钮。

TIP

Copy Motion as ActionScript 3.0命令不能在Create Motion Tween中使用，只能在Create Classic Tween中使用。

单击

06 再创建一个新图层，然后选择菜单栏中的Window>Action（F9），激活动作面板。接下来利用鼠标右键单击脚本编辑窗口，在弹出的快捷菜单中选择Paste（Ctrl + V）命令，复制脚本。

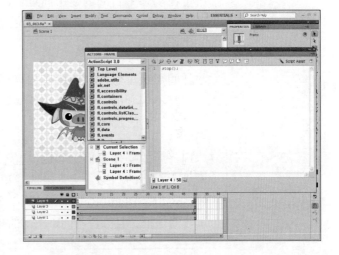

07 此时在测试影片时发现影片循环播放无法暂停。为了仅播放1次，选择第50帧，然后按下F7键，创建空白关键帧。

08 接下来在动作面板的脚本编辑窗口中插入stop()；动作。

09 选择菜单栏中的Control>Test Movie（Ctrl + Enter）命令，测试结果。可以看到角色元件运动的动画。

20
SECTION

自由运动的补间形状动画

在神化电影中，我们经常会见到狐狸自然变成人形的场景。一般将这种变化功能称作变形效果。补间形状正是这样一种类似功能，可以用来改变形状不用的两个要素。但补间形状的功能没有电影中那样强大。

补间形状动画

使用补间形状功能时，如果在运动的起始和结束位置插入要素，便可在动画中自动创建中间过程。不同于补间动画的是，在形状补间中，插入到起始位置和结束位置的要素可以不一样，但必须具有分离属性。

补间形状虽然可以使具有分离属性的要素发生自然变化，但由于变化是不规则的，因此无法获知具体的中间过程。下面我们就来创建一个简单的范例。

选择新的操作窗口，然后设置不使用笔触颜色，在场景中绘制一个大小合适的圆形。接下来选择第30帧，之后选择菜单栏中的Insert>Timeline>Blank Keyframe(F7)命令，创建空白关键帧，然后绘制一个没有边框、且颜色不同于圆形的矩形。最后对其应用补间形状动画。

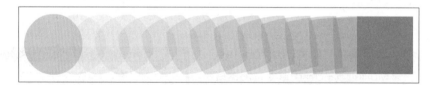

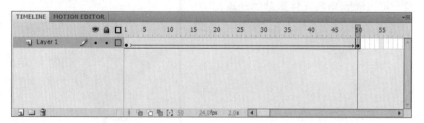

Flash CS4从新手到高手

206

圆、矩形等物体，都能类推形状的变化过程。但使用数字或文字时，我们就很难类推中间过程的变化。在第1帧处输入具有分离属性的字母H，在第50帧处输入具有分离属性的字母F，然后设置补间形状。观察结果，可以看到变化的过程没有任何规律。

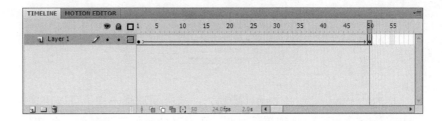

针对这种问题，当然也可以找到解决方法。如果很难类推补间形状的中间变化过程，我们还可以直接控制运动的变化。形状提示功能可以让我们直接调整中间变化过程。查看图像，可以看到补间形状起始帧和结束帧处的圆形文字，当移动到相同的圆形文字位置时，变化过程便有规律地实现了。

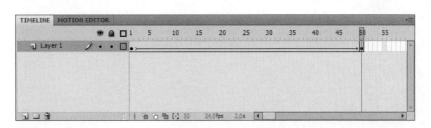

有关补间形状的属性面板

不同于补间动画，补间形状的选项非常简单。

- **Ease（缓动）**：与补间动画一样，可以用来控制运动速度。设置值越接近100，开始时的补间速度越快，结束时的补间速度越慢；反之，设置值越接近-100，开始时的补间速度越慢，结束时的补间速度越快。
- **Blend（混合）**：其中提供了Distributive和Angular两个选项。Distributive可以将补间形状的中间过程处理得比较柔和，当存在直线和棱角时则使用Angular，可以在变形的同时维持原有的直线和棱角。

使用补间形状创建自由活动的动画

EXAMPLE
21

下面我们创建几个嘴巴形状，然后对其应用补间形状，使嘴巴形状呈自然闭合效果。这样，嘴巴看起来就如同在讲话一样。此外，我们还将创建纸张展开的效果，并在上面显示照片。最后我们还将创建简单的形状提示范例。

创建嘴唇自然闭合的讲话效果

下面我们将创建几个具有分离属性的嘴巴形状，然后对其应用补间形状。创建这些嘴巴形状时要遵循一定规律，最好看起来就如同在说某个特定单词一样。

01 选择菜单栏中的File>Open（Ctrl + O）命令，打开Sample\Part_03\21\03_008.fla文件。

02 接下来选择菜单栏中的View>Rulers（Ctrl + Alt + Shift）命令，然后如右图所示创建引导线。

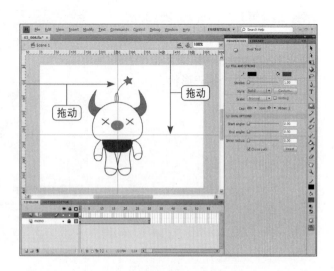

03 接下来选择菜单栏中的View> Guides>Lock Guides(Ctrl + Alt + :)命令，锁定引导线。

04 绘制嘴巴形状时，为了避免出现自动贴紧至引导线的磁石效果，首先选择椭圆工具，然后取消对Snap to Objects的选择。

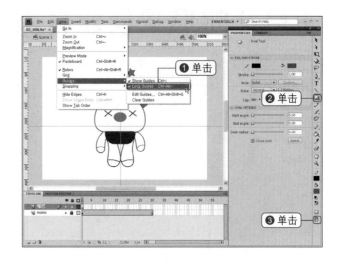

05 为了使角色的嘴巴变化自然，首先选择"嘴巴"图层，然后将光标移到引导线重叠的地方，在按住Alt键的状态下拖动鼠标，创建嘴巴形状。

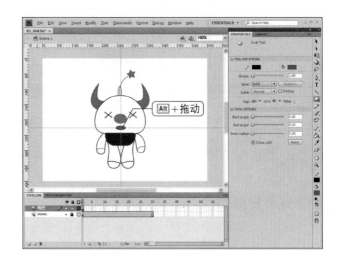

06 选择第5, 10, 15, 20, 25, 30帧，然后选择菜单栏中的Insert> Blank Keyframe(F7)命令，插入空白关键帧，创建几个嘴巴形状。

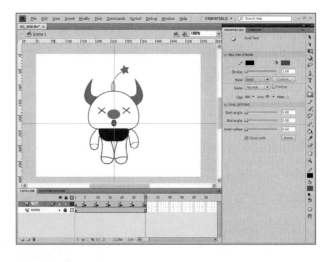

07 为了使所创建的嘴巴形状变化自然，利用鼠标右键单击关键帧与关键帧之间的位置，在弹出的快捷菜单中选择Create Shape Tween命令。

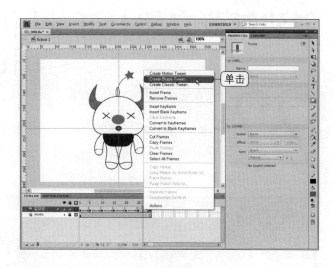

TIP

若感觉逐个设置比较麻烦，拖动并选择要应用补间形状的帧（第1~30帧），然后单击鼠标右键，在弹出的快捷菜单中选择Create Shape Tween命令。

08 选择菜单栏中的Control>Test Movie（Ctrl + Enter）命令，测试结果。可以看到自然变化的嘴巴形状。

创建纸张自然打开的同时 图像登场的效果

EXAMPLE
22

接下来我们再利用补间形状创建一个生动有趣的动画。该功能常用于显示商品或照片之前的背景，在制作网店时非常有用。

创建纸张展开的效果

由于是补间形状的范例，因此角色必须具有分离属性。放大或缩小矩形形状并对其进行变形，便可获得与本范例一样的效果。

01 选择菜单栏中的File>Open（Ctrl + O）命令，打开Sample\Part_03\03_028.fla文件。

02 选择"矩形"图层的第1帧。可以看到，插入了具有分离属性的矩形。

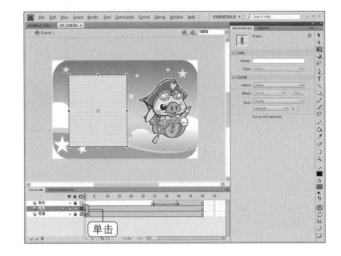

03 选择第5, 10, 15, 20, 25, 30帧，
然后选择菜单栏中的Insert>
Timeline>Keyframe(F6)命令，插入
关键帧。

04 接下来选择第1帧，然后将矩
形的边缘和棱角向内侧拖动，
创建如右图所示的样子。

05 在第5, 10, 15, 20, 25, 30帧处对矩形进行如下图所示的变形。

06 选择"矩形"图层的第1～29帧，然后利用鼠标右键单击所选区域，在弹出的快捷菜单中选择Create Shape Tween命令。

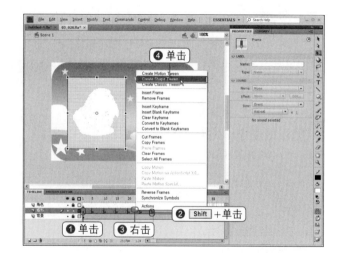

07 按下 Enter 键，或选择菜单栏中的Control+Test Movie(Ctrl + Enter)命令，测试结果。可以看到矩形如纸张展开一样的效果。

控制动画过程中的形状

EXAMPLE

23

下面我们将利用补间形状里用来控制变化过程的形状提示功能创建两张图像转换的动画效果。该功能可以控制变化过程，弥补补间形状的不足。

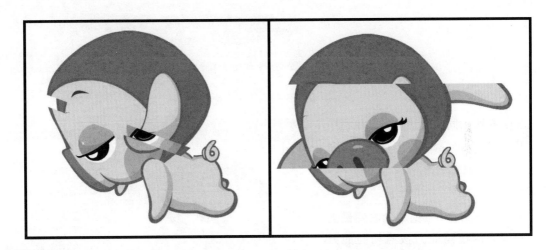

控制矩形的运动变化

01 选择菜单栏中的File>Open（`Ctrl`+`O`）命令，打开Sample\Part_03\03_030.fla文件。

02 可以看到，Layer 1和Layer 2图层中分别包含不同的图像，Layer 3图层中设置了补间形状。按下 `Enter` 键，可以看到第1~10帧的变化过程。

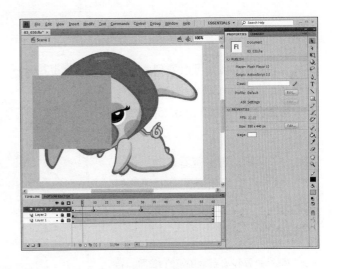

由于Layer 2中插入了图像，因此并不显示插入到Layer 1中的图像。此时，为了不显示插入到图层中的对象，单击Show/Hide Layer图标（ Layer 2 ● 🔒 ■ ）。

03 对Layer 3中1~10帧的变化过程不满意，可以进行修改。选择Layer 3图层的第1帧，然后选择菜单栏中的Modify>Shape>Add Shape Hint(Ctrl + Shift + H)命令。

04 显示圆形字母a后，拖动并将其置于矩形左侧最上方的棱角处。

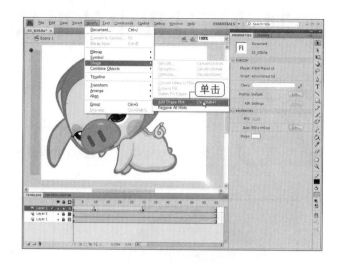

05 按照相同的方法选择菜单栏中的Modify>Shape>Add Shape Hint(Ctrl + Shift + H)命令，会显示圆形字母b。

06 将圆形字母b拖动到右侧最上方的棱角处。按照相同的方法，使用Add Shape Hint命令如右图所示布置圆形字母c和d。

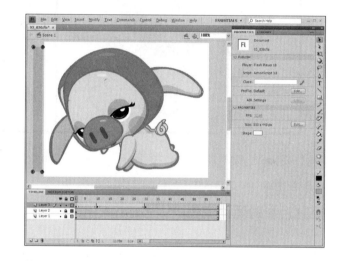

07 选择第10帧，可以看到圆形字母，如右图所示布置圆形字母。前面我们创建了a，b，c，d四个字母。

08 按下Enter键，查看运动变化过程。可以看到不同于前面的矩形变化。

将第1帧的a位置移动到第10帧的a位置，再将其他的点也移动到相应的字母位置。使用这种方法可以控制运动的变化过程。

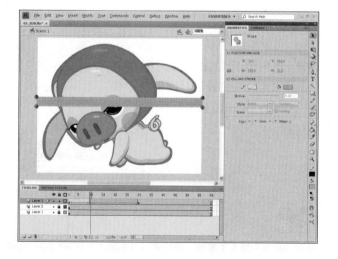

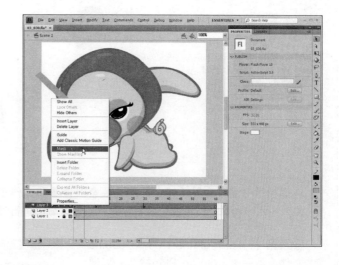

09 利用鼠标右键单击Layer 3图层的名称部分，在弹出的快捷菜单中选择Mask命令。

10 设置完毕后，Layer 2图层的图像只在插入到Layer 3图层的对象区域中显示。

遮罩动画其实并不难。Layer 3相当于要显示的区域，Layer 2相当于显示区域。即，Layer 3的要素将显示在Layer 2的要素之中。

11 选择菜单栏中的Control>Test Movie（Ctrl + Enter）命令，测试结果。可以看到，先显示插入到Layer 1图层中的图像，然后转换为插入到Layer 2图层中的图像。

PART 01
PART 02
PART 03
PART 04
PART 05
PART 06
PART 07
PART 08

使用绘图纸外观轮廓
查看和操作多个帧

选择帧后，场景会显示帧中插入的要素。查看和操作多个帧时可以使用绘图纸外观轮廓功能。应用该功能时，可以边查看整体或部分区域的进行过程，边修改和制作影片。

Step 01 打开Sample\Part_03\03_029.fla 文件，然后单击Onion Skin按钮，以便查看多帧影片的进行情况。

Step 02 在时间轴header中会显示Start Onion Skin标记和End Onion Skin标记。拖动并设置要查看的帧的区域。

Step 03 为了观察动画整体运行情况，单击Modify Onion Skin按钮，在弹出的菜单中选择Onion All命令。

Step 04 为了更改各关键帧的要素的属性，按下Edit Multiple Frames按钮。

Step 05 可以看到关键帧的要素显示得很突出。单击并拖动，可以看到要素的运动在实时发生变化。

深入了解

时间轴的绘图纸外观功能

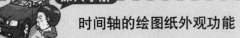

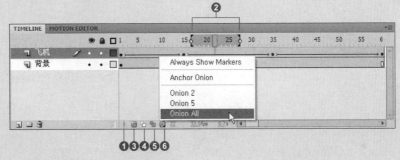

❶ Center Frame（帧居中）：当影片的长度比时间轴表示的区域更长时，将播放头置于时间轴中央。

❷ Start Onion Skin（开始绘图纸外观）和End Onion Skin（结束绘图纸外观）：可以在场景中选择提前预览场影片播放情况的帧区域。拖动时可以更改位置。

❸ Onion Skin（绘图纸外观）：在场景中提前预览Start Onion Skin和End Onion Skin之间帧的影片播放情况。

❹ Onion Skin Outlines（绘图纸外观轮廓）：以轮廓的形式显示Start Onion Skin和End Onion Skin之间帧的影片播放情况。

❺ Edit Multiple Frames（编辑多个帧）：突出表现Start Onion Skin和End Onion Skin之间的关键帧要素。

❻ Modify Onion Markers（修改绘制图纸标记）。

- Always Show Markers（始终显示标记）：即使没有单击Onion Skin按钮，也会显示Start Onion Skin和End Onion Skin标记。
- Anchor Onion（锚记绘图纸）：固定Start Onion Skin和End Onion Skin标记。
- Onion 2, 5, All（绘图纸2、绘图纸5、所有绘图纸）：Onion 2和Onion 5是以Play head为基准，将Start Onion Skin和End Onion Skin向左右移动2、5个位置。Onion All是将Start Onion Skin和End Onion Skin拖动到影片的开始和结束位置的帧。

Flash CS4

Part 04

▶ 认识Flash动画的最佳配角：元件和滤镜

　　毫无疑问，对电影而言，主角非常重要。但如果配角没有很好地配合，主角也会无法绽放光彩。由此可见，配角也很重要。在Flash动画中，元件和滤镜所扮演的角色就如同电影中的配角。虽然元件和滤镜是动画中不可或缺的要素，但它们不是动画的全部，因此也无法成为影片的主角。

了解Flash动画的核心：元件

前面在创建补间动画时使用过元件。当时我们并不了解元件的功能，只知道元件是创建补间动画时不能缺少的要素。下面我们将详细学习元件的概念以及如何对其进行使用。

元件的种类

根据用途，元件大致可分为图形、按钮和影片剪辑3种。由于各种元件的用途并不相同，我们在制作影片时应根据具体情况选择使用不同的元件。

最常用的图形元件

创建补间动画中的要素时，需要使用图形元件。为了减小影片容量，需要将常用要素创建为元件。这是因为，相同的元件，即使多次在影片中使用，都不会对影片容量产生影响。

▲ 原始图像：1KB（1616Byte）

▲ 原始图像的复制版本：6KB（6837Byte）

▲ 转换为元件后的复制版本：1KB（1614Byte）

PART 01
PART 02
PART 03
PART 04
PART 05
PART 06
PART 07
PART 08

与用户之间产生交互作用的按钮元件

制作Flash影片中的按钮时会用到按钮元件。按钮元件中的各帧并不相同，可以分为Up, Over, Down和Hit等4个帧。利用这4个帧，我们便能制作Flash影片中使用的按钮。

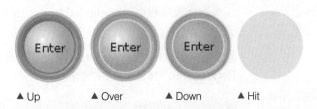

▲ Up   ▲ Over   ▲ Down   ▲ Hit

- Up：按钮的初始状态。
- Over：光标置于按钮上方时的状态。
- Down：按下按钮时的状态。
- Hit：可以指定选区，还可以选择空白空间。

用途广泛的影片剪辑元件

影片剪辑元件的主要作用是制作主影片和单独运动的要素。与图形元件一样，影片剪辑元件也可以创建补间动画中需要的要素。随着Flash功能的强化，在应用行为、滤镜时也会使用到影片剪辑元件。在应用动作脚本制作影片时，影片剪辑元件更是不可或缺。

▲ 应用滤镜后的阴影效果

▲ 单独运动的重复动作

223

两种创建元件的方法

创建元件的方法有两种。一种方法是选择场景中的要素，然后将其转换为元件；另外一种方法是在新的元件区域中创建元件。

Step 01 打开Sample\Part_04\03_013.fla文件，然后选择场景中的角色，接下来选择菜单栏中的Modify＞Convert to Symbol(F8)，将所选角色转换为元件。

Step 02 在弹出的Convert to Symbol对话框中设置元件的Name, Type和Registration，然后单击OK按钮。

当前背景图层处于锁定状态（📖）。即使拖动并选择角色，也不会对背景图层中的要素产生任何影响。

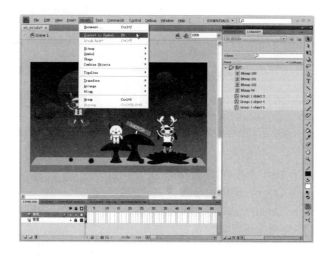

深入了解

Convert to Symbol对话框的相关选项

- **Name（名称）**：设置元件的名称以区分不同元件。最好设置简单易记的名称。
- **Type（类型）**：选择要创建的元件的类型。我们可以根据实际需要选择使用。
- **Registration（注册）**：确定元件的中心点。当设置元件大小以及旋转动画时，都是以元件的中心点作为基准，因此确定元件的中心点非常重要。
- **Advanced（高级）**：可以进行利用动作导出元件等设置。

Step 03 在场景和库面板中均会显示前面所创建的元件。

我们再了解一种类似方法。将所选要素拖动到库面板中，同样也会弹出Convert to Symbol对话框。

使用New Symbol命令时，并不存在Registration。这是因为在操作区域中指定了中心点。

Step 04 接下来我们将在元件操作区域中创建新元件。选择菜单栏中的Insert> New Symbol(Ctrl + F8)命令，在弹出的Create New Symbol对话框中设置元件的名称和类型，然后单击OK按钮。

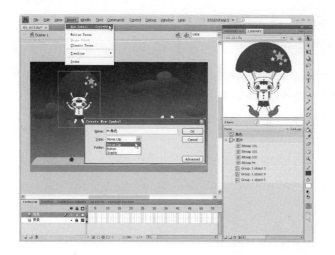

Step 05 查看操作区域的中央，可以看到代表中心点的＋图标。接下来将库面板中的"角色"元件拖动到场景的中央。

Step 06 创建元件时，如果需要返回主操作区域，单击操作区域上端的Scene 1选项即可。可以发现，前面创建的元件在库面板中自动保存了。

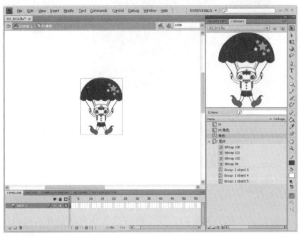

使用Convert to Symbol命令时，虽然在列表中设置了中心点，但在"创建新元件"对话框中并没有设置中心点。因此需要操作时设置中心点。

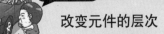

改变元件的层次

在元件内部可以插入新元件，在新元件内部还可以插入其他的元件。时间轴显示的正是这一层次，我们可以快速移动到当前操作元件的位置以及所需元件的操作区域。

移动到上一层次

PART 01
PART 02
PART 03
PART 04
PART 05
PART 06
PART 07
PART 08

元件的修改

修改元件的方法有很多种，我们可以根据实际需要选择使用。

Step 01 查看库面板，可以看到元件列表。接下来我们将更改元件名称。双击元件的名称部分，便可更改元件名称。更改元件名称后，按下 Esc 键、 Enter 键，或单击任一地方即可。

还有一种方法可以更改元件的名称。利用鼠标右键选择元件名称，然后选择弹出菜单中的Rename命令，接下来只需更改名称即可。

Step 02 移动到元件操作区域，为了更改元件，双击元件名称旁的元件图标。

Step 03 另外一种修改元件的方法是，单击Edit Symbols（编辑元件）按钮，然后在元件列表中选择要修改的元件。

选择元件时，预览区域中会显示元件的。双击该预览区域，会移动到元件操作区域。

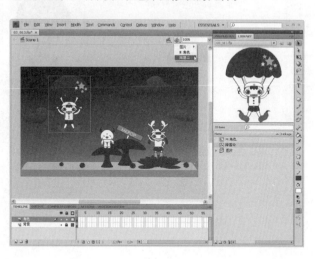

移动到元件编辑区域的方法虽然也可以，但双击场景中的元件时，还会显示其他元素，并能对其进行编辑，因此这种方法更为实用。

Step 04 单击Scene 1，移动到主操作区域后，双击场景中的元件，便会移动到元件编辑区域。

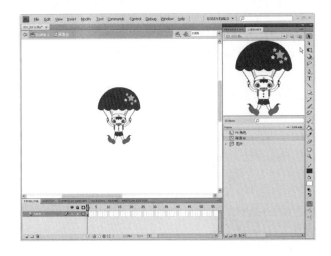

Step 05 完成修改后，单击Scene 1会移动到主时间轴。

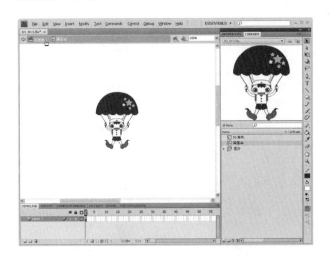

选择元件时属性面板中所显示的选项

下面是选择影片剪辑元件和图形元件时属性面板中所显示的选项。

Swap（交换）按钮

可以更改场景中的元件。单击该按钮，会在弹出的Swap Symbol对话框中显示元件列表。选择要更改的元件，然后单击OK按钮即可。

POSITION AND SIZE（位置和大小）

- X, Y：可以修改所选要素的X, Y坐标。
- W, H（宽度和高度）：可以修改所选要素的宽度（Width）和高度（Height）。

利用Lock width and height values together图标，可以按照相同的比例调节要素的宽度和高度。

3D POSITION AND VIEW（3D定位和查看）

- X, Y, Z：可以使用3D Translation工具更改X, Y坐标，或使用Z坐标来调节大小。
- W, H（**宽度和高度**）：显示更改为3D形式后的元件大小。其大小与POSITION AND SIZE的W, H的大小不同。
- Perspective angle（**透视角**）：可以通过透视角度调节大小。
- Vanishing point（**消失点**）：结合Perspective angle角度值，可以对具有距离感的要素进行变形。

COLOR EFFECT（色彩效果）

可以调节所选元件颜色的亮度、色调以及透明度等。

- **亮度（Brightness）**：可以调节所选元件的亮度。
- **色调（Tint）**：调节应用颜色的色调，就可以创建如同在元件中应用了该颜色一样的效果。
- **透明度（Alpha）**：可以调节透明度。
- **高级（Advanced）**：在当前应用颜色和透明度中增加或减少颜色和透明度。

Sample\Part_04\03_016a.fla

DISPLAY（显示）

其中的混合模式就是重叠两个以上要素时赋予透明度或颜色相互作用某种变化，创建合成图像的过程。使用混合模式可以创建合成效果。

- Normal（一般）：在背景上按照原来的样子直接显示影片剪辑，不应用任何效果。

- Multiply（正片叠底）：将基准颜色符合以混合颜色，创建较暗的颜色。

- Overlay（叠加）：进行色彩增值或滤色。

- Layer（图层）：可以层叠各影片剪辑，但不更改影片剪辑的颜色。

- Lighten（变亮）：将暗淡区域的颜色变得比混合颜色更亮。

- Hard Light（强光）：给要素创建类似柔光照射的效果。

- Darken（变暗）：与Lighten相反的特点。将明亮区域的颜色变得比混合颜色更暗。

- Screen（滤色）：将混合颜色的反色复合以基准颜色，创建明亮效果。

- Add（增加）：在两张图像之间创建使颜色变亮的叠加动画效果。

PART 01 PART 02 PART 03 PART 04 PART 05 PART 06 PART 07 PART 08

Part 04 认识Flash动画的最佳配角：元件和滤镜

231

- Subtract（减去）：在两张图像之间创建使颜色变暗的叠加动画效果。

- Invert（反相）：反转基准颜色。

- Erase（擦除）：擦除包括背景图像中的像素在内的所有基准颜色像素。

- Difference（差值）：根据亮度值，从基准颜色中减去混合颜色或从混合颜色中减去基准颜色。

- Alpha：设置Alpha遮罩。

 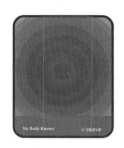

LOOPING（循环）

该功能仅用于图形元件。在图形元件中使用多帧，可以创建循环动画。

- Loop（循环）：使所选图形元件的帧进行循环运动。在First选项中设置当前元件循环的开始帧。其缺点是，只有主影片的帧长度比图形的帧长或差不多，才能获得满意结果。
- Play Once（播放一次）：使所选图形元件从First选项中设置的帧开始到结束仅播放一次。
- Single Frame（单帧）：使图形元件只显示First选项中设置的一个帧。

创建从空中飘落花朵的影片

PART 01
PART 02
PART 03
PART 04
PART 05
PART 06
PART 07
PART 08

EXAMPLE

24

下面我们将创建从空中飘落花朵的影片。花朵的颜色各异，位置也互不相同。在这种情况下，使用一个元件创建互不相同的动作，并使用图形元件简化操作。

创建从空中飘落的花朵

重复播放通常用于影片剪辑元件。但图形元件也可以包括重复动作。图形元件可直接设置重复的始点，还可有效制作多个不同的动作。

01 选择菜单栏中的File>Open
（Ctrl + O）命令，打开Sample\
Part_04\03_009.fla文件。

02 将库面板中的"花朵"元件拖
动到场景中。

拖动

Part 04 认识Flash动画的最佳配角：元件和滤镜

233

03 接下来将"花朵"元件转换为图形元件。首先选择"花朵"元件，然后选择菜单栏中的Modify>Convert to Symbol(F8)命令。

04 在弹出的Convert to Symbol对话框中将Name设置为"M:花朵"，Type设置为Graphic，然后单击OK按钮。

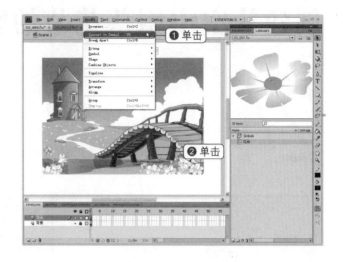

05 双击场景中的"M：花朵"元件，将其切换到元件操作区域。

06 选择第50帧，然后按下F5键，延长帧的长度，利用鼠标右键选择花朵图形元件，然后在弹出的快捷菜单中选择Create Motion Tween命令。

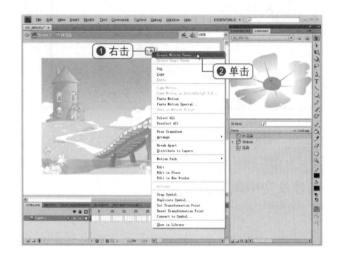

07 将播放头定位到第50帧中，将"花朵"元件拖动到场景下方。

08 选择工具面板中的部分选取工具，按住Alt键后拖动引导线起始和结束位置的关键帧的点，创建如右图所示的引导线。

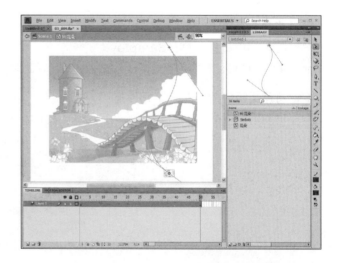

09 为了缩小花朵的大小，选择第1帧位置的花朵，然后在属性面板中将POSITION AND SIZE的宽度和高度均设置为10。

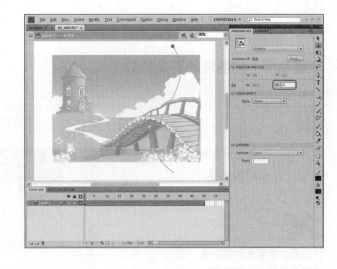

10 下面将第50帧位置的花朵进行缩小。选择第50帧位置的花朵，然后将其宽度和高度均设置为25。

11 按下 Enter 键测试结果。可以看到，花朵在逐渐变大的同时从上往下飘落。

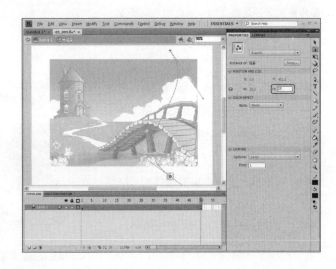

创建像雨一样飘落的花朵特效

01 单击Scene1，移动到主时间
轴，然后选择"背景"图层和
"花朵"图层的第50帧，接下来按下
F5键，延长帧的长度。

将帧的长度延长到第50帧，其目的是为了
使花朵图形元件直到第50帧都应用补间。
影片剪辑元件是独立的，因此也可以不这
样做，但图形元件必须延长帧的长度。

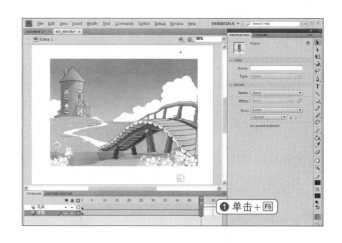

02 选择场景中的"M:花朵"元
件，然后将LOOPING选项区中
的Options设置为Loop，将First设置
为10。

03 根据这一设置，当前选择的"M:
花朵"元件从第10~50帧进行
播放，然后再从第1~9帧进行循环。

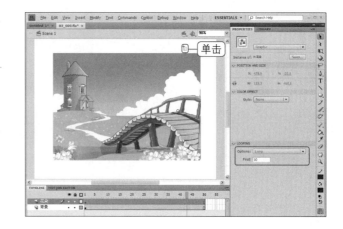

04 下面我们将更改"M:花朵"元
件的颜色。将COLOR EFFECT
选项区中的Style设置为Tint，然后设
置颜色和应用比例。

使用Tint也可以对花朵应用颜色，使用Adv-
anced则可以更加精细地应用颜色。

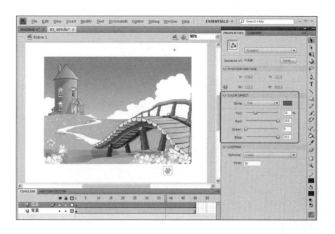

05 接下来将库面板中的"M:花朵"元件拖动到场景中，然后将 LOOPING选项区中的Options设置为 Loop，将First设置为1。

06 动画将从第1帧开始播放。我们还可以根据个人喜好设置颜色。

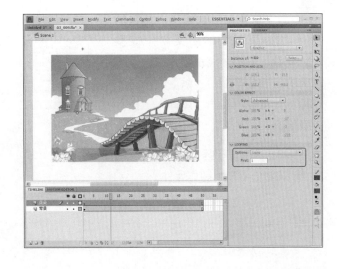

07 按照相同的方法将"M：花朵"元件拖动到场景中，然后将 LOOPING选项区中的Options设置 为Loop，将First设置为小于50的任意值。

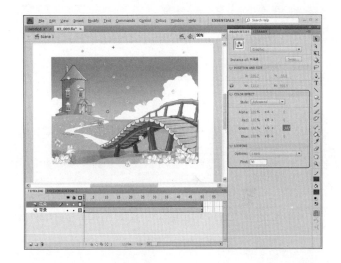

08 如果花朵只是机械性地飘落，动画就会显得单调无趣。选择菜单栏中的Window>Transform（Ctrl＋T）命令，激活TRANSFORM面板，然后对不同花朵进行左右旋转。

09 稍微旋转后，花朵飘落的方向就会发生变化，因此这里只旋转一部分。选择菜单栏中的Modify>Transform>FlipHorizontal命令。

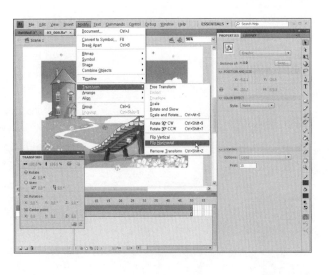

10 为了使花朵呈现像雨一样飘落的效果，我们还要制作很多"M:花朵"实例。测试影片会发现，花朵的颜色各不相同，飘落的方向和起始位置也各不相同，如同雨一样自由飘落下来。

11 如果不了解这种方法，我们就只能一个个地制作元件了。

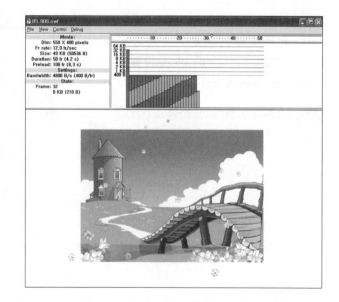

MEMO

理解和应用影片剪辑元件

EXAMPLE
25

在有些影片中只包含一帧。也许很多读者会对此产生疑问"使用一个帧怎么能创建动画呢？"。答案其实非常简单，我们只需在这个帧中插入独立运动的影片剪辑元件即可。

创建突出PoKo背景的动画

下面我们将在角色PoKo后面创建反复旋转的要素。虽然可以在主时间轴中创建背景要素，但主时间轴过于复杂时，进行添加、删除和修改等操作就会变得非常不方便，因此我们将其创建为影片剪辑。

01 打开Sample\Part_04\03_014. fla文件，然后选择菜单栏中的 Insert>New Symbol(Ctrl + F8)命令，创建新的元件。

02 在弹出的Create New Symbol 对话框中设置元件的Name和 Type，然后单击OK按钮。

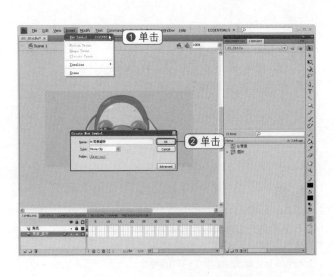

Part 04 认识Flash动画的最佳配角：元件和滤镜

239

03 将库面板中的"G:背景"元件置于场景的中央位置。

04 接下来选择第65帧，然后选择菜单栏中的Insert>Timeline>Frame(F5)命令。

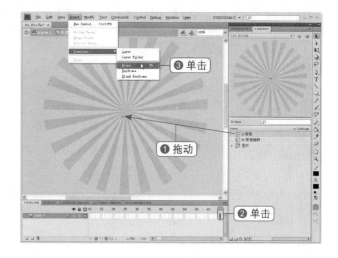

05 为了使对象反复旋转，利用鼠标右键单击第1~65帧之间的某一帧，在弹出的快捷菜单中选择Create Motion Tween命令。

06 在属性面板中将Direction设置为CW，旋转次数设置为1。然后按下 Enter 键，测试结果。接下来单击Scene 1，移动到主时间轴。

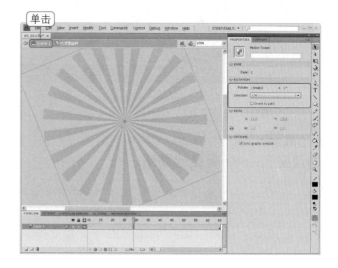

07 选择"背景_影片"图层，然后将库面板中的"M:背景旋转"影片剪辑元件拖动到场景。

按下 Enter 键无法查看影片剪辑的结果。为了确认结果，我们可以选择菜单栏中的Control>Test Movie(Ctrl + Enter)命令。

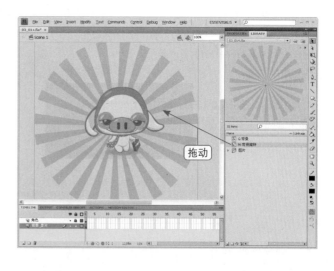

08 选择菜单栏中的Control>Test Movie（Ctrl + Enter）命令，测试结果。可以看到，角色PoKo后面反复旋转的背景。

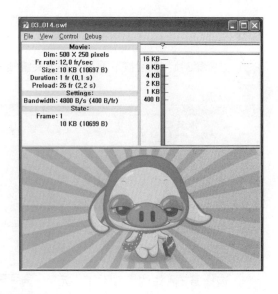

使用影片剪辑和补间动画创建行走的PoKo

下面我们将使用两个动作创建PoKo行走的样子。我们还将使行走的样子活动起来，创建向着某一方向行进的动画。

01 打开Sample\Part_04\03_015.fla文件，然后将库面板中的"动作1"元件拖动到场景。

02 选择菜单栏中的Modify>Convert to Symbol(F8)命令，然后将元件的Name设置为"M:行走"，将Type设置为Movie Clip，然后单击OK按钮。

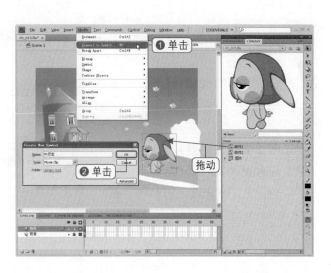

03 接下来双击场景中的 "M:行走" 影片剪辑元件，然后将其拖动到元件操作区域。

04 选择第3帧，然后按下 F6 键，插入关键帧。接下来选择第4帧，然后按下 F5 键。

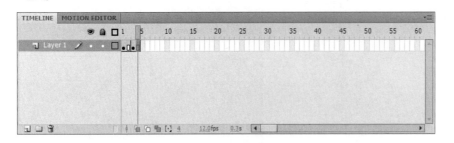

05 选择第3帧处的 "动作1" 元件。接下来为了将元件更改为 "动作2" 元件，单击属性面板中的 Swap按钮。

06 弹出Swap Symbol对话框后，选择 "动作2" 元件，然后单击OK按钮。

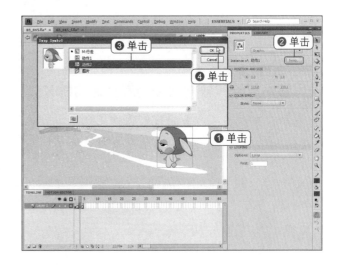

07 可以看到，已经从 "动作1" 元件更改为 "动作2" 元件。按下 Enter 键，确认行走的动作。然后单击Scene 1，移动到主时间轴。

08 选择"角色"图层的第60帧，然后按下 F5 键，延长帧的长度。接下来利用鼠标右键单击第1~60帧之间的某一帧，在弹出的快捷菜单中选择Create Motion Tween命令。

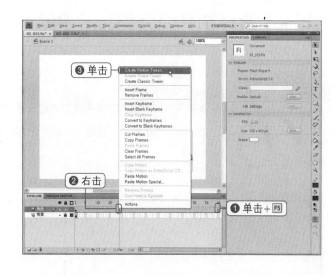

09 将播放头拖动到第60帧，然后将"M:行走"元件拖动到左侧。

10 为了将"背景"图层的长度延长到第60帧，选择背景图层的第60帧，然后按下 F5 键。

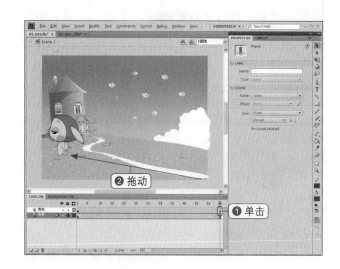

11 选择菜单栏中的Control>Test Movie(Ctrl + Enter)命令，测试结果。可以看到，行走动作的运动结合得很协调，角色如同真的在走动一样。

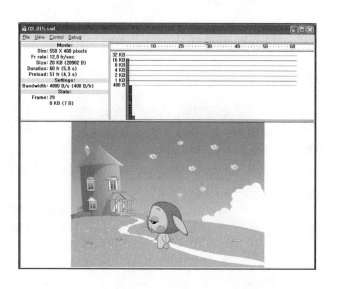

理解和应用按钮元件

EXAMPLE
26

众所周知，按钮元件具有按钮功能。下面我们将使用3个帧创建按钮，表现按钮的初始状态、光标移动到按钮上方时的状态以及释放按钮时的状态。这里我们将制作简单的菜单。

创建按钮元件

制作按钮时，如果光标和按钮之间留有空间，便无法单击该按钮。此时，我们需要重点理解Hit帧。下面我们将通过简单范例理解按钮元件和Hit帧的作用。

01 打开Sample\Part_04\03_016.fla文件。选择场景中的所有要素，命令为Edit>Select All(Ctrl + A)。

02 选择菜单栏中的Modify>Convert to Symbol(F8)命令，在弹出的对话框中将元件的Name设置为B:Djupper，Type设置为Button，然后单击OK按钮。

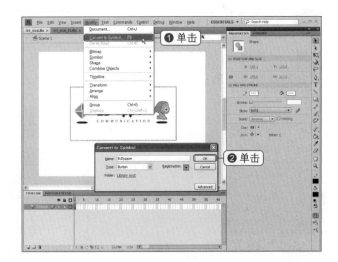

03 双击场景中新建的B:Djupper
元件，移动到元件操作区域，
可以看到4个帧。

04 选择3次菜单栏中的Insert>
Timeline>Keyframe(F6)命令，
在4个位置均插入关键帧。

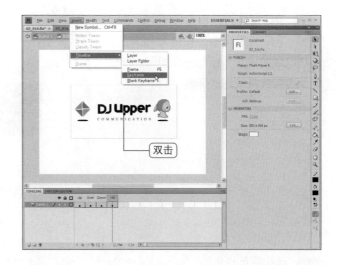

05 选择Over帧，然后选择文本，
更改其颜色。按照相同的方法
更改Down帧的颜色。

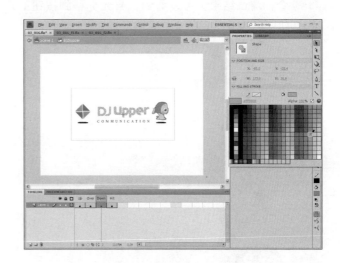

06 选择菜单栏中的Control>Test Movie(Ctrl + Enter)命令，测试结果。可以看到，当光标移
到按钮上方时，并不能选择文字之间的空白区域。这不符合常规。

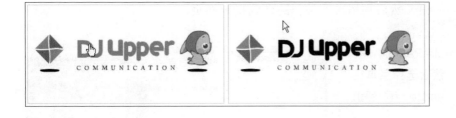

07 关闭窗口，然后选择Hit帧，接下来利用矩形工具拖动相当于按钮区域的地方，绘制一个矩形。Hit帧是可以选择按钮的区域。

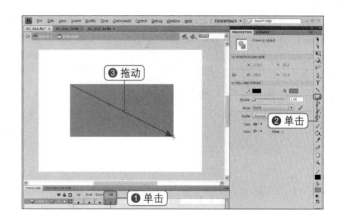

08 选择菜单栏中的Control>Test Movie(Ctrl + Enter)命令，测试结果。可以看到，当光标移到按钮上方时，可以选择文字之间的空白区域了。

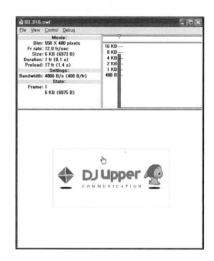

利用透明按钮跳转到指定网页

如果只在Hit帧中设置按钮区域，测试影片时也可以选择该按钮，但视觉上无法看到。这个功能非常实用。下面我们将创建透明按钮，然后利用透明按钮跳转到指定网页。

01 重新打开Sample\Part_04\03_016.fla文件，然后选择菜单栏中的Insert>New Symbol(Ctrl + F8)命令。

02 在弹出的Create New Symbol对话框中将元件的Name设置为"B:透明"，Type设置为Button，然后单击OK按钮。

03 选择Hit帧，然后按下 F7 键，创建
空白关键帧。接下来在场景中
绘制一个大小适当的矩形。

04 单击Scene 1选项，移动到主
时间轴。

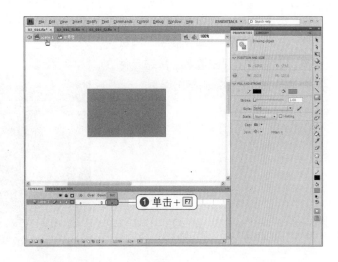

05 将库面板中的"B:透明"元
件拖动到场景，然后使用任
意变形工具调整矩形大小，使其覆
盖要素。

将透明按钮拖动到场景中时，如右图所示，
可以看到其呈半透明的状态。操作时会显
示这种半透明的状态，但执行影片时将不
会显示。

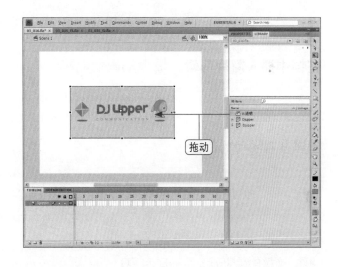

06 在选择透明按钮的状态下选择
菜单栏中的Window>Actions
(F9)命令，激活动作面板。接下来在
动作面板的脚本编辑窗口中插入动
作，使按下"B:透明"按钮时能移动
到指定网页。

插入的ActionScript代码
```
on(release){
getURL("http://qun.qq.com/air/
#65371316");
}
```

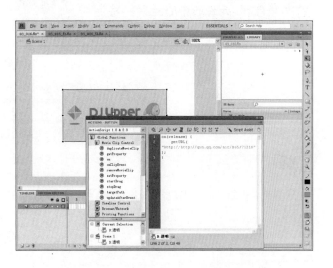

07 选择菜单栏中的Control>Test Movie(⌨Ctrl⌨+⌨Enter⌨)命令，测试结果。此时单击"B:透明"按钮元件所处的位置，会移动到指定网页。

在帧中插入影片剪辑，增强动画的动感

下面我们将在Over帧中插入单独运动的影片剪辑元件。该功能在创建具有强烈动感特效的按钮时非常实用。

创建左右晃动的角色

01 打开Sample\Part_04\03_017. fla文件，然后如右图所示拖动库面板中的"G:角色1"元件。

02 选择任意变形工具，显示"G:角色1"元件的中心点后，将其拖动到钉子所处的位置。

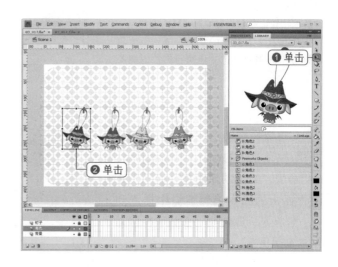

 TIP

中心点是角色运动、大小以及旋转的基准。将中心点移动到钉子所处位置的原因是为了使角色以钉子为中心左右运动。

03 为了创建左右运动的动作，选择菜单栏中的Modify>Convert to Symbol(F8)命令。

04 在弹出的Convert to Symbol对话框中将元件的Name设置为"M:角色1"，Type设置为Movie Clip，然后单击OK按钮。

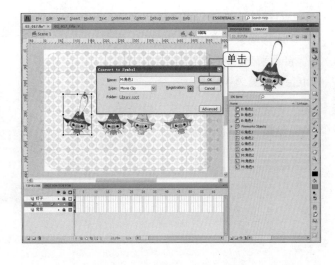

05 双击场景中的"M:角色1"，移动到元件操作区域。接下来选择第20帧，然后按下F5键，延长帧的长度。

06 利用鼠标右键单击第1~20帧之间的某一帧，在弹出的快捷菜单中选择Create Motion Tween命令。

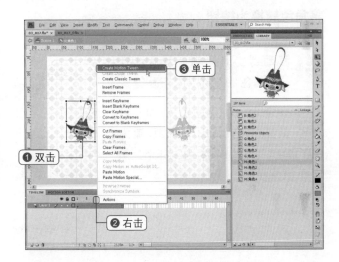

07 将播放头拖动到第10帧，然后选择场景中的"G:角色1"元件，接下来在TRANSFORM面板中将Rotate值设置为10。

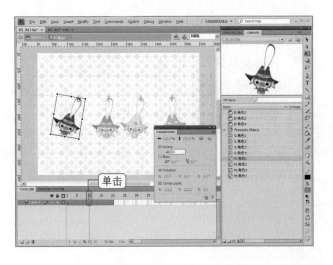

08 将播放头拖动到第20帧，然后选择场景中的"G:角色1"元件，接下来在TRANSFORM面板中将Rotate值设置为-10。

09 完成设置后，按下 Enter 键测试结果。

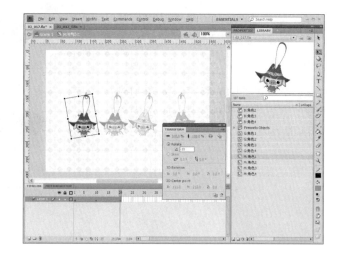

将角色转换为按钮

01 移动到主时间轴，然后选择"M:角色1"元件，按下 F8 键。

02 在弹出的Convert to Symbol对话框中将元件的Name设置为"B:角色1"，Type设置为Button，然后单击OK按钮。

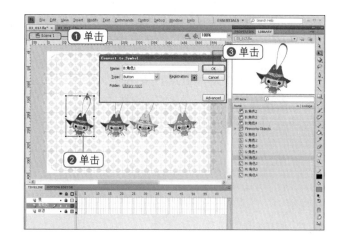

03 单击Scene 1，移动到主时间轴，然后选择"M:角色1"元件，按下 F8 键。

04 弹出Convert to Symbol对话框后，将元件的Name设置为"B:角色1"，Type设置为Button，然后单击OK按钮。

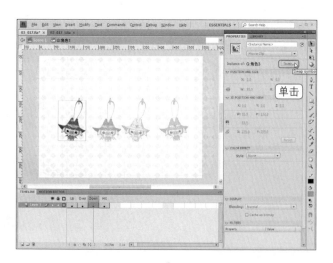

05 在弹出的Swap对话框中选择"G:角色1"元件，然后单击OK按钮。

06 将Down帧也更改为"G:角色1"元件。即，只在Over帧中产生运动。

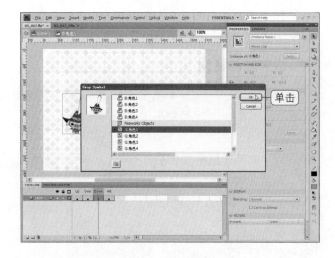

07 选择菜单栏中的Control>Test Movie(Ctrl + Enter)命令，测试结果。测试影片时，将光标移到角色上方，可以看到右左晃动的角色。

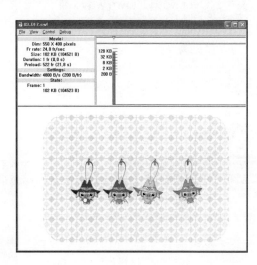

在按钮中插入音频

为了增强影片的动感，华丽的动画固然很重要，但合适的声音也会起到事半功倍的作用。

01 为了在库面板中使用从外部导入的音频文件，选择菜单栏中的Import>Import to Library命令。

02 在弹出的Import to Library对话框中打开Sample\Part_04文件夹中的Over.wav和Down.wav文件，然后单击"打开"按钮。

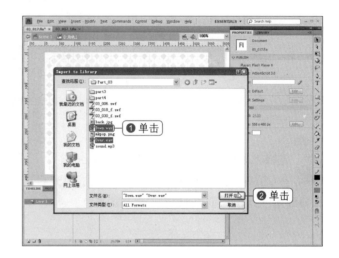

Windows环境中选择文件的方式与Flash环境中的不一样。在选择多个不相连的要素时，Windows环境中使用 Ctrl 键，Flash环境中使用 Shift 键。在Windows环境中，Shift 键用来选择多个相连的要素。

03 双击场景中的"M:角色1"元件，移动到元件操作区域。然后单击Insert Layer图标，添加新图层。

04 选择Over帧后，按下 F7 键，插入空白关键帧。接下来将库面板中的Over.wav文件拖动到场景。

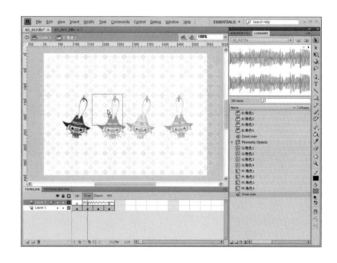

05 同样在Down帧处按下F7键，插入空白关键帧，然后将库面板中的Down.wav文件拖动到场景。

06 选择菜单栏中的Control>Test Movie(Ctrl + Enter)命令，测试结果。将光标移到按钮上方并单击按钮，可以听到相应的声音。

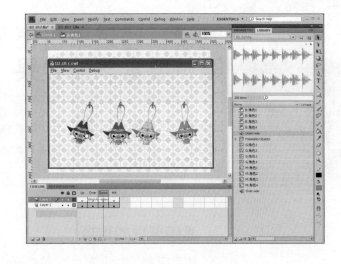

PART 01
PART 02
PART 03
PART 04
PART 05
PART 06
PART 07
PART 08

MEMO

滤镜：通过单击便可赋予要素华丽效果

Adobe公司收购Macromedia后，将Photoshop的滤镜功能添加到了Flash之中。这样的变化表现为，以前需要在动画中应用阴影效果时，必须亲自创建；而现在，仅通过简单的单击便能实现。

滤镜属性的选项

使用模糊滤镜，可以赋予动画中的物体一定的速度感，还可以创建阴影跟随光线而变化的效果。在MOTION EDITOR中同样也能应用动画滤镜。

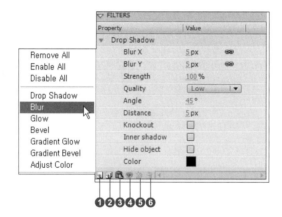

❶ **Add filter（添加滤镜）**：显示Flash提供的滤镜以及相关的滤镜命令。我们将在后面具体介绍各种滤镜。Remove All（删除全部）命令用于删除应用的所有滤镜和属性。Enable All（启用全部）命令用于激活所有滤镜。Disable All（禁用全部）命令用于禁用所有滤镜。下图所示为应用Drop Shadow滤镜给图像添加的阴影效果。

PART 01
PART 02
PART 03
PART 04
PART 05
PART 06
PART 07
PART 08

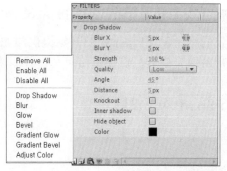

❷ **Presets（预设）**：保存当前要素中应用的滤镜和属性，从而在以后需要时再打开使用。保存的要素将依次显示在预设菜单后面。在预设中，可以使用Rename命令对其重新命名，还可以使用Delete命令删除保存的要素。

❸ **Clipboard（剪贴板）**：保存所选择的滤镜属性，或保存应用过的所有滤镜属性，并将其应用到指定要素中。

❹ **Enable or Disable Filter（启用或禁用滤镜）**：隐藏所选滤镜的属性应用。如果隐藏滤镜属性，将只显示X。再次选择该选项，将启用滤镜属性。

❺ **Reset Filter（重置滤镜）**：返回应用滤镜属性之前的状态。

❻ **Delete Filter（删除滤镜）**：从启用的滤镜中删除所选择的滤镜。

Flash CS4中提供的滤镜种类及其选项

下面我们将了解从Flash CS3开始提供的滤镜种类及其相关选项。创建影片剪辑元件后，可以直接对其设置滤镜效果。

Drop Shadow（投影）

在所选要素中应用阴影效果。

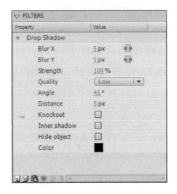

- Blur X, Y（**模糊X、模糊Y**）：调节阴影的模糊效果。该值越大，应用的阴影效果就越强，颜色就越暗。可以设置为0～100之间的值。
- Strength（**强度**）：调节阴影的亮度。该值越大，阴影就越亮。
- Quality（**品质**）：根据阴影的模糊效果来设置品质。品质越低，则播放速度就越快。
- Angle（**角度**）：通过调节光线的照射角度，可以改变阴影的显示位置。
- Distance（**距离**）：设置要素和阴影之间的距离。
- Knockout（**挖空**）：不显示要素区域，只显示要素之外的阴影。
- Inner shadow（**内阴影**）：不是在要素外侧，而是在要素内侧创建阴影。
- Hide object（**隐藏对象**）：不显示要素，只显示阴影。
- Color（**颜色**）：选择阴影的颜色。

Blur（模糊）

使要素的边缘变得更柔和。在运动中应用模糊效果时，可增加对象的运动感，使其看起来在快速运动。

- Blur X, Y（模糊X、模糊Y）：调节模糊效果的范围。模糊效果越强，运动就显得越快。
- Quality（品质）：根据模糊效果来设置品质。品质越低，播放速度就越快。

Glow（发光）

在要素的边缘应用发光效果。

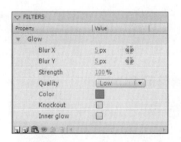

- Blur X, Y（模糊X、模糊Y）：设置发光效果的范围。
- Strength（强度）：调节发光效果的亮度。该值越小，亮度就越弱。
- Quality（品质）：根据发光效果的模糊效果设置品质。品质越低，播放速度就越快。
- Color（颜色）：设置发光效果中应用的颜色。
- Knockout（挖空）：不显示要素区域，只显示要素之外的发光效果所在区域。
- Inner glow（内发光）：不是在要素外侧，而是在要素内侧创建发光效果。

Bevel（斜角）

可以使要素位于背景上方，看起来如同倾斜一样。

Part 04　认识Flash动画的最佳配角：元件和滤镜

257

- Blur X, Y（模糊X、模糊Y）：设置模糊效果的范围。
- Strength（强度）：调节斜角效果的强度。该值越小，强度就越弱。
- Quality（品质）：根据模糊效果设置品质。品质越低，播放速度就越快。
- Shadow（投影）：选择斜角效果的暗淡部分，即阴影部分的颜色。
- Highlight（加亮显示）：选择斜角效果的明亮部分，即高光部分颜色。
- Angle（角度）：选择斜角效果的倾斜角度。可以自由更改斜角效果的应用方向。
- Distance（距离）：设置要素和斜角效果之间的距离。
- Knockout（挖空）：不显示要素区域，只显示应用了斜角效果的区域。
- Type（类型）：设置是在要素内侧、要素外侧还是在要素内侧和外侧同时应用斜角效果。

Gradient Glow（渐变发光）

渐变发光滤镜使用多种颜色而非单色来创建发光效果。其他的选项设置与Glow滤镜一样。

Gradient Bevel（渐变斜角）

渐变斜角滤镜使用多种颜色而非单色来创建斜角效果。其他的选项设置与Bevel滤镜一样。

Adjust Color（调整颜色）

可以调整要素的颜色。

- Brightness（亮度）：调整要素的亮度。
- Contrast（对比度）：调整要素的对比度、阴影和中间色调。
- Saturation（饱和度）：调整要素的颜色饱和度。
- Hue（色相）：调整要素的颜色阴影。

了解滤镜的功能及使用方法

PART 01
PART 02
PART 03
PART 04
PART 05
PART 06
PART 07
PART 08

EXAMPLE

27

下面我们将使用模糊滤镜，创建具有较快速度感的动画。同时，我们还将在荡秋千的猴子后面创建生动逼真的阴影。最后我们还将应用了阴影效果的滤镜保存起来，并在其他文件中应用该效果。

创建具有速度感的动画

下面我们将使用补间动画和模糊滤镜创建具有速度感的运动。在前面，创建这种运动还比较困难。但使用滤镜的话，只需几次简单的单击，便可实现这一效果。

01 选择菜单栏中的File>Open (Ctrl + ◎)命令，打开Sample\Part_04\03_018.fla文件，然后测试影片，可以看到按照一定速度运动的角色动画。

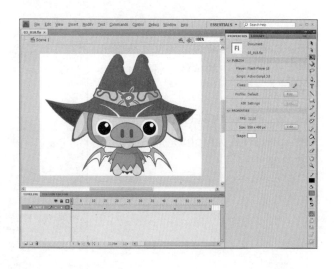

02 选择第1帧位置的角色，然后单击属性面板FILTERS选项区中的Add filter按钮，在弹出的菜单中选择Blur命令。接下来进行模糊设置，将Blur X，Blur Y值均设置为100，将Quality设置为High。

03 在COLOR EFFECT选项区中将Style设置为Alpha，然后将透明度设置为0%。

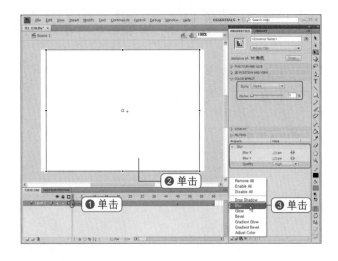

04 将播放头拖动到第15帧，然后选择场景中的角色，将Blur X，Blur Y值均设置为0%。

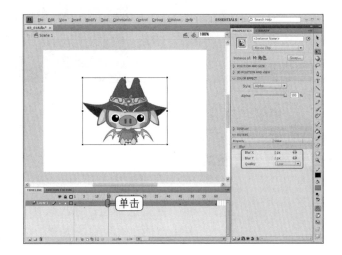

05 将播放头拖动到第60帧，然后选择场景中的角色，将Blur X值设置为100%。

06 在COLOR EFFECT选项区中将Style设置为Alpha，然后将透明度设置为6%。

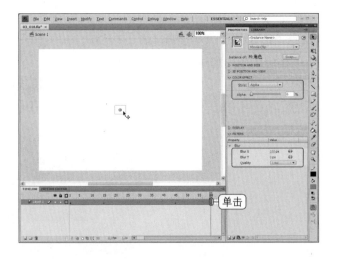

07 将播放头拖动到第45帧，然后选择场景中的角色，将Blur X值设置为0%。

08 在COLOR EFFECT选项区中将Style设置为Alpha，然后将透明度设置为100%。

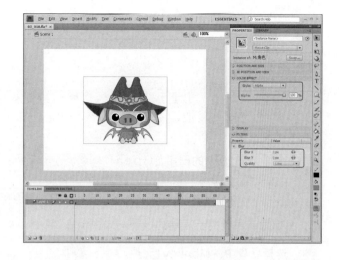

PART 01
PART 02
PART 03
PART 04
PART 05
PART 06
PART 07
PART 08

09 相比以前的补间动画方式，这种方式略显复杂吧？选择菜单栏中的Control>Test Movie(Ctrl + Enter)命令，测试结果。可以看到使用模糊效果和调整透明度所创建的具有一定速度感的角色运动。

 TIP

跟着范例操作时，如果还不能理解，这里再补充说明几句。第1帧位置的Blur设置的起始帧是第1帧，但结束帧不是第15帧，而是第60帧。第15帧位置的Blur设置的结束帧也是第60帧。即，我们可以忽略中间过程中的关键帧。这一设置方法读者也许会感到略显复杂。

创建阴影效果

下面我们将使用模糊滤镜创建要素的阴影特效。如果使用滤镜功能，无需创建阴影效果也能实现这一效果。

01 选择菜单栏中的File>Open
(Ctrl+O)命令，打开Sample\
Part_04\03_010.fla文件，然后测试影片。可以看到吊着绳子运动的猴子。

02 选择场景中的Monkey1元件，然后依次选择菜单栏中的Edit>Copy(Ctrl+C)命令和Edit>Paste in Center(Ctrl+Shift+V)命令。

03 接下来将调整元件的大小和倾斜度。在TRANSFORM面板中将宽度设置为70%，高度设置为20%，倾斜度设置为35，然后将其拖动到阴影所处的位置。

取消勾选TRANSFORM面板中的Constrain复选框。勾选该复选框时，宽度和高度将按照相同的比例发生改变。

04 为了将影子移动到后面，选择菜单栏中的Modify>Arrange>Send Backward(Ctrl + ↓)命令。

TIP

Bring to Front（移至顶层）命令用于将所选择的对象移到最前面，Bring Forwar（上移一层）命令用于将所选择的对象向前移动一层，Send Backward（下移一层）命令用于将所选择的对象向后移动一层，Send to Back（移至底层）命令用于将所选择的对象移到最后面，Lock（锁定）命令用于设置锁定，使无法选择和修改要素，Unlock All（解除全部锁定）命令用于取消锁定。

05 为了创建阴影，激活滤镜面板，然后单击Add filter按钮，在弹出的菜单中选择Blur滤镜。

06 此时的属性面板中将显示模糊滤镜的选项，首先取消锁状连接，然后将Blur X设置为40，Blur Y设置为5。

07 接下来为了隐藏要素，只显示阴影，单击Add filter按钮，然后在弹出的菜单中选择Drop Shadow滤镜。

08 此时的属性面板中将显示投影滤镜的选项，设置投影颜色（Color）和强度（Strength）设置并勾选隐藏对象（Hide object）复选框。这样便只显示阴影。

Part 04 认识Flash动画的最佳配角：元件和滤镜

263

09 选择菜单栏中的Control>Test Movie(Ctrl + Enter)命令，测试结果。可以看到影子会随着猴子相应晃动。

调用之前保存的滤镜

保存使用过的滤镜，以后需要时可以打开使用。如果需要反复使用某种滤镜，该设置就显得非常有用。

01 前面我们已经应用过了两个滤镜。为了保存这两个滤镜，单击Presets按钮，然后在弹出的菜单中选择Save as命令。

02 在弹出的Save Presets As对话框中将预设的名称设置为"应用阴影"，然后单击OK按钮。

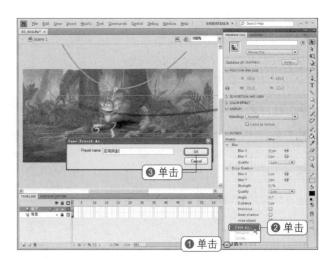

03 选择菜单栏中的File>Open(Ctrl + O)命令，打开需设置的文件。可以看到，此时需进行设置的文件场景中有两个dog元件。

04 选择左侧的dog元件，然后单击Presets按钮，在弹出的菜单中选择前面创建好的"应用阴影"滤镜。

05 此时在属性面板中可以看到应用了模糊效果和阴影滤镜后的界面。这里选择不太亮的颜色。

06 接下来使用任意变形工具如右图所示更改大小和倾斜度选项。我们也可以任意更改这些选项。

07 最后根据需要对相关选项稍作修改。查看结果，可以看到最终的阴影效果。

需要更改前面创建的滤镜名称或将其删除，可以单击Presets按钮，然后在弹出的菜单中选择Rename，Delete命令。

Flash CS4
Part 05

▶ 利用图层制作更
华丽的动画

　　如果一个人不理解图层，我们甚至
可以认为他根本就没接触过图形图像软
件。几乎所有的人都认同这种看法。由
此可见，图层是一个多么重要的概念。
图层同样也是Flash动画制作中不可或
缺的内容。下面我们就来利用图层制作
遮罩层动画、引导层动画。

了解图层和时间轴的关系

时间轴左侧有一些与图层相关的工具。从Layer 1开始，可以任意修改图层或更改图层的位置。我们可以将图层看作透明的塑料纸，在这张透明纸上绘制图形或创建物体的运动，将其互相重合时便可制作完成一个影片。

图层的用途

图层的用途大致可以分为两种。即，组合元件的图层和动画的图层。只要理解这两种图层，便可正确应用图层。

下面我们先来了解组合元件的图层。有时我们会在某一个图层中绘制图形。此时，如果修改或删除图形的某一部分，会对重叠部分产生影响。稍不小心的话，还要重新绘制。如果将图形的各要素分开放在不同的图层中，在进行修改或删除操作时，我们只需调整特定图层即可。

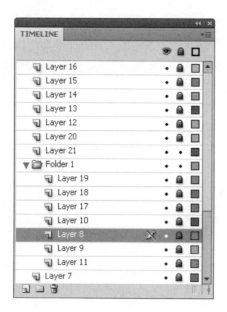

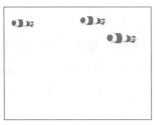
▲ 飞机图层

▲ PoKo和朋友图层

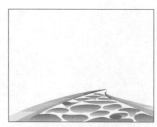
▲ 路图层

▲ 花朵图层

▲ 家图层

▲ 背景图层

PART 01
PART 02
PART 03
PART 04
PART 05
PART 06
PART 07
PART 08

接下来我们将了解动画相关的图层。如果了解补间动画，就会明白，一个图层中只有一个要素在运动。也就是说，如果要使多个要素运动或放置多个要素，就需要多个图层。只有在使用Movie Clip（影片剪辑）元件时，才可以在一个图层中创建多个运动。

了解时间轴的图层管理功能

现在，大家对图层的理解达到了哪种程度？还是不太了解，对吧？！不过不用太担心。只要好好操作下面的范例，自然就会加深对图层概念的理解。

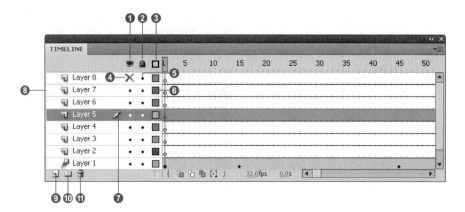

❶ **显示或隐藏所有图层**：显示或隐藏所有图层。

❷ **锁定或解除锁定所有图层**：设置所有图层的锁定状态，使用户无法修改或选择图层。

❸ **将所有图层显示为轮廓**：显示所有图层要素的轮廓。

❹ **显示或隐藏当前图层**：显示或隐藏当前图层。

❺ **锁定或解除锁定当前图层**：设置当前图层的锁定状态，使用户无法修改或选择当前图层。

❻ **将当前图层显示为轮廓**：显示当前图层要素的轮廓。

❼ **操作图层**：在当前操作的图层上显示铅笔图标。

❽ **图层名称**：显示图层的名称。双击时，可以更改该图层的名称。图层名称没有什么特别功能，只是为了更清楚地区分图层，最好指定为简单易记的名称。

❾ **新建图层**：在当前所选图层的上方添加新图层。图层名称从Layer 1开始，依次编号。

❿ **新建文件夹**：类似于利用文件夹管理文件。图层文件夹可以用来管理图层。

⓫ **删除**：删除当前所选图层。

利用图层创建实例

EXAMPLE
28

前面我们已经简单了解了有关图层的知识，接下来我们将实际应用图层的各项功能，比如，使用透明度创建角色并应用模糊效果，创建迅速变换商品的Banner，以便短时间内显示更多的商品。

通过简单范例了解图层

01 打开Sample\Part_04\04_001.fla文件。添加新图层后，为了插入新元件，首先选择PoKo图层，然后单击New Layer图标。

02 添加新图层后，将库面板中的moldy拖动到场景，并使其与PoKo重叠。

还可以通过其他方式添加新图层。选择菜单栏中的Insert＞Timeline＞Layer命令，或者利用鼠标右键单击图层名称部分，然后在弹出的快捷菜单中选择New Layer命令。

Part 05 利用图层制作豪华炫丽的动画

271

03 双击新图层的名称部分，更改图层的名称。接下来按下 Enter 键，或单击操作区域的空白部分。

04 为了使PoKo图层位于moldy图层的上方，单击PoKo图层部分，然后将该图层拖动到moldy图层的上方。这样，moldy图层便位于PoKo图层的上方了。

05 单击锁定所有图层图标，防止选择或修改所有图层中的元件。

06 单击moldy图层的眼睛图标，隐藏moldy图层。

尝试着拖动场景。可以发现，此时根本不会选中背景图层中的元件。

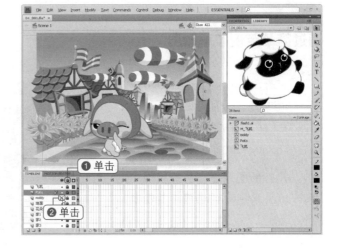

07 为了使用文件夹管理图层，选择"家1"图层，然后单击New Folder图标。

08 添加文件夹后，双击文件夹的名称部分，将名称更改为"家"。单击"家1~家6"图层的名称部分，将其拖动到文件夹下方。

09 在图层文件夹旁有展开和折叠图标。根据需要可以显示或隐藏插入到图层文件夹中的图层。

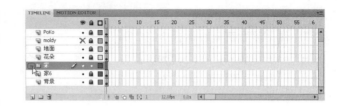

TIP

更改图层文件夹名称的方法与更改图层名称的方法一样。将文件夹更改为有意义的名称，有利于管理具有关联性的图层，从而可以提高工作效率。

在PoKo登场的同时应用模糊效果

01 打开Sample\Part_04\04_002.fla文件，然后单击Insert Layer图标，添加新图层，接下来将库面板中的G:PoKo元件拖动到场景。

02 选择任意变形工具，然后将中心点放在下端中央的锚点上。

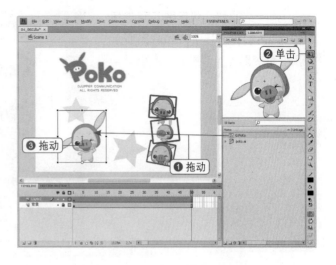

TIP

双击图层的名称部分，这样便能更改图层的名称，尽可能创建有意义的图层名称。

03 选择第15帧，然后选择菜单栏中的Insert>Timeline>Keyframe（F6）命令，插入关键帧。

04 利用鼠标右键单击Layer 2图层的第1~15帧之间的某一帧，然后在弹出的快捷菜单中选择Create Classic Tween命令。

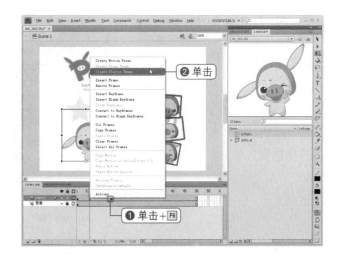

05 选择第1帧位置的G:PoKo元件，然后在属性面板中将CO-LOR EFFECT选项区中的Style设置为Alpha，并将透明度设置为0%。

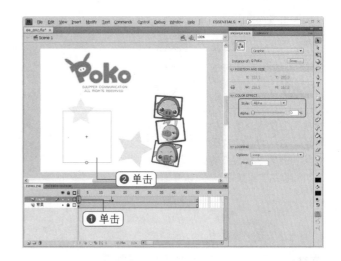

06 选择第20帧，然后按下F6键插入关键帧。接下来如右图所示使用任意变形工具调整元件大小。

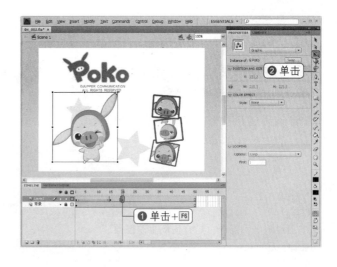

07 利用鼠标右键单击第15~19帧之间的某一帧，然后在弹出的快捷菜单中选择Create Classic Tween命令。

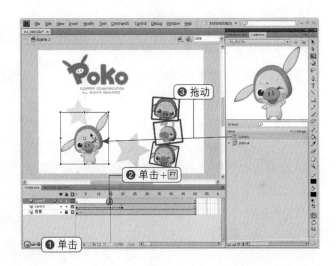

08 添加新图层，然后选择新图层的第15帧，接下来按下 F7 键，插入空白关键帧。

09 将库面板中的G:PoKo元件拖动到场景，并将其放在与Layer 2图层中的G:PoKo元件相同的位置。

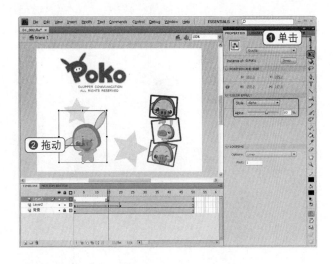

10 选择任意变形工具，并将中心点拖动到下端中央锚点处。

11 接下来调整透明度。将COLOR EFFECT选项区中的Style设置为Alpha，并将透明度设置为60%。

12 选择第25帧，然后按下 F6 键，插入关键帧。接下来使用任意变形工具对其进行变形，使其大小与图像类似。

13 接下来使图像变透明。在属性面板中将Color值设置为Alpha，透明度设置为0%。

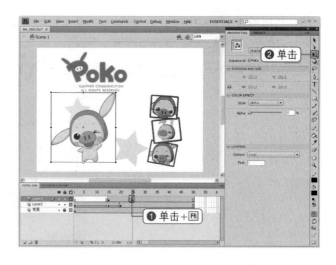

利用任意变形工具放大图像后，由于图像是透明的，我们无法确认图像的具体大小。我们可以边查看锚点的边框边放大图像。

14 利用鼠标右键单击第15~24帧之间的某一帧，然后在弹出的快捷菜单中选择Create Classic Tween命令。

15 接下来选择Control>Test Movie（Ctrl + Enter）命令，测试结果。可以查看动画开始以及应用模糊效果后的画面。

创建购物网站中常见的商品快速变换效果

01 打开Sample\Part_04\04_003. fla文件，接下来选择"印戳1"图层，然后将库面板中的G:PoKo1元件拖动到场景。

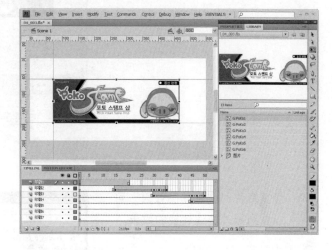

02 分别选择第15、第17和第20帧，然后按下 F6 键，插入关键帧。

03 选择第17帧，然后如右图所示将G:PoKo1元件拖动到上方。

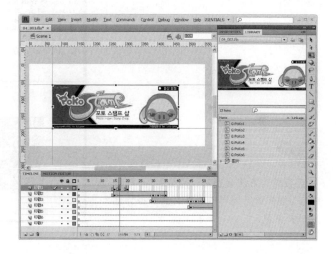

04 选择第20帧，然后如右图所示将G:PoKo1元件拖动到下方。

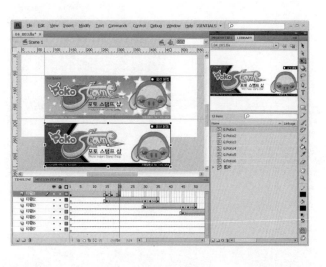

Part 05 利用图层制作更华丽的动画

277

05 接下来在第1~15帧、第15~17帧、第17~20帧之间单击鼠标右键，在弹出的快捷菜单中选择Create Classic Tween命令。

06 测试影片时查看动画效果，可以看到照片快速转换的效果。

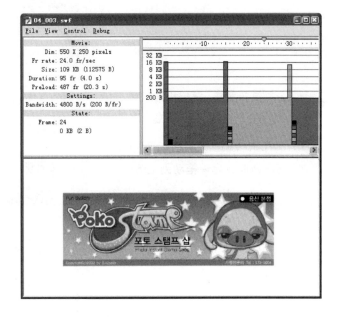

按照相同的方法分别对"印戳2"～"印戳6"图层进行同样的操作。实际操作起来并不复杂。

遮罩层动画

遮罩层这个概念非常容易理解，就是限制动画的显示区域。初学者可能认为这一功能使用频率并不高，但在实际动画制作中，遮罩的作用非常大。因此，实际制作动画时，经常会用到遮罩功能。希望大家牢固地掌握这部分内容。

了解遮罩层

创建遮罩动画时，需要两个图层。Mask图层指的是位于上方，用来设置待显示区域的图层。Masked图层指的是位于Mask图层的下方，用来插入待显示要素的图层。一般来说，可以同时存在多个Masked图层。

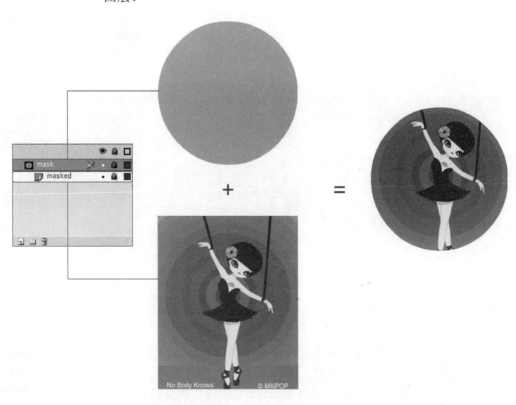

Part 05 利用图层制作更豪华的动画

279

Mask图层中有个圆。即，在Masked图层中将显示如同圆一样大小的要素。

遮罩层有一个更重要的功能。在一个具有Mask属性的图层中，可以拥有若干个具有Masked属性的图层。即，显示区域中可以放置多个显示图层。此时需要注意的是，具有Masked属性的图层与具有Mask属性的图层必须连续相连。

通过简单范例了解遮罩层

下面我们将了解如何简单地设置遮罩，以及如何设置更改图层属性后的遮罩。

打开Sample\Part_04\03_026.fla文件，然后如下图所示在mask图层中绘制一个圆。利用鼠标右键单击新添加图层的名称部分，在弹出的快捷菜单中选择Mask命令。

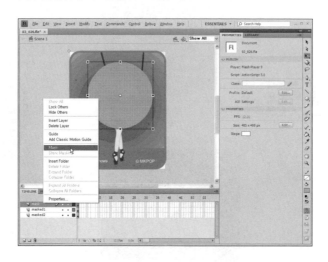

设置好遮罩层后可以发现，相应的两个图层就被锁定了。图层处于锁定状态时，我们可以提前查看结果。为了解除遮罩层的锁定，利用鼠标右键单击mask图层的名称部分，然后在弹出的快捷菜单中取消对Mask命令的选择。

TIP

查看结果可以发现，只
显示了所绘制的圆形。
上方图层包含待显示的
区域，下方图层包含正
在显示的要素。

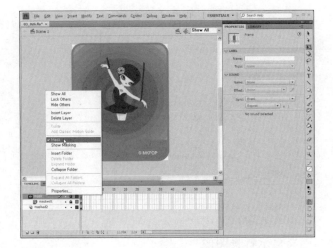

下面我们将设置只在mask图层的圆形区域中显示masked2图层。利
用鼠标右键单击masked2图层的名称，然后在弹出的快捷菜单中选
择Properties命令。

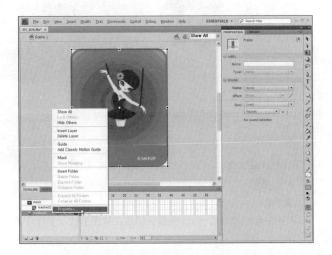

在弹出的Layer Properties对话框中将Type设置为Masked，然后单击
OK按钮。

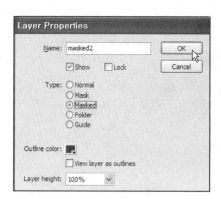

单击遮罩层的图层锁定按钮，由于设置了遮罩，只有在圆形区域中会显示背景图像。

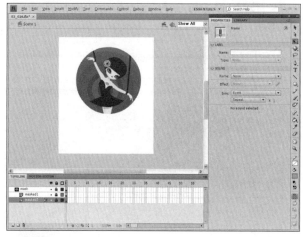

 了解遮罩的图层类型

利用鼠标右键单击mask图层，然后在弹出的快捷菜单中选择Properties命令。在弹出的对话框中，将Type设置为Mask。Mask1和masked2的Type是Masked。Mask图层只有一个，但Masked图层可以有多个。

利用遮罩创建特效动画

EXAMPLE
29

利用遮罩可以创建丰富多彩的动画。下面我们将使用遮罩功能和形状功能创建动画角色的登场效果、光线经过Logo或特定商品上的发光效果，以及照片的转换效果。听起来以上效果似乎有些复杂，但仔细理解并跟随操作就会发现，其实这些都相当简单。

阶段 1 · 阶段 2 · 阶段 3

创建限制显示区域的遮罩

下面我们将通过列举范例，激发大家对遮罩功能的兴趣。这里我们将使用两种不同的方法设置遮罩层。

01 打开Sample\Part_04\04_005.fla文件，然后如右图所示在"显示区域"图层的第1帧处绘制一个没有边框的四边形。

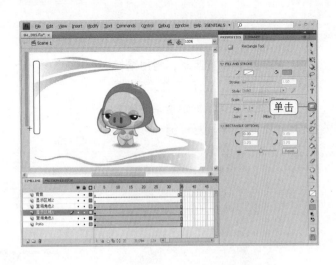

02 选择第35帧，然后按下 F6 键，插入关键帧，接下来放大四边形的尺寸。

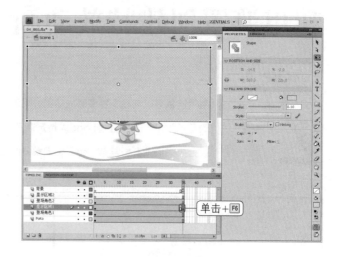

03 利用鼠标右键单击"显示区域1"图层中第1~34帧中的某一帧，然后在弹出的快捷菜单中选择Create Shape Tween命令。

04 接下来将设置遮罩。利用鼠标右键单击"显示区域1"图层的名称，然后在弹出的快捷菜单中选择Mask命令。按下 Enter 键，可以查看应用遮罩后的效果。

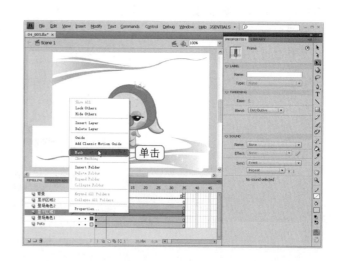

05 按照相同的方法对 "显示区域 2" 图层应用形状补间效果。但与前面不同的是，这次绘制一个从右侧向左侧逐渐变大的四边形。

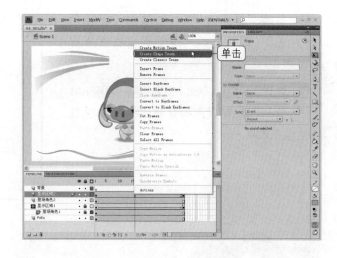

06 接下来我们将在图层的属性窗口中设置遮罩。利用鼠标右键单击 "显示区域2" 图层的名称，然后在弹出的快捷菜单中选择Properties命令。

07 在弹出的Layer Properties对话框中将Type设置为Mask。按照相同的方法，在 "登场角色2" 图层的Layer Properties对话框中将Type设置为Masked。

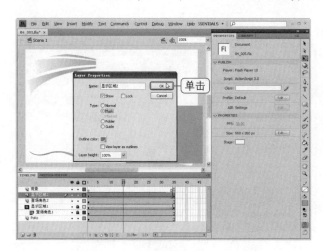

08 锁定"显示区域2"图层和"登场角色2"图层后，可以查看设置遮罩后的结果。

09 选择Control>Test Movie(Ctrl + Enter)命令，可以查看应用遮罩效果后角色登场的漂亮效果。

创建光线经过文字上方的效果

添加新图层和创建要素

对于遮罩功能，需要牢记的是，上方图层限制显示区域，下方图层用于显示要素。这样我们便能理解下面的这个案例了。

01 打开Sample\Part_04\04_015.fla文件，选择场景中的PoKo标识，然后选择菜单栏中的Edit>Copy(Ctrl + C)命令。

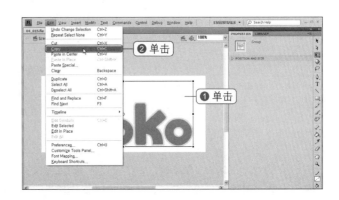

02 单击Insert Layer图标，创建新元件。

03 接下来为了将复制的PoKo标志粘贴到当前位置，选择菜单栏中的Edit>Paste in Place(Ctrl + Shift + V)命令。

Paste in Place（粘贴到当前位置）命令可以将复制后的内容粘贴到相同位置。

创建应用了渐变效果的四边形

下面我们将利用渐变效果创建光线经过文字上方的动画效果。这里将使四边形的中心呈白色，左/右呈透明状态。

01 选择Layer 1图层，然后单击Insert Layer图标，添加新图层。选择矩形工具并设置为不使用边框。

02 接下来我们将设置背景色。在COLOR面板中将Type设置为Linear，并在中央位置添加一个锚点，然后将所有锚点的颜色设置为白色（RGB值均设置为255）。

03 为了使左侧锚点呈透明状态，将Alpha值设置为0%。

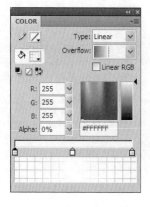

04 在PoKo标识的左侧绘制一个纵向的四边形，然后利用任意变形工具调节锚点，如右图所示倾斜四边形。

我们可以使用任意变形工具使图形变得倾斜。将棱角处的锚点稍微向外拖动，光标就会显示旋转的图标。单击后再进行拖动。

05 选择第30帧，然后按下 F6 键，插入关键帧。接下来将四边形移动到右侧。

06 在Layer 3图层的关键帧和关键帧之间单击鼠标右键，然后在弹出的快捷菜单中选择Create Shape Tween命令。

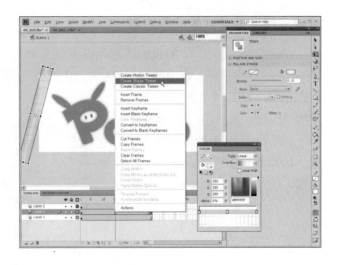

查看包括遮罩在内的动画效果

至此完成了所有设置。我们可以先在头脑中想象动画的实际效果，这样能加深对遮罩功能的认识。

01 利用鼠标右键单击Layer 2图层的名称部分，然后在弹出的快捷菜单中选择Mask命令。

02 现在查看应用遮罩后的效果。按下 Enter 键，可以在场景中查看动画效果。

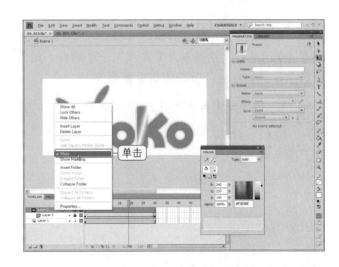

03 选择菜单栏中的Control>Test Movies(Ctrl + Enter)命令，测试动画效果。

04 可以看到光线经过文字上方的动画效果。

创建如百叶窗一样的照片变换效果

创建用作百叶窗的四边形

查看家里或办公室里的百叶窗会发现，它是由若干较长的四边形顺次排列而成的。下面我们就来创建用作百叶窗的四边形。

01 打开Sample\Part_04\04_007. fla文件，然后选择菜单栏中的 Insert>New Symbol(Ctrl + F8)命令，创建新元件。

02 在弹出的Create New Symbol 对话框中将Nam设置为"四边形"，Type设置为Movie Clip，然后单击OK按钮。

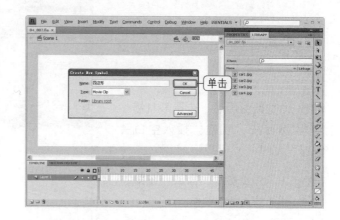

03 利用矩形工具绘制一个没有边框的四边形。接下来选择工具面板中的选择工具。

04 在INFO面板中将四边形的"宽度"设置为22，"高度"设置为330，然后将四边形放在中央位置。

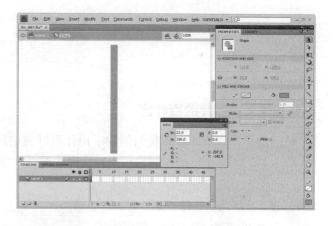

05 选择第20帧，然后按下F6键，插入关键帧。

06 选择场景中的四边形，然后将 INFO面板中的"宽度"设置为1。

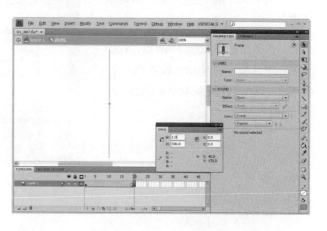

07 在关键帧和关键帧之间单击鼠标右键，然后在弹出的快捷菜单中选择Create Shape Tween命令。

08 接下来按下 Enter 键，查看四边形缩小的过程。

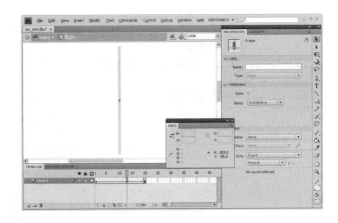

09 添加新图层后，选择第21帧，然后按下 F7 键，插入空白关键帧。

10 为了停止影片的播放，在第21帧处插入stop动作。

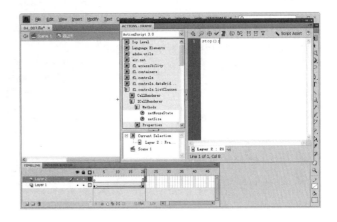

创建用来转换照片的百叶窗

前面我们创建了用作百叶窗的四边形，接下来将顺次连接这些四边形，制作用来转换照片的百叶窗。

01 返回主场景，选择Insert>New Symbol(Ctrl + F8)命令，创建新元件。

02 在弹出的Create New Symbol对话框中将Name设置为"百叶窗"，Type设置为Movie Clip，然后单击OK按钮。

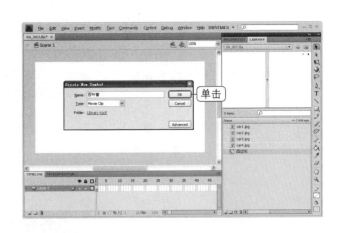

03 移动到元件操作区域，如右图所示依次排列四边形元件。

04 依次排列多个四边形时，可以使用ALIGN面板中的对齐功能。这里使用的是Align中的Align bottom edge（🔲）和Space中的Space evenly horizontally（🔲）功能。

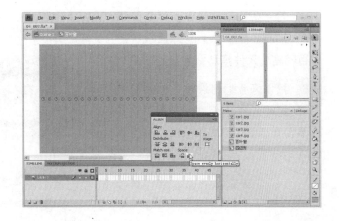

利用百叶窗元件创建照片转换效果

接下来我们将利用百叶窗效果创建照片转换的动画。这里使用遮罩功能的话，操作起来就非常简单。

01 选择Insert>New Symbol(Ctrl + F8)命令，创建新元件。

02 在弹出的Create New Symbol对话框中将Name设置为"轿车1"，Type设置为Movie Clip，然后单击OK按钮。

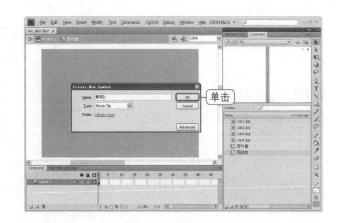

03 将库面板中的car2.jpg拖动到场景。接下来添加新图层，并将car1.jpg拖动到场景中相同位置。

04 接下来我们将设置百叶窗。添加新图层，然后将库面板中的"百叶窗"元件拖动到场景。

05 接下来我们将设置遮罩。利用鼠标右键单击Layer 3图层的名称部分，然后在弹出的快捷菜单中选择Mask命令。

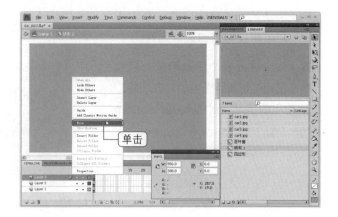

单击

了解遮罩设置的原理

显示区域的"百叶窗"影片剪辑元件位于Layer 3图层中。由于该元件的存在，将会显示Layer 2图层的car1.jpg。但"百叶窗"影片剪辑元件越接近第20帧，百叶窗效果就日趋淡化，随之显示隐藏在后面的car2.jpg。观察后会发现，car1.jpg已经转换为car2.jpg。

06 按照相同的方法进行相关设置，使car2.jpg转换为car3.jpg，car3.jpg转换为car4.jpg，最后使car4.jpg转换为car1.jpg。

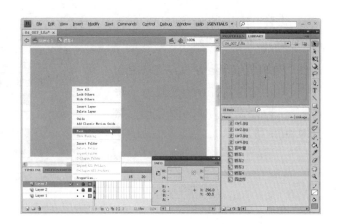

插入照片并查看百叶窗效果

至此完成了所有设置。接下来我们将设置应用了百叶窗效果的影片剪辑，并查看最终效果。

01 移动到主时间轴，然后将库面板中的"轿车1"元件拖动到场景。

02 选择第20帧，然后按下 F7 键，插入空白关键帧。接下来将"轿车2"元件拖动到场景。

03 按照相同的方法，在第40帧处插入"轿车3"元件，第60帧处插入"轿车4"元件。最后在第80帧处按下 F5 键，延长帧的长度。这样我们便可以查看car4.jpg和car1.jpg的转换效果。

记住将前面百叶窗中使用的四边形一直变换到第20帧。因此以20帧作为单位，即百叶窗效果一直显示到第20帧，这样剩下的20帧将直接显示转换后的照片。

04 查看结果可以发现，动画中应用了百叶窗效果。

PART 01
PART 02
PART 03
PART 04
PART 05
PART 06
PART 07
PART 08

沿着引导线运动的引导层动画

应用补间动画效果后，会自动生成引导线，并且可以自由改变引导线。一般来说，在Create Classic Tween中只能创建直线或对角线运动，而在Create Motion Tween中则可创建自由运动的效果时，此时就需要用到引导层。

了解引导层

Create Classic Tween效果是一种传统的补间动画，老版本中经常使用这种方式制作Flash动画。与Flash CS4中的Create Motion Tween一样，Create Classic Tween中没有引导线。因此为了自由调整运动，我们需要创建引导层，并且在该引导层中直接绘制要素的运动路径。在当前的Flash版本中，该功能进一步弱化，但由于该功能在老版本中的使用频率很高，因此希望大家还是用心学习，这将有利于我们分析老版动画。

引导层动画需要两个图层。即，绘制运动路径的图层，以及在起始和结束位置的要素中应用Create Classic Tween效果的图层。制作动画时会显示引导层的引导线，但播放影片时不会显示引导线。

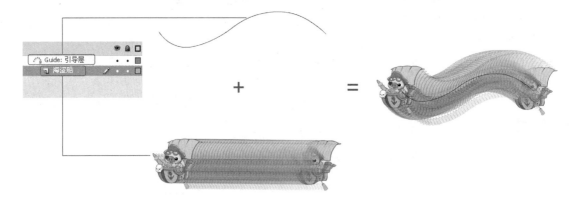

此时需要注意的是，要素的中心必须与引导线相连。如果要素的中心没有和引导线连接起来，要素就不能沿着引导线自由运动。位于运动起始位置的要素的中心通常会自动连接到引导线，但结束位置的要素必须通过手动方式连接到引导线。

了解引导层的设置方法

下面我们就来了解如何创建引导层。利用鼠标右键单击应用了Create Classic Tween的图层名称部分，然后在弹出的快捷菜单中选择Add Classic Motion Guide命令。该命令可以添加引导层，在该引导层内绘制要素运动的路径，然后将应用了Create Classic Tween的图层的起始和结束位置的要素中心点放在引导线上方。

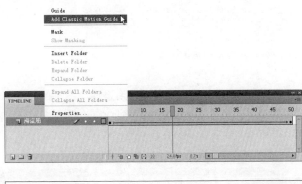

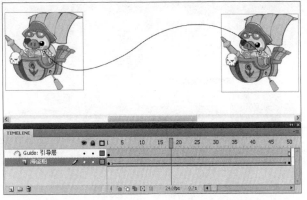

下面我们将通过一个简单范例，了解如何在应用了Create Classic Tween的动画中添加引导层，并使要素沿着引导线运动。

Step 01 打开Sample\Part_04\04_008.fla文件。选择第50帧，然后按下 F6 键，插入关键帧。接下来将"海盗船"元件拖动到左侧。

Step 02 利用鼠标右键单击关键帧和关键帧之间的某一帧，然后选择Create Classic Tween命令。

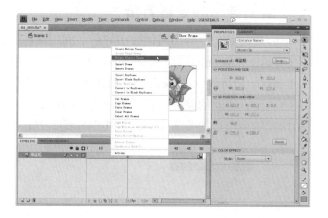

Step 03 利用鼠标右键单击"海盗船"图层的名称部分，然后在弹出的快捷菜单中，选择Add Classic Motion Guide命令，添加新图层并根据需要对图层命名。

Step 04 选择铅笔工具，然后将选项设置为Smooth，如下图所示绘制"海盗船"的运动路径。

Step 05 将"海盗"图层的第1帧和第50帧处"海盗船"元件的中心点放在引导线的起始和结束位置。

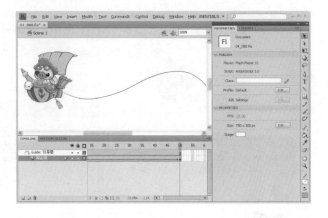

Step 06 按下 Enter 键，查看动画效果。可以看到，"海盗船"元件沿着引导线自由运动。

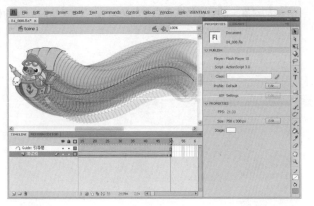

 TIP

如果"海盗船"元件不沿着引导线运动，而是沿着直线运动，这是因为该元件的中心没有放在引导线上。

Step 07 选择"海盗船"图层的第1帧，然后在PROPERTIES面板中勾选 Orient to Path复选框。

Step 08 查看动画效果，可以看到引导线和"海盗船"元件平行运动的状态，显得更加真实。

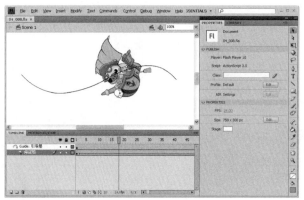

在操作过程中会发现，有时需要将场景中的多个要素分别插入到不同的图层。我们需要重复创建图层和复制对象这一过程，但还有比这更简单的方法。即，选择场景中的对象，然后选择菜单栏中的Modify>Distribute to Layer(Ctrl + Shift + D)命令。

利用引导层和遮罩层制作
汽车的登场效果

PART 01
PART 02
PART 03
PART 04
PART 05
PART 06
PART 07
PART 08

EXAMPLE

30

下面我们将利用引导层和遮罩层制作汽车的登场效果。在影片剪辑内部插入影片剪辑的方法，虽然操作起来有些复杂，但能创建丰富的效果。初学者掌握这部分内容需要一定的时间，但真正理解后，所创建的特效也就越多。

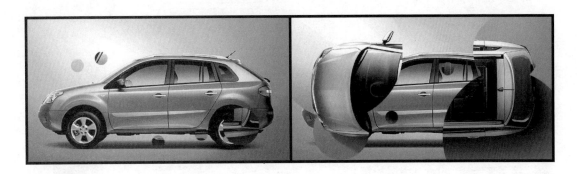

利用引导层创建图像的转换效果

01 打开Sample\Part_04\04_009. fla文件，然后双击库面板中的"M:汽车"元件的影片剪辑图标。

02 移动到"M:汽车"元件的操作窗口，添加新图层，然后将"M:圆"元件放在如右图所示的位置。

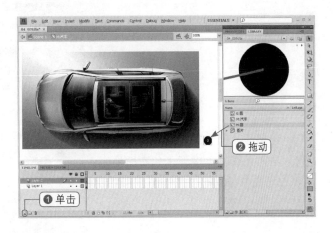

② 拖动

① 单击

"M:圆"用作显示图像的区域。利用引导层使圆出现在影片剪辑内部的多个地方。将"M:圆"放在待显示图像的上方，然后设置遮罩，这样就能看见汽车漂亮的登场效果。

03 双击前面拖动到场景中的"M:圆"元件，移动到元件操作区域。这样做的目的是为了边查看"M:汽车"元件内部的汽车，边修改"M:圆"元件。

04 按下 Enter 键，开始播放动画，可以看到遮住照片的部分。右下端的显示区域尚未设置好。

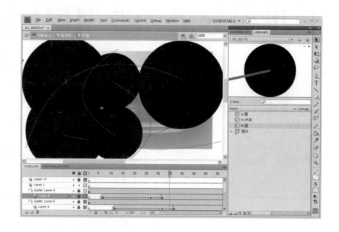

05 为了方便操作，我们只显示所有图层的轮廓。

06 接下来选择Layer 1图层的第1帧，然后将"G:圆"元件拖动到场景左侧的外部。

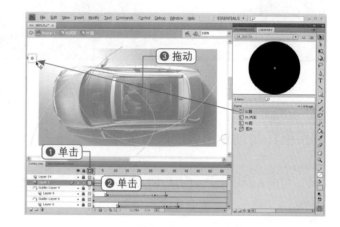

07 选择第20帧，然后按下 F6 键，插入关键帧。接下来如右图所示更改场景中"G:圆"的位置。

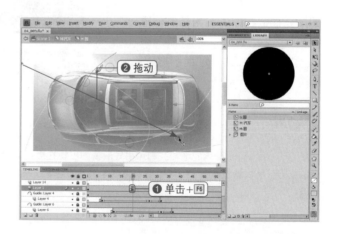

08 当前所有图层的要素都只显示轮廓，取消该设置。

09 选择第25帧，然后按下 F6 键，插入关键帧。接下来利用任意变形工具如右图所示放大圆的大小。

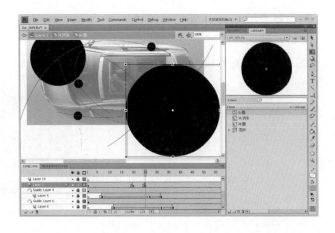

10 选择Layer 1图层的关键帧和关键帧之间的某一帧，然后选择Create Classic Tween命令。

11 接下来我们创建曲线的运动。利用鼠标右键单击Layer 1图层的名称部分，然后在弹出的快捷菜单中选择Add Classic Motion Guide命令，添加引导层。

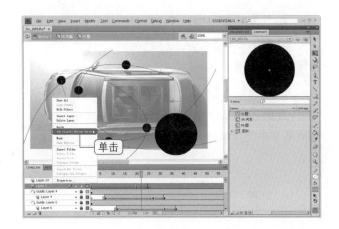

12 绘制直线，将光标移到直线的中央，光标形状会变为（🖑）。单击并进行拖动，如右图所示绘制曲线。

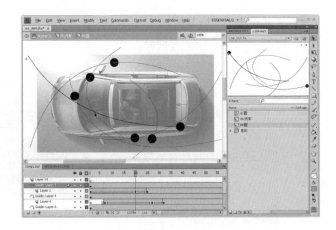

13 将位于Layer 1图层的第1帧、第20帧和第25帧处的圆的中心点放在引导线的起始和结束位置。

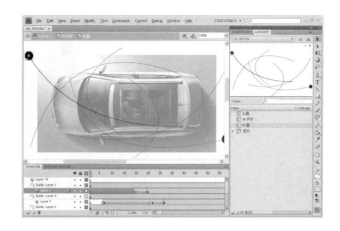

14 按下 Enter 键，确认遮住照片的动画，然后移动到"M:汽车"元件的操作区域。

15 利用鼠标右键单击Layer 2图层的名称部分，然后在弹出的快捷菜单中选择Mask命令。

16 至此完成了所有设置。单击Scene 1，移动到主时间轴，然后将库面板中的"M:汽车"拖动到场景。

17 接下来选择菜单栏中的Control>Test Moive(Ctrl+Enter)命令，查看应用了遮罩效果的汽车登场效果。

MEMO

Flash CS4

Part 06

▶ 应用行为功能，
迈入专家行列

即使对动作脚本一窍不通，利用行为功能也能创建很多高级效果。但在Flash CS4的ActionScript 3.0中却无法使用行为功能。将影片设置为Action-Script 2.0版本后再进行操作，这样就可以获得所需的效果。

利用帧的移动功能制作交互式影片

下面我们将学习在影片播放过程中移动到指定帧的方法。利用这种方法即可制作交互作用的影片。以后我们还将经常用到这一功能，希望大家熟练掌握。

理解行为并设置行为的环境

Flash MX 2004版本中新增了行为功能。该功能由常用的动作所构成，以便新手在短时间内能够创建Flash高级效果。该功能的优点是，只需通过简单的单击便能应用动作脚本，即使不懂动作脚本，也可以实现与动作脚本类似的效果。该功能的缺点是只能在Action-Script 2.0环境中应用，不能在ActionScript 3.0环境中应用。如果想应用行为功能，我们必须首先将操作环境更改为ActionScript 2.0。

选择File>Publish Settings(Ctrl + Shift + F12)命令，会弹出Publish Setting对话框。在对话框中勾选Formats选项卡中的Flash复选框，然后切换至Flash选项卡，将脚本的版本设置为ActionScript 2.0，然后单击OK按钮。

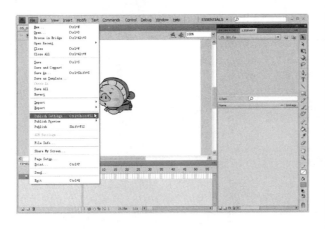

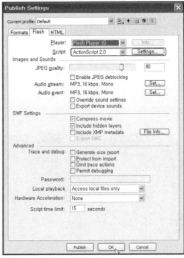

PART 01
PART 02
PART 03
PART 04
PART 05
PART 06
PART 07
PART 08

通过简单范例了解行为功能的使用方法

下面我们将使用行为功能创建影片，这样一来，当单击并拖动角色时，影片就会停止。如果当前操作区域中没有显示行为面板，选择Window>Behaviors(Shift + F3)命令，激活行为面板。

接下来打开Sample\Part05\05_001.fla文件，然后选择场景中的"M:猪"元件，将属性面板中的实例名称设置为pig。为了在单击鼠标时，"M:猪"元件能够跟随光标运行，单击行为面板的+图标，然后在显示的菜单中选择Movieclip>Start Dragging Movieclip命令。

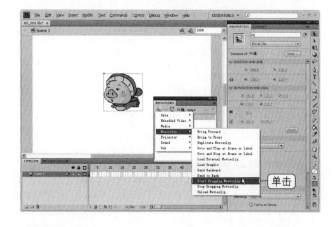

在弹出的Start Dragging Movieclip对话框中选择"M:猪"元件的实例名称pig，然后单击OK按钮。

解析实例

所谓实例，指的就是元件的副本。即，复制已保存在库面板中的元件，并将其拖动到场景，该元件的副本就是实例。因此，准确来讲，场景中的元件以后应该称为实例。为了控制实例，我们不使用元件名称，而使用实例名称。

可以发现，行为面板中插入了Start Dragging Movieclip动作。该动作可以使所选的实例沿着光标运行。事件由On Release构成，将其更改为On Press。On Press指的是按下按钮。即，按下场景中的实例，使其沿着光标运行。

接下来我们将进行相关设置，使按下按钮时终止播放影片。按下行为面板中的+图标，然后选择Movieclip>Stop Dragging Movieclip命令。在弹出的Stop Dragging Movieclip对话框中单击OK按钮。

Stop Dragging Movieclip命令可以使跟随光标运行的实例停止。On Release行为是一种按下按钮时触发的事件。即，按下按钮时，运动中的实例将停止下来，不再跟随光标运行。选择Control>Test Movie ($\boxed{\text{Ctrl}}$ + $\boxed{\text{Enter}}$)命令，测试结果。显示播放窗口后，在单击实例的状态下进行拖动。可以发现，实例跟随光标运行；释放鼠标后，实例将不再跟随光标运行。

行为面板中提供的重要命令

单击行为面板中的＋图标，会在弹出的菜单中显示不同类别的命令。下面我们就来具体了解这些命令。

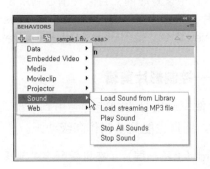

Embedded Video——控制视频文件

"嵌入的视频"命令可以用来控制导入为Flash影片方式的视频文件。Fast Forward和Rewind命令只能在影片剪辑中应用，其他命令在按钮、影片剪辑中均能应用。

- Fast Forward（**快进**）：加快视频文件的正向播放速度。
- Hide（**隐藏**）：隐藏视频文件。
- Pause（**暂停**）：暂时停止播放视频文件。

- Play（**播放**）：播放视频文件。
- Rewind（**后退**）：加快视频文件的反向播放速度。
- Show（**显示**）：重新显示隐藏起来的视频文件。
- Stop（**暂停**）：停止播放视频文件。

Media——播放视频文件

选择菜单栏中Window>Components(Ctrl+F7)命令，激活组件面板。组件面板的Media栏中包含用来控制相关视频的命令。

- Associate Controller（**关联控制器**）：应用于MediaDisplay组件。选择用来控制MediaDisplay组件的MediaController组件。
- Associate Display（**关联显示**）：应用于MediaController组件。选择将要和MediaController组件相连的MediaDisplay组件。
- Labeled Frame CuePoint Navigation（**指定帧提示点导航**）：在MP3、Flash视频文件（*.flv）中设置时间，当文件播放到所设置的时间时，会转到对应的帧。例如，我们可以制作MP3文件播放到特定时间时显示歌词的效果。
- Slide CuePoint Navigation（**幻灯片提示点导航**）：在MP3、Flash视频文件（*.flv）中设置时间，当文件播放到所设置的时间时，会转到对应的幻灯片。该命令可以在Flash Slide Presentation环境中使用（选择File>New命令，转到Flash Slide Presentation环境）。

Movieclip——控制影片剪辑

在影片剪辑元件中应用行为功能时会用到这些命令。即使用户不太熟悉动作脚本，同样也能简单制作高级动画。

- Bring Forward（**上移一层**）：在堆叠顺序中前移目标影片剪辑或屏幕一个位置。
- Bring to Front（**移到最前**）：移动目标影片剪辑或屏幕到堆叠顺序的顶部。
- Duplicate Movieclip（**直接复制影片剪辑**）：复制影片剪辑。
- Goto and Play at frame or label（**转到帧或标签并在该处播放**）：转到帧或标签并在该处播放。
- Goto and Stop at frame or label（**转到帧或标签并在该处停止**）：转到帧或标签并在该处停止播放。
- Load External Movieclip（**加载外部影片剪辑**）：实时加载外部SWF文件。
- Load Graphic（**加载图像**）：实时加载图像。

PART 01
PART 02
PART 03
PART 04
PART 05
PART 06
PART 07
PART 08

- Send Backward（下移一层）：在堆叠顺序中后移目标影片剪辑或屏幕一个位置。
- Send to Back（移到最后）：移动目标影片剪辑或屏幕到堆叠顺序的底部。
- Start Dragging Movieclip（开始拖动影片剪辑）：允许拖动影片剪辑。
- Stop Dragging Movieclip（停止拖动影片剪辑）：停止拖动影片剪辑。
- Unload Movieclip（卸载影片剪辑）：卸载复制的影片剪辑。

声音——控制声音

用来控制声音的命令。即使不使用动作脚本，同样也可以自由控制声音。

- Load Sound from Library（从库加载声音）：从库加载声音。
- Load streaming MP3 file（加载MP3流文件）：加载MP3流文件。
- Play Sound（播放声音）：播放声音。
- Stop All Sounds（停止所有声音）：停止所有声音。
- Stop Sound（停止声音）：停止声音。

Web——转到Web页

该命令的基本功能是，单击按钮时便会转到指定页面。因此，单击按钮或影片剪辑，可以转到指定页面。

- Go to Web Page（转到Web页）：转到指定的页面。

将实例移动到指定位置

EXAMPLE
31

选中Windows窗口中的标题栏，然后移动光标，可以发现，窗口会跟随光标移动。下面我们就来表现这种效果。接下来我们将进行相关设置，当光标移动到要素上方时，使该要素位于其他要素的上方。

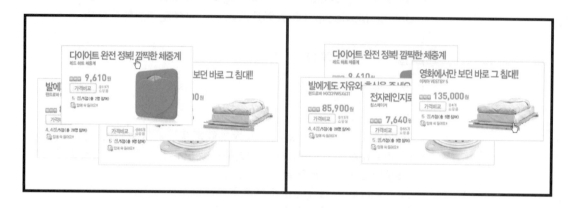

制作拖动效果

下面我们将进行设置。单击元件后可以将元件拖动至指定位置，释放鼠标后，元件将不再跟随光标运动。

01 打开Sample\Part_05\05_002. fla文件。查看库面板，将"照片1"影片剪辑元件拖动到场景。

02 选择场景中的"照片1"影片剪辑元件，然后在属性面板中输入元件的名称为Image 1。

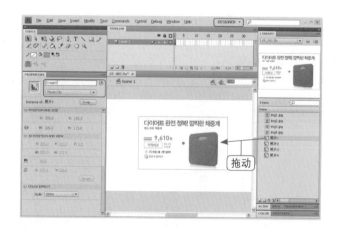

03 为了实现在按住照片的状态下将其拖动的效果，首先选择照片，然后对其设置Start Dragging Movieclip命令。

04 在弹出的Start Dragging Movieclip对话框中选择所选元件的实例名称，然后单击OK按钮。

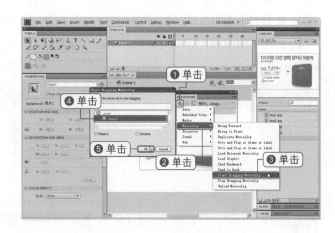

05 查看行为面板，可以发现在其中应用了Start Dragging Movieclip行为功能。

06 选择事件，并将其更改为On Press。

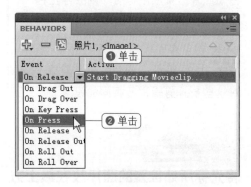

07 接下来选择Stop Dragging Movieclip命令，以实现释放鼠标时停止拖动的效果。

08 在弹出的对话框中单击OK按钮。

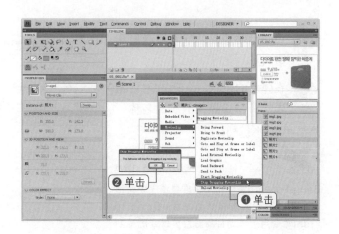

Part 06 应用行为功能，迈入专家行列

09 查看行为面板，可以发现其中已经应用了 Stop Dragging Movieclip行为功能。将事件更改为On Release。

10 选择Control>Test Movie($Ctrl$+$Enter$)命令，查看动画效果。可以发现，单击并按住照片时，可以拖动照片；释放鼠标后，则会停止拖动照片。

11 查看库面板，可以看到还有"照片2、照片3、照片4"影片剪辑，对这些影片剪辑进行相同的设置。

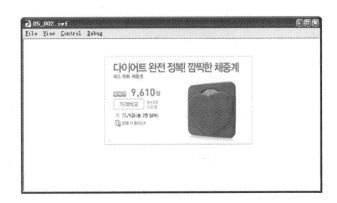

将光标所处位置的照片放在最上方

下面我们将进行设置，使光标移到元件上方时，该元件位于其他重叠元件的前面。

01 选择一个照片元件，对其应用 Bring to Front行为。

02 在弹出的Bring to Front对话框中选择所选照片的实例名称，然后单击OK按钮。

更改堆叠顺序的行为

Bring Forward命令用于在堆叠顺序中前移目标影片剪辑或屏幕一个位置。Bring to Front命令用于移动目标影片剪辑或屏幕到堆叠顺序的顶部。Send Backward命令用于在堆叠顺序中后移目标影片剪辑或屏幕一个位置。Send to Back命令用于移动目标影片剪辑或屏幕到堆叠顺序的底部。

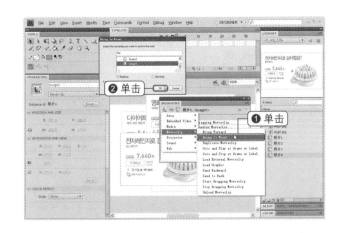

03 在行为面板中将事件更改为On Roll Over。

04 对库面板中的"照片2~照片4"进行相同设置。这样，如果将光标移至某张照片上方时，该元件会位于最上方。

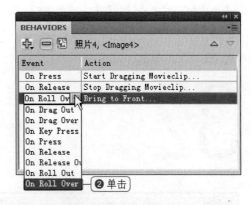

05 选择Control>Test Movie(Ctrl + Enter)命令，测试结果。将光标移到照片元件上方时，如果多张照片重叠在一起，在光标位置处的照片将位于最前面。

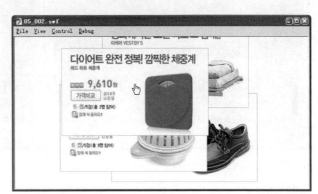

PART 01
PART 02
PART 03
PART 04
PART 05
PART 06
PART 07
PART 08

深入了解

相关事件类型

行为中的大部分事件由鼠标触发，只有On Key Press事件由键盘触发。

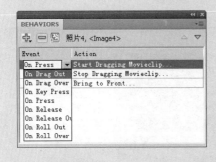

TIP

当光标移到设置了行为功能的照片元件上方时，会触发On Roll Over事件句柄。

- On Drag Out：光标拖曳离开按钮时触发事件。
- On Drag Over：光标拖曳经过按钮时触发事件。
- On Key Press：按下键盘特定键时触发事件。
- On Press：当用户在某个界面元素上按下鼠标按键时触发事件。
- On Release：释放鼠标按键触发事件。
- On Release Outside：当用户在某个界面元素上按下并拖动鼠标，在这个界面元素的外面再释放鼠标时会触发事件。
- On Roll Out：当光标移出界面元素的外面时触发事件。
- On Roll Over：当光标在某个界面元素上方时触发事件。

在指定帧处应用行为

32

下面我们将了解将行为功能应用到指定帧的方法。这里展示了4个范例，其效果很相似，但各自具有不同的优点，大家可以根据实际需要选择使用。这里要注意的是，帧的移动是Flash动画的基础。

移动帧后再停止

Goto and Stop at frame or label行为使动画移动到指定帧并在该处停止。

01 打开Sample\Part_05\05_003.fla文件后查看图像的图层，可以发现，第1~9帧中分别插入了不同的图像。

02 选择"透明按钮"图层，然后将库面板中的"透明"元件拖动到数字上方。

选择数字1上的"透明"元件，
然后选择行为面板中的Movie-
clip>Goto and Stop at frame or label
命令。

04 弹出Goto and Stop at frame or
label对话框后，将待移动的目
标帧设置为1，然后单击OK按钮。

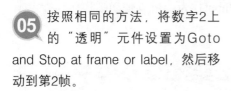

设置Goto and Stop at frame or label时，如
果移动到第1帧后并不停止，那么就从第2
帧开始标识顺序。

05 按照相同的方法，将数字2上
的"透明"元件设置为Goto
and Stop at frame or label，然后移
动到第2帧。

06 按照相同的方法，对数字3上
的"透明"元件、数字4上的
透明按钮元件依次设置行为，使元件
分别移动到第3帧和第4帧。

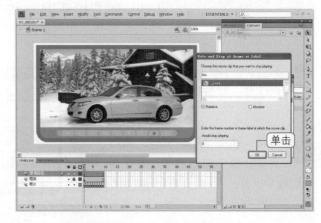

07 添加新图层，并将图层名称设
置为"动作"。

08 选择第1帧，然后选择菜单栏中
的Window>Actions(F9)命令，
激活动作面板后，插入Stop动作。

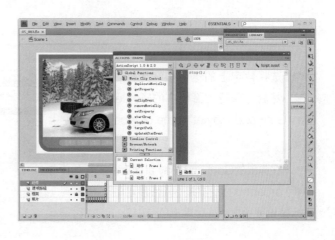

09 选择菜单栏中的Control>Test Movie（Ctrl + Enter）命令，查看结果。单击不同数字，可切换至相应照片。

移动帧后重新开始播放影片

应用Goto and Play at frame or label行为，可以使动画移动到指定帧后，从而能够播放相应影片。

01 打开Sample\Part_05\05_004.fla文件，然后按下 Enter 键浏览动画。

02 选择"透明按钮"图层，然后将库面板中的"透明"元件拖动到数字上。

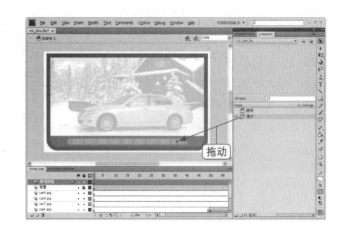

03 选择数字上的透明按钮元件，然后选择行为面板中的Movie-clip>Goto and Play at frame or label命令。

04 在弹出的Goto and Play at frame or label对话框中，将待移动的目标帧设置为1，然后单击OK按钮。

05 按照相同的方法，对数字2上的"透明"元件设置Goto and Play at frame or label行为，然后进行相关设置，使其移动到第10帧。

06 对数字3、4上的透明按钮元件依次设置行为，使元件分别移动到第20帧、第30帧。按照相同的方法设置其他帧。

07 移动帧后，需要指定下次停止的时间点。添加新图层，并将图层的名称设置为"动作"。

08 选择第9帧，然后按下快捷键 F7 ，创建空白关键帧，插入Stop动作。按照相同的方法，在第19、29、39、49、59、69、79帧处分别插入Stop动作。

Stop动作可以停止播放影片。如果影片播放到第9帧处碰到Stop动作，影片就会在该处停止播放。

09 选择菜单栏中的Control>Test Movie（ Ctrl + Enter ）命令，测试结果。单击不同数字按钮，可以转到相应动画。

移动应用了帧名称的帧

使用帧编号时，如果要删除或添加帧，必须更改所有设置帧的编号。但使用名称的话，以后添加或删除帧时便无需修改其他帧。

01 打开Sample\Part_05\05_005.
fla文件。

02 选择"动作"图层的第2帧，按下快捷键 F7，创建空白关键帧，并在属性面板中将帧命名为简单易记的名称。

PROPERTIES面板的Label属性的Type中有3种选项。Name选项用名字的形式表示输入到Frame的值；Anchor选项将帧看作一个Web页面；Commnet选项用于设置说明文字，不会对影片产生任何影响，在这里可以记录关于帧的说明文字。

03 在第10帧处按下快捷键 F7，创建空白关键帧，并将帧的名称更改为car2。

04 按照相同的方法，在第20帧处插入car3，第30帧处插入car4，依次类推，直到在第80帧处插入car9。

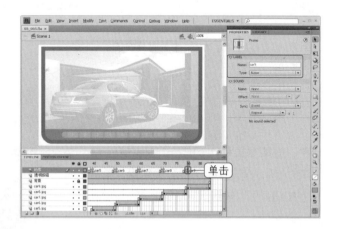

单击

05 选择数字1上的透明按钮元件，然后双击插入到行为面板中的行为。

06 在弹出的Goto and Play at frame or label对话框中选择待移动的目标帧的名称（car1），然后单击OK按钮。

07 选择其他数字上的透明按钮元件，然后将待移动的帧编号更改为帧名称。

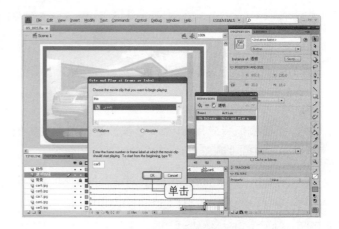

08 选择菜单栏中的Control>Test Movie（Ctrl + Enter）命令，测试结果。单击不同数字，可以看到相应画面。

将不同的帧分割为若干页面进行展示

我们可以根据实际需要对影片进行分割，使其在不同页面中播放。下面我们就来学习这种方法。

01 打开Sample\Part_05\05_005_8.fla文件。

02 选择已经设置了名称的帧，然后在属性面板中将Label type设置为Anchor。

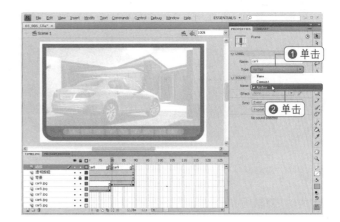

查看car1.jpg~car9.jpg图层，可以发现，开始的第1个关键帧已经设置了帧名称。

03 下面我们将应用Anchor设置。选择菜单栏中的File>Publish Settings(Ctrl + Shift + F12)命令。

04 在弹出的Publish Settings对话框的HTML选项卡中将Template值更改为Flash with Named Anchors，然后单击OK按钮。

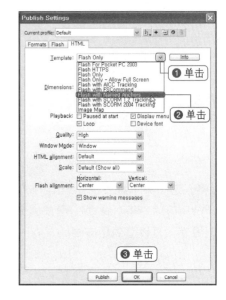

05 选择菜单栏中的File>Publish Preview>
Default(F12)，查看结果。单击不同数
字，可以看到照片转换的样子。

06 单击浏览器的"前进/后退"按钮，可
以使移动后的图像向前或向后移动。

自由移动影片剪辑内的帧

实际创作中，并不是只能移动主时间轴内的帧。根据实际需要，
同样可以自由移动影片剪辑内的帧。

01 打开Sample\Part_05\05_006.
fla文件，选择"汽车"图层，
然后将库面板中的汽车元件拖动到
场景。

02 接下来双击场景中的"汽车"
元件，移动到元件操作区域。

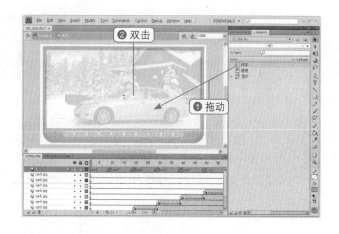

03 查看时间轴会发现，其中已经
设置好了帧名称和Stop动作。
并且car1.jpg~car9.jpg的图像已经设
置了补间。

04 单击主时间轴下方的Scene 1，
跳转到主时间轴。

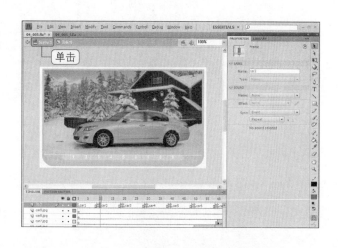

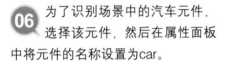

05 选择"透明"元件,然后将其拖动到数字上方。

06 为了识别场景中的汽车元件,选择该元件,然后在属性面板中将元件的名称设置为car。

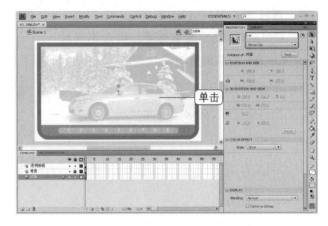

07 选择数字1上的透明按钮元件,然后选择Movieclip>Goto and Play at frame or label命令。

08 在弹出的Goto and Play at frame or label对话框中将元件和待移动帧的名称设置为car1,然后单击OK按钮。

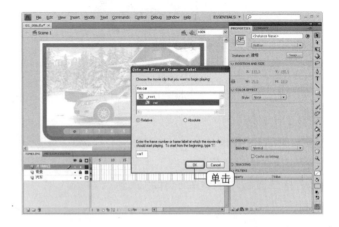

09 按照相同的方法进行设置,从数字2开始,将按钮元件依次移动到car2、car3等所在的帧。

10 选择菜单栏中的Control>Test Movie
（Ctrl + Enter），测试结果。单击不同数
字，可以看到相应的画面。

PART 01
PART 02
PART 03
PART 04
PART 05
PART 06
PART 07
PART 08

在Flash中创建演示文稿

EXAMPLE
33

使用Flash的Flash Slide Presentation功能，可以简单创建应用了转换和登场效果的演示文稿影片。缺点是处理速度较慢。初学者如果能熟练掌握这部分内容的技巧，就能充分发挥该功能的作用。

设置演示文稿的环境

本部分内容主要讲解如何设置演示文稿环境，以及打开演示文稿中将要用到的要素的相关方法。

01 选择菜单栏中的File>New(Ctrl+N)命令，在弹出的New Document对话框中选择Flash Slide Presentation选项，然后单击"确定"按钮。

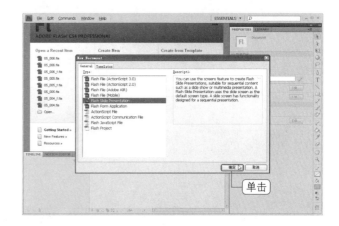

02 移动到演示文稿的操作区域后，为了设置环境，选择Modify>Document(Ctrl+J)命令。

03 在弹出的Document Properties对话框中设置场景大小等选项，然后单击OK按钮。

04 选择菜单栏中的File>Import>Open External Library(Ctrl+Shift+O)命令，只打开Sample\Part_05\05_007.fla文件的库面板。

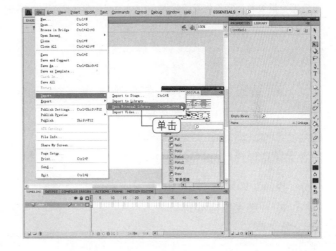

这里打开的独立库面板中包含了范例中将会用到的要素。

在演示文稿中添加幻灯片

设置好制作演示文稿的环境后，下面我们将在其中添加幻灯片，从而制作演示文稿。读者跟着步骤慢慢操作就会发现，有些功能看起来很难，但使用起来其实很容易。

01 将相当于演示文稿幻灯片中的整体背景的"背景图像"元件拖动到场景。

02 接下来如右图所示设置幻灯片移动中将会用到的Prev和Next按钮。

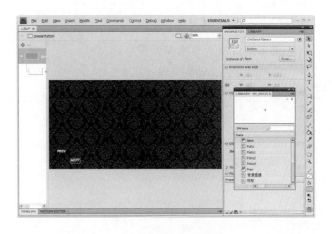

PART 01
PART 02
PART 03
PART 04
PART 05
PART 06
PART 07
PART 08

03 在最开始的Slide1中插入标题。将库面板中的"主标题"元件拖动到场景的中央位置。

TIP

Slide1是演示文稿播放时的第一个画面。这里设置为播放影片时首先显示标题。

04 为了添加新的幻灯片，单击幻灯片区域的＋号或利用鼠标右键单击Slide1幻灯片，然后在弹出的快捷菜单中选择Insert Screen命令。

05 添加新的幻片（Slide2）后，将PoKo元件拖动到场景。

TIP

添加幻灯片后，从Slide1开始，会自动依次设置编号。

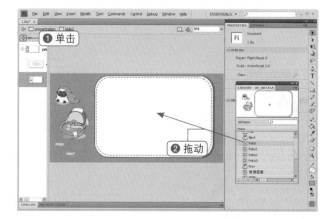

06 为了添加和Slide2重叠的新幻灯片，在Slide2幻灯片上单击鼠标右键，在弹出的快捷菜单中选择Insert Nested Screen命令。

07 添加幻灯片后，将库面板中的PoKo1元件拖动到场景。

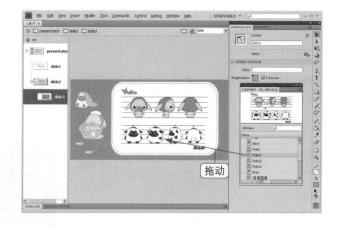

08 为了在同一层次添加幻灯片，选择Slide3，然后单击＋号，或单击鼠标右键，在弹出的快捷菜单中选择Insert Screen命令。

09 添加幻灯片后，将PoKo2元件拖动到场景。按照相同的方法，在新幻灯片中添加PoKo3元件。

10 为了在上层再添加一张幻灯片，利用鼠标右键单击Slide 2，在弹出的快捷菜单中选择Insert Screen命令。

11 添加新幻灯片后，选择"环形"背景元件，然后将该元件拖动到场景。

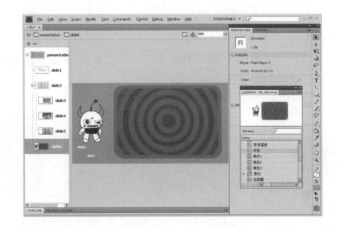

12 利用鼠标右键单击Slide6，在弹出的快捷菜单中选择Insert Nested Screen命令，创建重叠的幻灯片。按照前面相同的方法，如右图所示设置"角色1～3"元件。

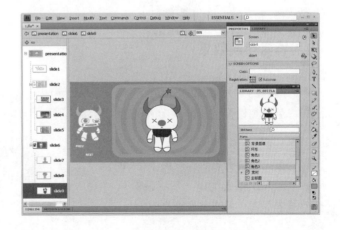

设置单击按钮时移动幻灯片的行为

01 接下来选择场景中的Prev按钮，然后对其设置Screen>Go to Previous Slide行为。

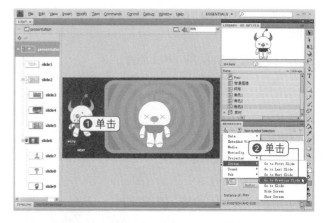

02 选择场景中的Next按钮，然后对其设置Screen>Go to Next Slide行为。之后保存并重命名文件。

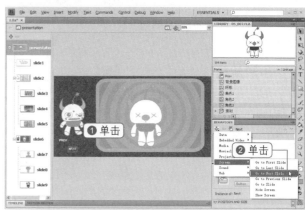

应用屏幕转换效果

01 选择幻灯片区域的Slide1，然后对其设置Screen>Transition行为。

02 首先设置登场时的效果。将Direction设置为In，然后设置所需的转换效果。将事件设置为reveal。

03 接下来设置退场时的效果。在 Slide1幻灯片中设置Transition 行为，然后设置退场效果，将Direc- tion设置为Out。

04 将退场效果设置为hide。

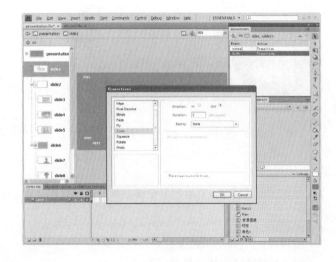

05 在Slide2和Slide6中分别设置登 场和退场效果。不同于前面的 内容是，为了应用重叠的幻灯片，这 里需要将登场效果的事件设置为reve- alChild，退场效果的事件设置为hide- Child。

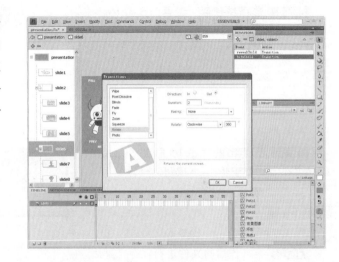

06 完成所有设置后，选择菜单栏中的 Control>Test Movie(Ctrl + Enter)命 令。接下来单击场景中的Next和Prev按钮 可以移动幻灯片。

全屏播放演示文稿的技巧

播放演示文稿时，有时需要全屏显示。此时只需设置Toggle Full Screen mode行为即可。

Step 01 首先创建一个Full按钮元件，然后将其放到presentation幻灯片中。这里就不再详细介绍按钮的创建方法。

Step 02 选择按钮后，设置Projector>Toggle Full Screen mode行为。

Step 03 在弹出的Toggle Full Screen mode对话框中单击OK按钮。

Step 04 将操作后的文件进行保存。然后选择菜单栏中的Control>Test Movie(Ctrl + Enter)命令，创建Flash执行文件。

Step 05 关闭测试窗口，移到保存了文件的文件夹，然后双击Flash执行文件（*.swf）。单击全屏按钮（Full按钮），影片会铺满整个屏幕。

Step 06 转换为全屏后，影片的要素也会变大。为避免出现这种效果，移动到Flash操作窗口。

Step 07 选择全屏按钮，然后选择菜单栏中的Window>Actions(F9)，激活动作面板。如右图所示，在动作面板的脚本窗口中设置fscommand动作为fscommand("allowscale", "false")。

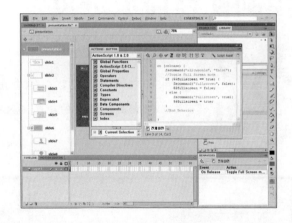

Step 08 选择菜单栏中的Control>Test Movie(Ctrl + Enter)命令。此时单击Full按钮会发现，虽然影片占据了整个屏幕，但要素大小没有发生任何变化。

控制视频播放进度

EXAMPLE
34

利用Flash制作影片时，我们经常会用到动态视频文件。接下来我们将学习利用Flash影片打开和控制视频文件的方法，以及将容量较大的视频文件转换为Flash视频文件后再进行播放的方法。

实时导入和播放容量较大的动态视频文件

下面我们将使用Adobe Flash CS4 Video Encoder软件将动态视频文件转换为Falsh视频文件，并实时导入和播放该文件。

创建可以实时打开的Flash视频文件

01 为了创建Flash视频文件（*.FLV），打开Flash的文件夹中的Adobe Media Encoder CS4软件。

02 单击Add按钮，在弹出的Open对话框中选择Sample\Part_05\sample.mov文件，然后单击OK按钮。

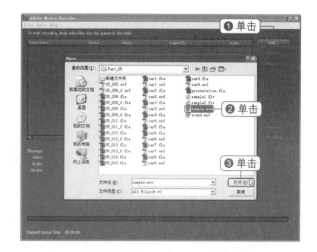

选择FLV>Same AS Source (Flash 8 and Higher)命令，接下来单击 Start Queue按钮。可以看到所选文件转换为FLV文件的过程。

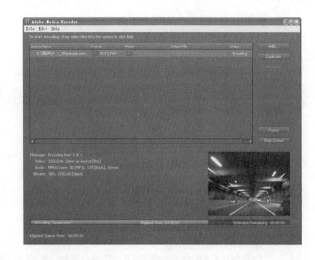

TIP

移动到所选动态视频文件所在的文件夹（Sample\ Part_05），可以发现有文件名相同的FLV文件。

实时导入和播放FLV文件

 打开Sample\Part_05\05_008.fla文件，然后将组件面板中的MediaPlayback组件拖动至场景。

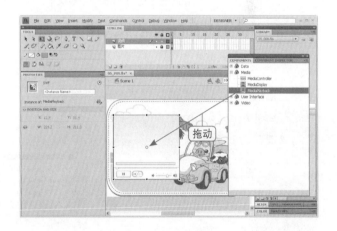

使用任意变形工具如右图所示设置图像大小和位置。当前的界面构成是DESIGNER。

TIP

显示组件面板

如果操作界面中没有显示组件面板，选择 Window>COMPONETS(Ctrl + F7)，之后选择COMPONET INSPECTOR(Shift + F7)，可以激活该面板组。笔者习惯将这两个面板组合起来使用。

 为了在MediaPlayback组件面板中实时播放前面创建的FLV文件，如右图所示设置COMPONENT INSPECTOR面板。

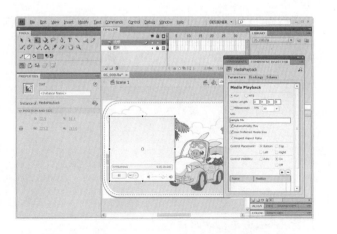

TIP

查看COMPONENT INSPECTOR面板，可以发现其中包括FLV和MP3两个单选按钮。选中MP3单选按钮，这样实时播放的是MP3文件。在播放器中不显示动态视频的播放文件区域。

04 选择菜单栏中的Control>Test Movie
（`Ctrl` + `Enter`）命令，测试结果。

如果COMPONENT INSPECTOR面板中没有设置动态
视频文件的路径，则必须使Flash执行文件（*.SWF）
和FLV文件位于相同的文件夹中。

导入及编辑视频文件并利用行为功能进行控制

下面我们将了解如何将视频文件导入为Flash Movie，然后使用行为
功能控制打开的视频文件。

创建可以实时打开的Flash视频文件

01 打开Sample\Part_05\05_0_
09.fla文件，然后选择菜单栏
中的File>Import>Import Video命
令，以便打开视频文件。

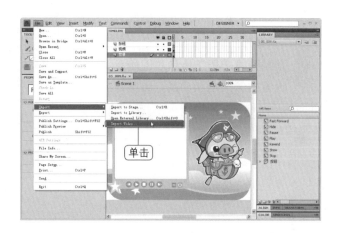

选择Import to Symbol或Import to Library命令，均可以打开视频文件。惟一的不同之处是，在弹出的Import对话
框中必须选择目标动态视频文件。

02 在弹出的Import Video对话框中单击 Browser按钮，然后选择动态视频文件（Sample\Part_04\Sample.flv）。

03 为了在Flash文件中插入并控制视频文件，选中Embed FLV in SWF and Play in timeline单选按钮，然后单击next按钮。

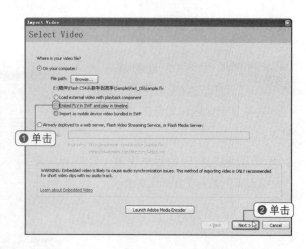

On your computer选项表示在计算机中打开并应用Flash视频文件的相关设置。Already deployed to a web server，Flash Video Streaming Server,or Flash Media Server选项表示可以在web Server, Flash Video Streaming Server, Flash Media Server中设置视频文件的路径并打开视频文件。单击Launch Adobe Media Encoder按钮，将会打开Adobe Media Encoder CS4软件，并自动保存所选择的文件，还可以更改更多相关选项。

04 当前界面用于选择如何在Flash文件中插入视频文件。这里先创建影片剪辑，然后在场景中插入影片剪辑。单击Next按钮。

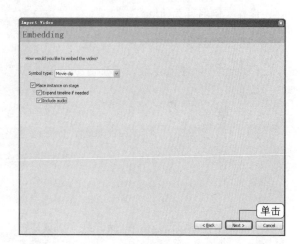

05 当前界面用于显示设置结果。单击 Finish按钮，可以看到转换为Flash视频文件的过程以及在库面板中保存的动态视频。

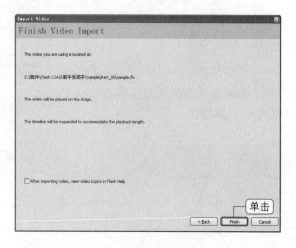

利用行为功能控制导入的动态视频文件

01 为了控制导入的动态视频大小，选择任意变形工具，然后根据视频显示区域设置合适的大小和位置。

02 为了控制导入的动态视频，设置实例名称为mclip_video。

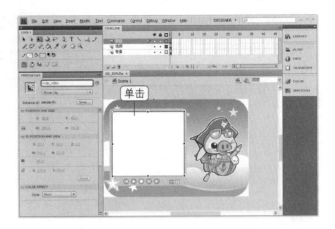

03 双击视频影片剪辑，移动到元件操作区域，然后选择视频文件，设置实例名称为video。

04 完成设置后，单击Scene1，返回主影片。

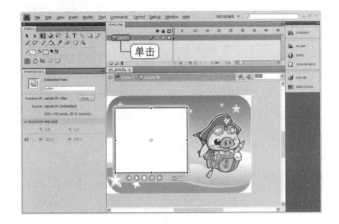

05 选择场景中的Rewind按钮，然后单击行为面板中的+图标按钮，在弹出的菜单中选择Embedded Video>Rewind命令。

06 在弹出的Rewind Video对话框中选择视频文件的实例名称，然后单击OK按钮。

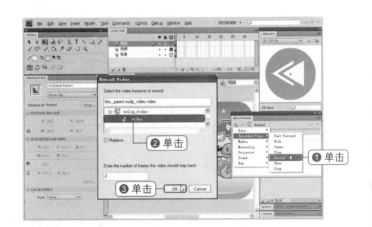

07 按照相同的方法，对其他按钮进行相应设置。接下来测试结果，可见通过单击不同按钮控制视频播放的功能。

分离显示区和控制区域

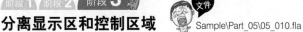
Sample\Part_05\05_010.fla

有时候，我们需要在没有控制按钮的情况下播放视频或分离控制区域。下面我们就来具体了解这种功能。

设置显示和控制视频的组件

01 在新的操作窗口中将组件面板中的MediaDisplay组件拖动到场景，然后将实例名称设置为display。

02 为了在这里设置要显示的目标视频，在COMPONENTS INS-PECTOR面板中设置要播放的视频文件的名称为sample.flv。

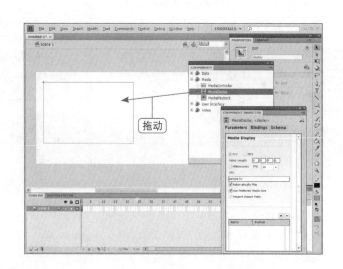

为了应用行为，必须使用Flash ActionScript 2.0以下的版本。选择File>New(Ctrl+N)命令创建新文件时，在弹出的New Document对话框中选择Flash File(ActionScript 2.0)选项。

03 为了控制Flash视频文件，将MediaController组件拖动到场景，然后将实例名称设置为control。

04 为了在COMPONENTS INSPECTOR面板中一直显示控制按钮，将ControllerPolicy设置为on，将horizontal设置为false。

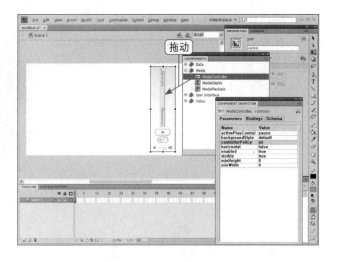

连接两个组件控制视频

01 为了连接场景中的MediaController和MediaDisplay组件，选择行为面板中的Media>Associate Controller命令。

02 在弹出的Associate Controller对话框中选择MediaDisplay组件的实例名称，然后单击OK按钮。

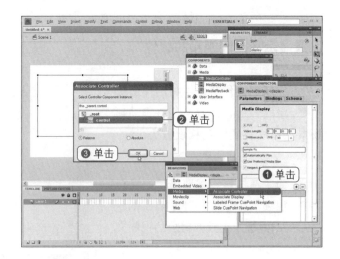

03 接下来选择MediaDisplay组件，然后选择行为面板中的Media>Associate Display命令。

04 在弹出的Associate Display对话框中选择MediaController组件的实例名称，然后单击OK按钮。

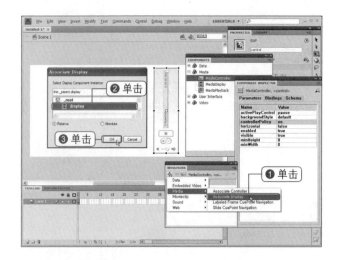

05 将操作后的文件进行保存，然后选择菜单栏中的Control>Test Movie（Ctrl + Enter）命令，测试结果。

06 在分开摆放的MediaController组件中，可以控制动态视频文件的播放。

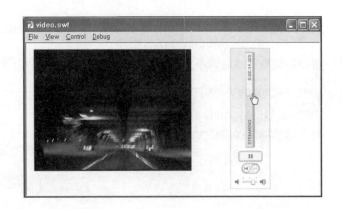

根据视频播放进度插入字幕

01 打开Sample\Part_05\05_011.fla文件，然后将库面板中的"字幕"元件拖动到场景，接下来将实例名称设置为caption。

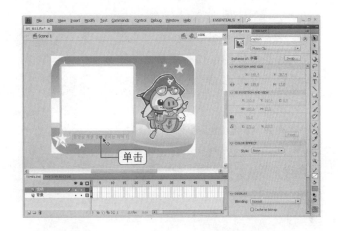

02 双击字幕元件，移动到元件操作区域。查看行为面板可以看到，空白关键帧处添加了stop动作。

03 在"帧名称"图层（即空白关键帧）处设置了帧的名称（从cap1开始依次命名）。

 TIP

Stop动作可以停止插入了动作的要素的运动。当前字幕元件在第1帧处插入了动作，因此如果不进行特别设置，将在第1帧处停止播放。

04 单击Scene 1，移动到主时间轴，然后将MediaDisplay组件拖动到场景，然后调整大小。

05 在COMPONENTS INSPECTOR面板的MediaDisplay组件中设置要播放的动态视频文件。

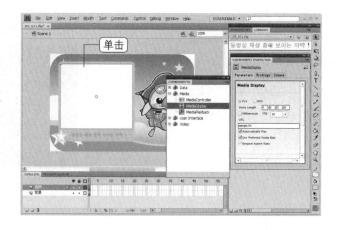

06 为了在MediaDisplay组件中连接要播放的视频和字幕，设置Labeled Frame CuePoint Navigation行为。

07 在弹出的Labeled Frame Cue-Point Navigation对话框中选择字幕元件的实例名称，然后单击OK按钮。

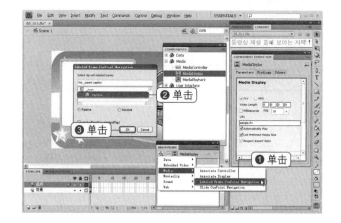

08 接下来设置字幕的变化，单击COMPONENTS INSPECTOR面板中的+图标。

09 将Name设置为字幕元件内部要移动的帧的名称，设置时以小时、分、秒、百分比为单位。这里设置字幕以3秒为单位发生变化。

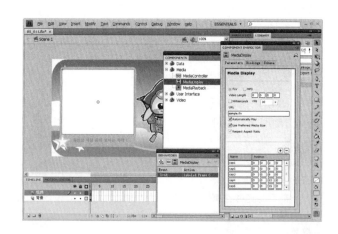

10 选择菜单栏中的Control>Test Movie(Ctrl+Enter)命令，测试结果。可以看到，字幕每隔2秒便会发生变化。如果进一步设置，还可以在视频或MP3文件中插入字幕。

PART 01
PART 02
PART 03
PART 04
PART 05
PART 06
PART 07
PART 08

Part 06 应用行为功能，迈入专家行列

实时导入容量较大的文件

EXAMPLE
35

图像、视频或音频文件的容量一般都很大，因此最好在需要时才导入和使用。此外，当影片容量过大时，最好对其分割，这样可以尽量缩小影片的容量。

实时导入图像文件

更换显示的图像或在影片中显示图像时，如果图像容量很小，则无需实时导入，可以直接在影片中插入图像。但如果图像容量很大，最好只在需要时使用，这种做法在实际操作中非常有用。

创建显示图像的影片剪辑元件

01 打开Sample\Part_05\05_012.fla文件，然后在图像图层中绘制一个没有边框的四边形。

02 利用选择工具选择前面绘制的四边形。

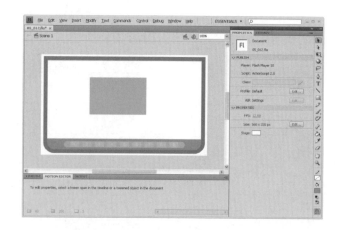

03 选择菜单栏中的Modify>Convert to Symbol(F8)命令，将所选的四边形转换为元件。

04 在弹出的Convert to Symbol对话框后，设置Name和Type。此时，将元件的中心点置于左侧最上端棱角处，如右图所示设置Registration。

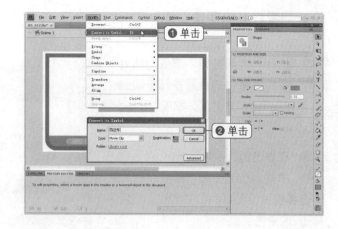

从外部导入图像、SWF文件时，会显示元件的中心点。本例的中心点位于已导入数据的左侧棱角。如果中心点位于中央位置，则已导入的数据会从中央位置开始显示。

05 可以看到元件左上侧棱角处的表示中心点的+图标。

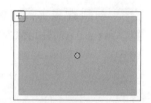

06 利用选择工具如右图所示移动图像。为了参照该元件并打开照片，在属性面板中设置要参照的实例名称。

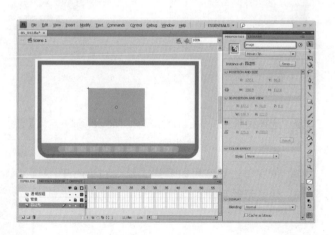

设置需要打开的图像文件

01 选择"透明按钮"图层，然后将库面板中的透明按钮拖动到数字上方，接下来对其分别设置Load Graphic行为。

02 在弹出的Load Graphic对话框中输入car1.jpg，给显示的元件选择前面设置好的实例名称，然后单击OK按钮。

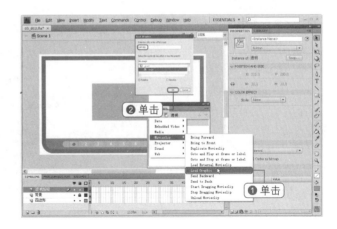

03 按照相同的方法将透明元件拖动到数字上方，然后进行设置，从car2.jpg开始依次打开并显示照片。

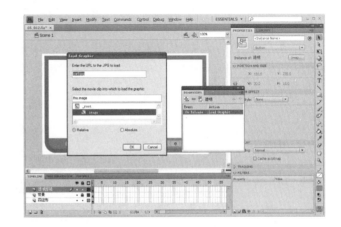

04 选择菜单栏中的Control>Test Movie(Ctrl+Enter)命令，测试结果。

05 依次单击数字可以看到，从car1.jpg开始显示照片。

实时导入SWF文件

下面介绍实时导入SWF文件的相关内容。

01 首先准备要打开的SWF文件。打开Sample\Part_05\car1.fla文件，然后选择菜单栏中的Control>Test Movie(Ctrl + Enter)，创建SWF文件。

02 按照相同的方法创建SWF文件，创建到car9.fla编号的文件为止。

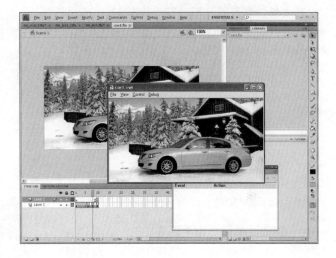

03 打开Sample\Part_05\05_013.fla文件。所打开文件与前面操作过的文件是相同的，只是尚未进行行为设置。将四边形元件的实例名称设置为swf_view。

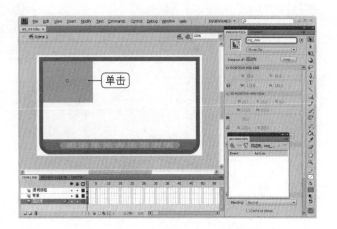

04 选择数字1上的"透明"元件，然后将其设置Load External Movieclip行为。

05 在弹出的Load External Movieclip对话框中选择要打开的Flash执行文件的名称以及影片剪辑的实例名称，然后单击OK按钮。

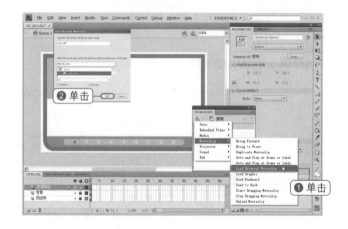

06 按照相同的方法依次设置car2.swf~car9.swf文件。

07 完成设置后，选择菜单栏中的Control>Test Movie(Ctrl + Enter)命令，测试结果。按下数字，可以看到Flash执行文件的加载过程。

音频的基本功能

PART 01
PART 02
PART 03
PART 04
PART 05
PART 06
PART 07
PART 08

EXAMPLE

36

不管是多么华丽的动画，如果缺少音频，总会让人觉得美中不足。即使是一个简单的动作，如果插入了出色的音频，就会让人觉得动画会更有冲击力。下面我们就来了解在Flash影片中插入音频的基础知识。

打开外部音频文件并将其作为背景音乐

利用Flash影片打开的音频文件，在库面板中会进行保存。接下来可以将保存后的音频文件插入到时间轴中的关键帧或空间关键帧处。

01 打开Sample\Part_05\05_014.fla文件，然后选择菜单栏中的File>Import>Import to Library命令，打开音频文件。

02 在弹出的Import to Library对话框后，选择Sample\Part_05\sound.mp3文件，然后单击"打开"按钮。

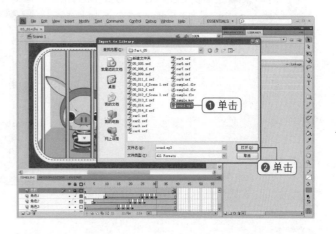

Part 06 应用行为功能，迈入专家行列

03 添加新图层，并将图层名称更改为"音频"，然后将库面板中保存的音频拖动到场景。

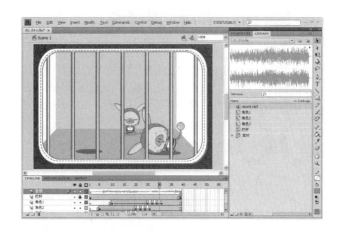

04 为了在第30帧处强行停止播放音频，选择"音频"图层的第30帧，然后按下F7键，插入空白关键帧。

05 选择空白关键帧，然后在属性Name为刚才面板中设置插入的音频，这里设置Sync为Stop。

当前设置的音频文件如果正处于播放状态，则选择Stop选项可以停止音频的播放。

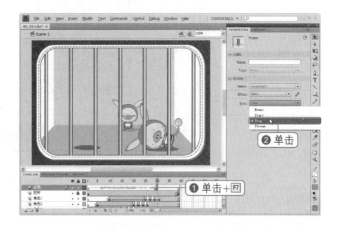

06 选择菜单栏中的Control>Test Movie（Ctrl + Enter）命令，测试插入音频后的结果。可以听到，音频在播放到第30帧处停止了。

与音频相关的属性面板

在属性面板中可以更改插入的音频，还可以对音频进行相关设置。

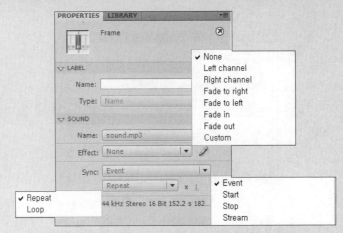

- Sound：可以插入或更改音频。选择要插入音频的帧，然后在弹出的菜单中选择要插入的音频文件。
- Effect：可以设置音频的Fade In/Out、音频通道移动等效果。单击Edit按钮，可以更细致地设置效果。
  - None：在音频文件中不应用任何效果。如果已经应用过效果，则去掉该效果。
  - Left/Right Channel：选择只通过其中的一个扬声器来播放音频。
  - Fade to right/Fade to left：创建两个扬声器之间音频移动的效果。
  - Fade in/Fade out：设置播放视频时音量是逐渐变大（Fade in）还是逐渐变小（Fade out）。
  - Custom：选择该命令后，在弹出的Edit Envelope对话框中在所需地方创建Fade in/Fade out支点。
- Sync：进行音频播放相关的设置。
  - Event：加载全部音频后，开始播放音频。
  - Start：如果当前相同的音频正在播放中，则不再播放设置后的音频。
  - Stop：停止指定音频的播放。
  - Stream：加载特定部分后，从该处开始播放。
- Repeat/Loop：Repeat选项用于根据所设置的值多次播放音频；Loop选项用于反复播放音频，直到影片结束。

单击Effect旁边的Edit sound envelope按钮（ ），或者选择Custom命令，均可以打开设置音频Fade in/Fade out效果的Edit Envelope对话框。这里不仅可以设置音频的Fade in/Fade out效果，还可以指定音频开始播放和停止播放的时间点。

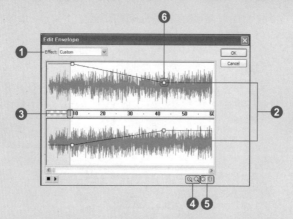

❶ Effect：可以设置事先定义好的Fade in/Fade out效果、播放的通道等。

❷ Frame/Second显示区域：显示音频的播放初始帧。可以设置音频开始播放和停止播放的时间点。通过选择音频播放和停止的时间点，可以在指定地方播放音频文件。

❸ 虽然只显示开始播放音频的时间点，但在音频结束处有相同的停止播放音频的支点。

❹ Zoom In/Out：可以缩小所显示的音频的播放时间/帧。该功能在操作较长的音频时非常有用。

❺ Frames/Seconds：选择音频的播放秒/帧位置。

❻ Fade In/Out：查看通道，可以看到水平线和锚点。在线的上方进行单击，可以添加新锚点；上/下拖动锚点，可以进行Fade In/Out设置。

播放库面板中保存的音频

01 打开Sample\Part_05\05_015.fla文件，可以发现，场景中有ON和OFF按钮，库面板中有music.mp3文件。

02 选择"音频"图层的第1帧，然后单击鼠标右键选择库面板中的music.mp3文件，在弹出的快捷菜单中选择Properties命令。

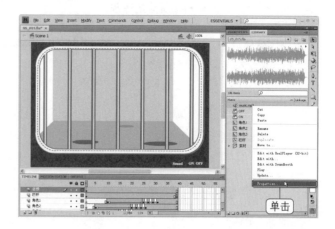

单击

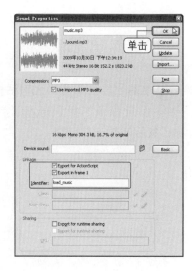

03 在弹出的Sound Properties对话框中单击Advanced按钮，会显示隐藏起来的高级选项。

04 勾选Export for ActionScript复选框，将标识符（Identifier）设置为load_music，然后单击OK按钮。

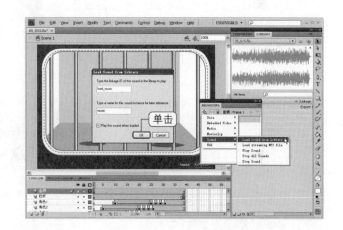

05 选择"音频"图层，然后对其设置Sound>Load Sound from Library行为，以便播放和控制音频。

06 在弹出的Load Sound from Library对话框中设置待播放音频的标识符和音频控制中将会用到的名称，然后单击OK按钮。

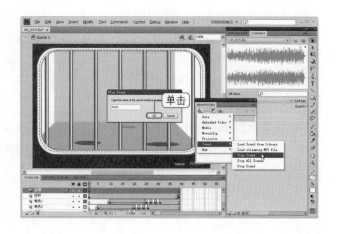

07 为了播放音频，单击场景中的ON按钮，然后对其设置Sound>Play Sound行为。

08 在弹出的Play Sound对话框中，为了控制前面设置的音频，输入音频名称，然后单击OK按钮。

Part 06　应用行为功能，迈入专家行列

09 为了停止播放音频，对OFF按钮应用Sound>Stop Sound行为。

10 在弹出的Stop Sound对话框中设置音频的标识符和音频名称，然后单击OK按钮。

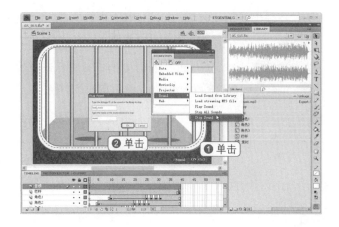

11 选择Control>Test Movie(Ctrl + Enter)命令，测试结果。可以听到，开始播放音频。单击ON或OFF按钮，播放中的音频将会停止或继续播放。

实时加载容量较大的音频文件

01 打开Sample\Part_05\04_016.fla文件。为了实时打开外部MP3文件，选择音频图层的第1帧，然后对其设置Load streaming MP3 file行为。

02 在弹出的Load streaming MP3 file对话框中设置要打开的MP3文件以及用于控制音频的名称，然后单击OK按钮。

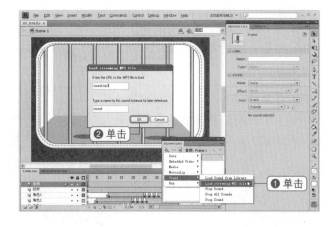

03 为了播放音频，单击场景中的ON按钮，然后对其设置sound>Play Sound行为。

04 在弹出的Play Sound对话框中输入前面设置的用来控制音频的名称，然后单击OK按钮。

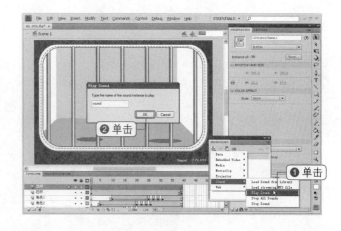

05 为了停止播放中的音频，单击OFF按钮，对其应用Sound>Stop Sound行为。

06 在弹出的Stop Sound对话框中设置音频的标识符名称以及用来控制音频的名称，然后单击OK按钮。

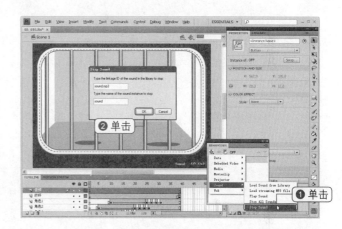

07 选择菜单栏中的Control>Test Movie（Ctrl + Enter）命令，测试结果。可以听见，开始播放音频。单击ON或OFF按钮，可以控制播放中的音频。

Flash CS4

Part 07

**设计人员必须了解的
ActionScript 1.0&2.0**

ActionScript可以分为ActionScript
1.0&2.0和ActionScript 3.0。我们将在
后面深入学习适合开发人员的Action-
Script 3.0，这里首先介绍设计人员必须
掌握的ActionScript 1.0&2.0。

了解和体验ActionScript

CS4

27

SECTION

下面我们将简单了解ActionScript版本的变化，并应用ActionScript创建动画。在动画中插入ActionScript，可以创建效果更多的高级动画。

ActionScript的相关版本

在本书第一章中介绍过Flash版本的发展变化情况。从FutureSplash（即Flash 1.0）开始到Flash CS4，Flash经历了很多变化，并更新了不少功能。随着Flash版本的发展变化，ActionScript的功能也得到进一步强化。Flash MX版本之前，ActionScript 1.0版本处于不断发展中，从Flash MX 2004开始到Flash 8版本，ActionScript 2.0新增了类功能，使目标指向型脚本开发变得更加方便。此外，从Flash CS3版本开始，ActionScript便发展为ActionScript 3.0，实现了飞跃性变化。我们甚至可以认为这完全是两种代码风格。

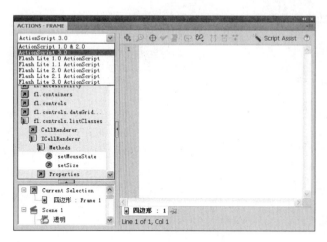

PART 01
PART 02
PART 03
PART 04
PART 05
PART 06
PART 07
PART 08

随着ActionScript版本的变化，对普通设计人员而言，这部分内容已经变得越来越难以掌握。但我们无需担心，因为在Flash CS4中，并非只能使用ActionScript 3.0，我们可以选择ActionScript的以往版本，所以并非必须掌握ActionScript 3.0才能创建高级动画。如同前面图像所示，在Publish Settings对话框或ACTIONS面板中可以选择ActionScript的版本。

通过简单动画了解ActionScript

下面我们将使用ActionScript制作可以拖动场景中要素的影片。这里使用的动作我们将在后面学习，希望大家将重点放在如何使用脚本创建效果的方法上。

只能在影片剪辑元件和按钮元件中插入Action-Script，不能在图形元件中插入ActionScript。

打开Sample\Part_06\06_001.fla文件，然后将库面板中的"海盗"影片剪辑元件拖动到场景。选择场景中的"M:海盗"影片剪辑元件，然后设置动作中将用到的实例名称（pirate）。

在"海盗"图层的上方添加新图层，然后将该图层的名称更改为action。

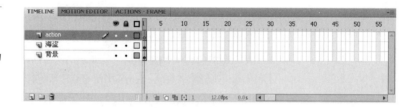

如果没有显示动作面板，则可以选择菜单栏中的Window>Actions(F9)命令，激活动作面板。如果同时包含动作面板和时间轴面板，则切换至ACTIONS选项卡。激活动作面板后，在动作面板中直接输入如下图所示的动作代码。

选择菜单栏中的Control>Test Movie(Ctrl+Enter)命令，测试结果。在单击场景中的"海盗"影片剪辑元件的状态下可以拖动元件，释放鼠标时将会停止拖动。

执行过程中，如果发生错误，则必须将ActionScript版本设置为Action-Script 2.0以下。选择菜单栏中的File>Publish Setting(Ctrl+Shift+F12)命令，在弹出的Publish Setting对话框中切换至Flash选项卡，并将Script设置为ActionScript 2.0以下。由于ActionScript 3.0略有些复杂，这里我们使用ActionScript 2.0以下的版本。

TIMELINE	MOTION EDITOR	COMPILER ERRORS - 4 REPORTED	ACTIONS - FRAME	
Location	Description	Source
Scene=Scene 1, layer=1, fra...	There is no method with the name '...	x = Math.rndom()*500-50;
Scene=Scene 1, layer=1, fra...	There is no method with the name '...	y = Math.rdom()*300;
Scene=Scene 1, layer=1, fra...	There is no method with the name '...	_xcale = _yscle=Math.ranom()*100;
Scene=Scene 1, layer=1, fra...	There is no method with the name '...	_alha = Math.rom()*50+30;

Total ActionScript Errors: 4, Reported Errors: 4   Go to Source

ActionScript结构分析

这里无需熟练掌握ActionScript代码，只需大致了解就行，后面我们将进行详细说明。

```
_root.pirate.onPress = function() {
this.startDrag();
}
```

onPress是按下鼠标按键时触发的事件。StartDrag是使实例跟随光标移动的命令，简单来说就是选中名为pirate的实例并不释放鼠标按钮时，实例会跟随光标移动。这里的"按下"含义为"单击"，为与"释放"相对应，因此以"按下"进行表述。

```
_root.pirate.onRelease = function() {
this.stopDrag();
}
```

onRelease是单击鼠标按键并释放时触发的事件。StopDrag是使跟随光标移动的实例停止下来的命令。也就是说，选中名为pirate的实例并释放鼠标按键时，实例将不再跟随光标移动。

表示命令结束的分号（;）

编写ActionScript代码时，必须插入代表结束某一动作的分号（;）。如果不插入分号，程序会认为该行命令与下一行的命令是连在一起的，从而导致发生错误。

var a= 10;	var a = 10;

查看范例会发现，两个代码都没有发生错误。Flash认为二者是相同的语句，因为两个命令都仅有一个分号。

了解动作面板的各构成部分

下面我们将了解插入命令代码时会用到的动作面板。选择菜单栏中的Window>Actions(F9)命令，可以激活动作面板。我们既可以单独使用动作面板，也可以在特定区域将动作面板与其他面板组合起来使用。一般习惯在时间轴中组合动作面板。

动作面板分为两种模式，一种是方便设置插入选项的标准模式（此时的Script Assist按钮位于面板右上方），另外一种是可以在脚本编辑窗中直接插入动作的专家模式（此时的Script Assist按钮位于面板右侧中部）。单击Script Assist（脚本助手）按钮，可以在两种模式之间进行切换。两种模式之间的最大区别是，专家模式可以像文本编辑器一样直接输入或删除脚本，而标准模式无法像文本编辑器一样使用，但插入动作时，在选项设置区域可以设置动作的相关选项。

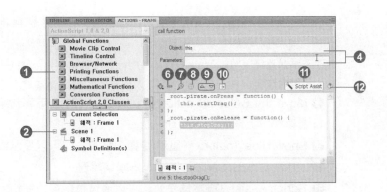

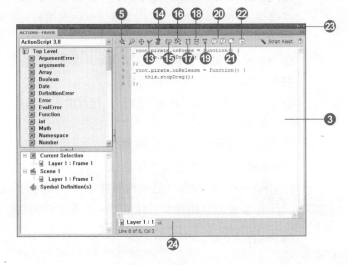

❶ 动作工具箱：分类整理动作的项目。ActionScript的版本不同，所提供的动作项目也会不同。

❷ 脚本导航器：利用树形结构显示插入的ActionScript相关代码的层次。

❸ 脚本编辑窗：直接输入ActionScript代码的区域。

❹ 设置动作选项：只显示于标准模式，可以查看和设置插入动作的选项。

❺ Add a new item to the script（将新项目添加到脚本中）：在Flash CS4中以插入动作的方式显示动作工具箱的动作项目。

❻ Delete the selected action(s)（删除所选动作）：删除所选行的ActionScript。按下快捷键Ctrl + Z可以返回之前的操作。

❼ Find（查找）：可以在插入到脚本窗口的ActionScript中查找或替换特定单词。

对新手而言，标准模式使用起来可能会感觉更为方便。但如果重复使用ActionScript，在标准模式中进行操作就会显得很不方便。笔者的个人建议是，即使是新手，最好也努力培养使用专家模式的习惯。

⑧ Insert a target path（插入目标路径）：可以选择将应用动作的实例。选择时可参考实例名称。

- **绝对路径（Abosolute）**：从主时间轴，即从根（root）开始表示路径。
- **相对路径（Relative）**：以插入动作的实例作为基准表示路径。

⑨ Move the Selected action(s) up/down（向上/下移动所选动作）：将所选动作向上或者向下移动一层。

⑩ Show/Hide Toolbox（显示/隐藏工具箱）：可以显示或隐藏动作工具箱，隐藏动作工具箱时可以放大脚本编辑窗。

⑪ Script Assist（脚本助手）：可以通过单击该按钮切换专家模式和标准模式。ActionScript 3.0版本不提供标准模式，因此会自动切换为ActionScript 1.0&2.0版本。

⑫ Help（帮助）：显示与Actions面板中一样的帮助窗口。可以快速查找并参考特定动作的帮助信息。

⑬ Check syntax（语法检查）：检查插入到脚本窗口中的ActionScript的语法。

⑭ Auto format（自动套用格式）：该功能可自动排列脚本窗口中插入的ActionScript，使版面更加整洁。

⑮ Show code hint（显示代码提示）：插入动作后，如果输入左括号"("，会显示代码提示。代码提示处于隐藏状态时，可以再次显示。

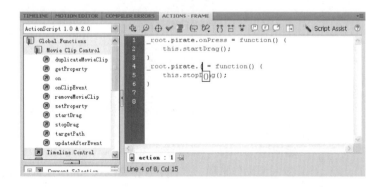

⑯ Debug options（调试选项）：使用Test Movie命令执行影片时，可以设置Breakpoint（断点），以便在指定ActionScript位置中停止执行程序代码。通过设置多个Breakpoint，可以分阶段查看测试结果。

⑰ Collapse between braces（折叠成对大括号）：将所选的中括号（{…}）区域捆绑在一起。在分析研究大量源代码时非常有用。

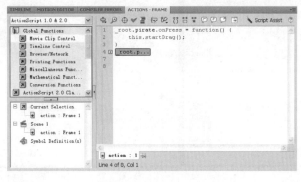

⓲ Collapse selection（折叠所选）：将所选区域捆绑在一起。

⓳ Expand all（展开全部）：将分别利用Collapse between braces和Collapse selection命令捆绑在一起的区域全部展开。

⓴ Apply block comment（应用块注释）：添加可以插入一行以上注释（说明文字）的符号（/*…*/）。选择该选项，可以将所选区域创建为注释。/*和*/之间的内容被处理为注释，但不会对影片产生任何影响。

㉑ Apply line comment（应用行注释）：插入一行注释。如果选择了多行，在各行前面插入表示注释的//符号。//符号后面表示的是注释，不会对影片产生任何影响。

㉒ Remove comment（删除注释）：删除所选区域的注释。

㉓ Actions面板选项：利用Actions面板的选项将动作保存为文件，或通过文件方式打开，在脚本窗口中可以进行显示行号或自动换行等设置。

㉔ Pin active script（固定脚本）：固定插入了ActionScript的区域。即使选择其他帧或实例，也不会发生变化。

了解在脚本窗口中插入动作的方法

EXAMPLE
37

动作工具箱对Flash提供的所有动作进行了分类。将分类后的动作放在脚本编辑窗口中，这样便能实现特定的操作。下面我们就来了解在脚本编辑窗口中插入动作的方法。

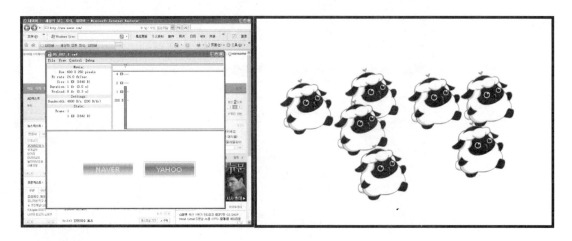

在标准模式中插入动作并测试结果

01 打开Sample\Part_06\05_002.fla文件，然后选择场景中的NAVER按钮，并按下F9键。

02 如果动作面板显示的是专家模式，单击Script Assist按钮，将其转换为标准模式。

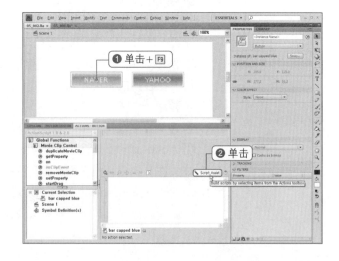

选择菜单栏中的File>Publish Settings(Ctrl + Shift + F12)，然后切换至Flash选项卡。如果当前ActionScript的版本是3.0，请其更改为2.0以下的版本。

03 之后在动作工具箱中双击Global Functions>Movie Clip Control 中的on动作。

04 接着在动作选项设置区域的Event选项区中勾选Release和 Release Outside复选框。这样设置后，当按下按钮并释放时，将执行大括号（{}）之间的动作。

标准模式
和专家模式

在专家模式中，可以像文本编辑窗口一样使用脚本编辑窗口。但在标准模式中则无法像文本编辑窗口一样使用脚本编辑窗口。

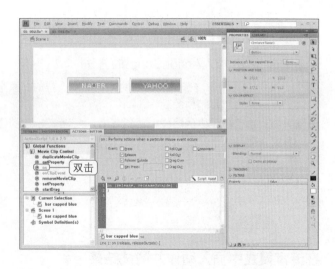

05 接下来我们将在大括号之间插入动作。双击动作工具箱中的 Global Functions>Browser/Network 中的getURL动作。

06 为了在Window新窗口中打开 URL中的链接地址，选择_blank 选项。

了解EXPRESSION
复选框

在文本框中输入内容时，将会自动识别为字符串。如果需要输入公式或数字时，需勾选Expression复选框。

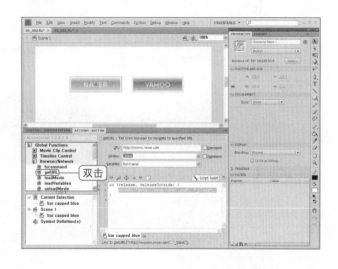

07 选择菜单栏中的Control>Test Movie(Ctrl + Enter)命令，测试结果。可以发现，单击按钮后将会跳转到URL中设置的网页地址。

插入ActionScript的方法

下面这些插入动作的方法都是一样的。大家可以根据实际需要选择使用。

① 双击动作工具箱中的动作。

② 将动作工具箱中的动作拖动到要插入ActionScript的位置。

③ 选择要插入的动作，然后按下 Enter 键或 Spacebar 键。

④ 专家模式下，直接在脚本窗口中输入代码。这里建议大家使用这种方法。

在专家模式中插入动作并测试结果

01 选择场景中的YAHOO按钮，然后按下 F9 键。

02 如果动作面板是标准模式，单击Script Assist按钮，切换为专家模式。

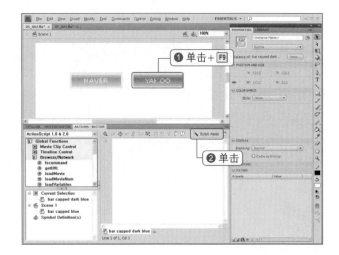

03 之后在动作面板中双击Global Functions>Movie Clip Control 中的on动作。双击事件相关code hint 中的release。

SHOW CODE HINT

如果没有显示代码提示，首先选择括号，然后单击脚本窗口上方的Show code hint图标即可。

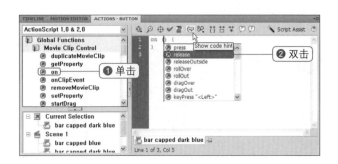

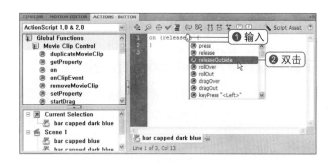

04 插入release事件后，接下来再添加一个事件。输入逗号（,）后会显示新的代码提示。双击其中的Release Outside。

05 将光标移到{后面，然后按下 Enter 键，接下来在动作工具箱中双击Global Functions>Brower/Network中的getURL动作。

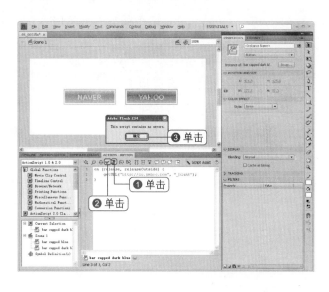

06 显示代码提示后，输入要链接的网页地址以及在浏览器中的显示设置。

TIP
检查动作代码的语法

在专家模式中输入动作时，经常会碰到输入错误的情况。此时，请利用检查语法（☑）和自动套用格式（▤）功能进行调整。

07 选择菜单栏中的Control>Test Movie(Ctrl + Enter)命令，测试结果。可以发现，单击按钮时会跳转到URL设置的网页地址。

TIP
直接输入动作

可以选择工具箱中的动作并进行插入。如果已经熟记命令语句，也可以直接在脚本窗口中输入动作。

了解可以插入ActionScript的位置

动作并不能插入到任何位置，一般来说，在按钮、影片剪辑、关键帧和空白关键帧处才可以插入相应动作。

创建代替光标的角色图案

下面我们将给帧插入动作，使执行影片时，角色跟随鼠标光标移动，而不显示鼠标光标。

01 打开Sample\Part_06\06_003.fla文件，然后将库面板中的moldy影片剪辑元件拖动到舞台。

02 将场景中moldy的实例名称设置为moldy。

03 添加新图层，然后将图层的名称设置为action。

04 按下F9键，激活动作面板，然后插入moldy跟随光标移动、且不显示光标的动作。

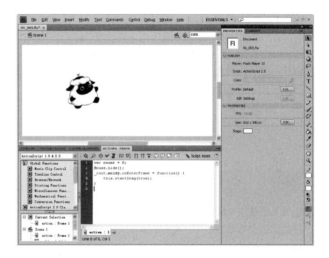

ActionScript分析

```
var count:int = 0;
```
Count指的是变量。变量是存储和放置数据的空间，使用变量名称可以控制数字。

```
Mouse.hide();
```
隐藏光标的动作。

```
_root.moldy.onEnterFrame = function() {
        this.startDrag(true);
}
```
onEnterFrame事件以秒为单位。即，每当触发事件时，就会将moldy角色置于光标的位置，角色也会跟随光标移动。

单击鼠标按键时复制角色

下面我们将插入动作，使单击鼠标按钮时，在替代光标图案的moldy所在位置上复制moldy实例。

01 选择场景中的moldy实例，然后按下 F9 键，激活动作面板。

02 在动作面板中插入单击鼠标按键时复制实例的动作。

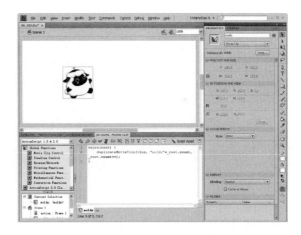

 ActionScript分析

```
on(release) {
  duplicateMovieClip(this, "moldy"+_root.count, _root.count++);
}
```
按下按钮并释放时（release），在duplicateMovieClip命令的配合下将复制moldy。我们将在后面详细介绍这些命令，这里只需了解如何在影片剪辑元件中插入动作即可。onEnterFrame事件以秒为单位。即，每当触发事件时，就会将moldy角色置于光标的位置，角色也会跟随光标移动。

03 完成动作的输入后，选择菜单栏中的Control>Test Movie(Ctrl+Enter)命令，测试结果。

04 可以看到，moldy实例变为了光标，单击鼠标按键，将在moldy所在位置复制相同图案。

MEMO

ActionScript中不可缺少的
事件和事件句柄

在帧中插入动作后，每当播放到该帧时，就会自动执行该动作。但在影片剪辑或按钮实例中插入动作时，只有触发设置的事件，才会执行该动作。即，只有触发按下按钮或移动光标等事件，才会执行动作。

了解事件和事件句柄

事件指的是按下鼠标按键或移动鼠标时触发的某种事件。事件句柄指的是首先检查是否触发事件，如果触发了设置事件，则执行大括号（以{开始，以}结束）内的动作。

事件和事件句柄是两个非常重要的概念，在Flash影片和用户之间的交互作用中起桥梁作用。即，使用事件和事件句柄可以根据用户要求处理动作，而不是单纯显示影片。

```
on (release) {
getURL("http://www.yahoo.com.cn", _blank);
}
```

On是事件句柄，release是单击鼠标左键时所触发的事件。也就是说，按下插入了动作的实例（影片剪辑、按钮）并释放时，在getURL动作的配合下，会在新窗口（_blank）中显示雅虎页面。

```
onClipEvent(mouseMove) {
duplicateMovieClip(_root.moldy, "moldy", 1);
}
```

onClipEvent是事件句柄，mouseMove是移动光标时触发的事件。也就是说，移动光标，可以复制名为moldy的实例。

后面我们将介绍所有可以在Flash中使用的事件句柄和事件。有的读者也许会有疑问，了解最新版本的事件句柄和事件不就行了吗？这样做的话，在分析老版本的实例时，我们会无法理解以前的事件句柄和事件，到头来还要重新进行操作。

了解事件句柄中触发的事件

下面我们将了解鼠标按键中触发的On事件句柄以及对影片剪辑实例中触发事件作出反应的onClipEvent。

```
On事件句柄格式
On(事件){
触发事件时执行的ActionScript
}
```

可以在on事件句柄中使用的事件

事　件	功　能
press	按下实例时触发事件
release	按下实例并释放时触发事件
releaseOutside	按下实例，然后将光标拖到区域并释放时触发事件
rollOver	将光标置于实例上时触发事件
rollOut	光标位于实例上时，拖动鼠标按键时触发事件
dragOut	在按住实例的状态下将光标拖到区域外时触发事件
dragOver	在按住实例的状态下将光标拖到区域外，然后又返回区域内时触发事件
keyPress	按下指定的键盘键时触发事件

在一个on事件句柄中可以设置多个事件。例如，为了创建按下实例并释放时执行的动作，根据实际需要，有时我们需要同时设置release和releaseOutside事件。此时，我们可以按照下列方法在一个事件句柄中设置多个事件。

```
on(release, releaseOutside) {
getURL("http://www.yahoo.com.cn", _blank);
}
```

该动作的含义是，单击实例或按住实例并将光标移到按钮外后释放按钮时，将启动新的浏览窗口并跳转到雅虎页面。

在一个实例中也可以设置多个事件句柄。在影片剪辑实例中插入下列代码后再测试影片时，单击实例可以将其移动到指定地方；释放时可以将其固定在当前位置并停止播放。

```
on(press) {
    startDrag(this, false);
}
```

按下鼠标按键（press），在starDrag动作的配合下，将在实例中插入动作。即，this将跟随鼠标移动。如果设置为false，单击支点后将跟随光标移动；如果设置为true，实例中心将位于光标末端位置并跟随鼠标移动。

```
on(release) {
stopDrag();
}
```

按下鼠标按键并释放（release），在stopDrag动作的配合下，将在实例中插入动作，实例将不再跟随光标移动。

---

onClipEvent 事件句柄的格式
onClipEvent(事件){
触发事件时执行的ActionScript
}

可以在onClipEvent事件句柄中使用的事件

事　件	功　能
load	加载影片剪辑实例时触发事件
enterFrame	如同Frame rate中设置的值一样，每秒触发事件
unload	卸载影片剪辑实例时触发事件，即从影片中消失时触发
mouseDown	按下鼠标按键时触发事件
mouseUp	按下鼠标按键并释放时触发事件
mouseMove	移动鼠标时触发事件
keyDown	按下键盘指定键时触发事件
keyUp	按下键盘指定键并释放时触发事件
data	利用loadVariable动作接收数据，接收完毕时触发事件

Part 07 设计人员必须了解的ActionScript 1.0&2.0

onClipEvent事件句柄与on事件句柄不一样。在onClipEvent事件句柄中，一个事件句柄只能设置一个事件。此外，on事件句柄可以在按钮和影片剪辑实例中设置动作，但onCllipEvent事件句柄只能检查影片剪辑中触发的事件，不能在按钮实例中使用。

但在一个实例中可以插入多个事件句柄。在影片剪辑实例中插入下列代码，执行影片剪辑后，按下鼠标按键时，将隐藏插入了动作的实例；按下鼠标并释放时，将显示实例。

```
onClipEvent(mouseDown) {
  this._visible = false;
}
```

使用影片剪辑事件句柄，当按下鼠标左键按钮（mouseDown）时，隐藏插入了动作的实例（_visible=false）。

```
onClipEvent(mouseUp) {
  this._visible = true;
}
```

按下鼠标按键并释放（mouseUP）时，再次显示插入了动作的实例（_visible=true）。

了解CallBack事件句柄

前面学习过的事件都是在ActionScript应用初期时使用的方法。随着ActionScript应用范围日趋增大，实际使用中用户就会感到局限性，于是新的CallBack事件便应势而生。新内容与原来内容没什么太大区别，理解起来非常简单。

CallBack事件的最大优点是，插入到实例中的动作也可以插入到帧中。在某一帧处插入动作，在以后修改时就显得非常方便。

PART 01
PART 02
PART 03
PART 04
PART 05
PART 06
PART 07
PART 08

```
CallBack事件的格式
_root.实例名称.事件=fuction(){
实例中触发事件时执行的动作脚本
}
```

CallBack事件的格式是"事件＝function()"。例如，如果要应用作用在onPress事件中的事件句柄，只需使用onPress=function()即可。在事件前面设置要应用动作脚本的实例路径即可。

```
_root.circle.onPress = function() {
  this._visible = false;
}
_root.circle.onRelease = function() {
  this._visible = true;
}
```

为了确认前面代码的执行结果，在场景中创建影片剪辑元件，将实例名称设置为circle，然后在第1帧处插入动作。这样，执行影片后，再按下影片剪辑时，会隐藏实例；按下影片并释放时，会再次显示实例。

使用CallBack事件时必须掌握的内容

下面内容是使用CallBack事件时必须掌握的内容，事实上也是编写ActionScript时必须掌握的内容。下面的内容略显复杂且较难理解，但是相当重要。因此希望大家认真学习，努力掌握。

我们将新操作窗口中显示的时间轴称作主时间轴，在ActionScript中利用_root来表示。我们可以在主时间轴（_root）中插入影片剪辑、按钮以及实例，从而创建影片。例如，库面板中有一个名为"四边形"的影片剪辑，如下图所示在四边形中插入多层次的影片剪辑元件。各影片剪辑指定了括号中使用的实例名称。下面我们将分析实例，了解如何设置路径。

```
                        主时间轴 （_root）

                        四边形 （quad）

            角色1 （poko）              角色 （moldy）

    胳膊 （arm）  腿 （leg）  头部 （head）    胳膊 （arm）  腿 （leg）  头部 （head）
```

表示路径时，必须先了解绝对路径和相对路径。绝对路径表示的是从主时间轴（_root）开始的路径，相对路径表示的是从插入当前动作的位置开始的路径。请阅读下面问题并设置路径。

问题1 请利用绝对路径表现角色1的胳膊运动动作[play()]。

绝对路径：_root.quad.poko.arm.play();

> **说明** 依次设置从主时间轴开始的四边形、角色1、胳膊路径后，再设置动作，这样角色1的胳膊就会应用动作。前面我们使用点（.）来区分不同实例，这里使用点（.）来区分实例和动作、实例和变量。

问题2 在角色1的胳膊中插入动作。请利用绝对路径和相对路径表现角色1的腿部运动动作[Play()]。

绝对路径：_root.quad.poko.leg.play();

相对路径：this._parent.leg.play();

> **说明** 绝对路径无需解释，大家都能理解。我们重点了解相对路径。查看相对路径，可以看到this和_parent。this指的是插入了动作的自身，即角色1的胳膊。_parent指的是包含自身在内的父母，即上位关系。也就是说，this._parent指的就是角色1。接下来我们只需对角色1的胳膊应用动作即可。

PART 01
PART 02
PART 03
PART 04
PART 05
PART 06
PART 07
PART 08

绝对路径
和相对路径

绝对路径和相对路径的设置是一样的。制作ActionScript的过程中，有时候从_root开始表示路径比较方便，但有时候从当前位置表示路径更方便。最好根据实际需要选择合适方式。

问题3 在角色2的腿部中设置动作。请利用相对路径表现角色2的腿部运动动作[play()]。

相对路径：this._parent._parent.moldy.leg.

说明 相对路径中不能在同级间进行移动，而必须移动其上级。即，只有移动四角形后，才能利用角色2的腿部设置路径，这样可以获得相同效果。

问题4 使用CallBack事件句柄编写如下代码。请说明this的含义。

```
_root.quad.poko.arm.onPress = function() {
 this._visible = false;
}
```

该代码表示的是"单击角色1的胳膊时"。即，给角色1的胳膊插入动作。因此，大括号内部的this指的就是表示角色1胳膊的_root.quad.poko.arm。设置该代码后，单击角色1的胳膊时，会隐藏角色1的胳膊。

利用事件句柄和事件制作动画

EXAMPLE

38

前面已经多次介绍过事件句柄和事件。此外，还介绍了CallBack事件。希望大家以后在制作动作时能养成使用CallBack事件的习惯。

可以拖动角色的ActionScript代码

下面我们将制作可以拖动场景中角色的影片。其中的一个代码使用事件和事件句柄，另外一个代码使用CallBack事件。

01 打开Sample\Part_06\06_004.fla文件，然后选择场景中的角色，并按下F9键。

02 激活动作面板后，如右图所示在脚本窗口中输入代码。

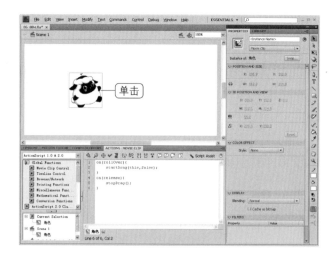

ActionScript分析

```
on(rollOver) {
    startDrag(this, false);
}
```
将光标移到插入了动作的要素上方时，在startDrag动作的作用下，角色将跟随光标移动。

```
on(release) {
    stopDrag();
}
```
单击鼠标左键时，在stopDrag动作的作用下，角色将停止跟随光标移动。

03 选择菜单栏中的Control>Test Movie(Ctrl + Enter)命令，测试结果。将光标移到角色上方时，角色将跟随光标移动；单击鼠标左键时，角色将不再跟随光标移动。

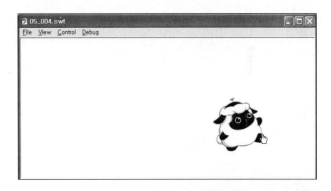

04 重新打开Sample\Part_06\06_004.fla文件，然后添加新图层，并将图层名称更改为action。

05 选择场景中的角色，然后将属性面板中的实例名称设置为moldy。

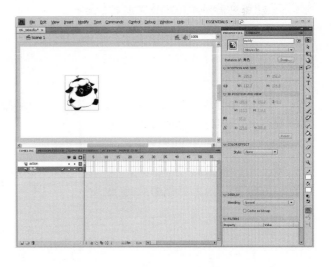

06 选择action图层的第1帧，然后按下 F9 键，激活动作面板。接下来如右图所示在脚本窗口中插入动作。

 ActionScript分析

```
_root.moldy.onRollOver= function() {
  this.startDrag();
}
```

将光标移到主时间轴（_root）中的moldy角色上方时，在startDrag动作的作用下，moldy角色将跟随光标移动。this指的是主时间轴中的moldy。

```
_root.moldy.onRelease = function() {
  this.stopDrag();
}
```

在主时间轴中的moldy角色上单击鼠标左键时，在stopDrag动作的作用下，moldy角色将不再跟随光标移动。

07 选择菜单栏中的Control>Test Movie(Ctrl + Enter)命令，测试结果。可以看到，将光标移到角色上方时，角色将跟随光标移动；单击鼠标左键时，角色将不再跟随光标移动。

TIP

在本范例中，并未完全展示出事件句柄的详细使用方法以及CallBack事件的优点，但在利用简短的代码管理大量实例时该知识内容将非常有用。

创建光标图案及跟随光标移动的角色

下面我们将创建一个影片剪辑，以库面板中的元件作为基本光标图案，moldy角色将跟随光标实时移动。

01 重新打开Sample\Part_06\
06_004.fla文件。将库面板中的cur元件拖动到场景，然后将属性面板中的实例名称设置为mycursor。

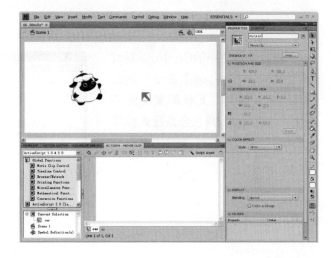

02 选择场景中的moldy实例，然后按下F9键，激活动作面板。接下来在脚本窗口中输入动作代码。

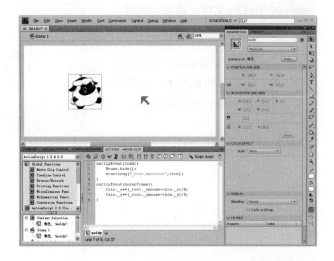

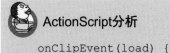

ActionScript分析

```
onClipEvent(load) {
    Mouse.hide();
    startDrag("_root.mycursor", true);
}
```

以影片方式打开moldy实例后，隐藏光标，隐藏起来的光标将跟随影片剪辑元件同步移动。

```
onClipEvent(enterFrame) {
  this._x += (_root._xmouse - this._x) / 5;
  this._y += (_root._ymouse - this._y) / 5;
}
```
后面我们学习运算符后便能理解这部分内容。这里只需理解该段代码可使moldy角色跟随光标移动即可。

03 选择菜单栏中的Control>Test Movie(Ctrl + Enter)命令，测试结果。可以看到，光标图案发生了变化，并且moldy角色会跟随光标同步移动。

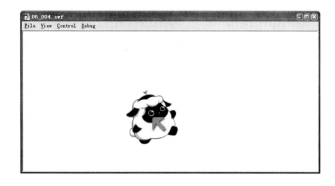

04 重新打开Sample\Part_06\06_004.fla文件。添加新图层，然后将图层名称设置为action。

05 将库面板中的cur元件拖动到场景，然后将光标和角色的实例名称分别设置为mycursor和moldy。

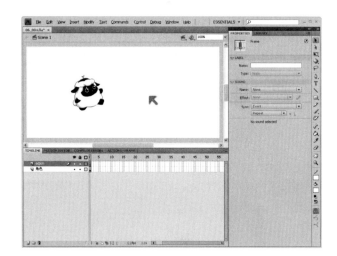

06 选择action图层的第1帧，然后按下 F9 键，激活动作面板。接下来在脚本窗口中输入动作脚本。

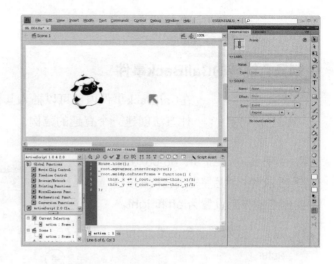

ActionScript分析

```
Mouse.hide();
_root.mycursor.startDrag(true);
```
隐藏光标，使光标图案元件跟随光标移动。

```
_root.moldy.onEnterFrame = function() {
    this._x += (_root._xmouse - this._x) / 5;
    this._y += (_root._ymouse - this._y) / 5;
}
```
在moldy中设置反复执行的动作（onEnterFrame），并且使角色跟随光标同步移动。

07 选择菜单栏中的Control>Test Movie(Ctrl + Enter)命令，测试结果。可以发现，光标图案发生了变化，并且moldy角色会跟随光标同步移动。

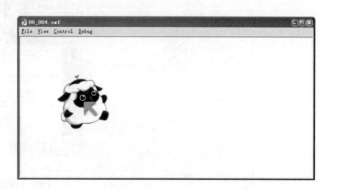

控制角色旋转的CallBack事件

在CallBack事件内部可以插入其他CallBack事件。下面我们将使用这种方法创建一个有趣的范例。

01 打开Sample\Part_06\06_005.fla文件，然后将左按钮和右按钮的实例名称分别设置为left和right。

02 将角色的实例名称设置为character。

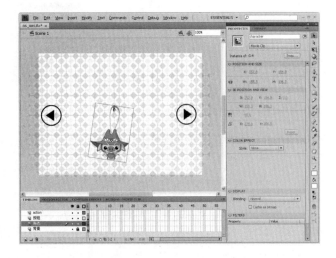

03 选择action图层的第1帧，然后按下 F9 键，激活动作面板。接下来在脚本窗口中输入代码。

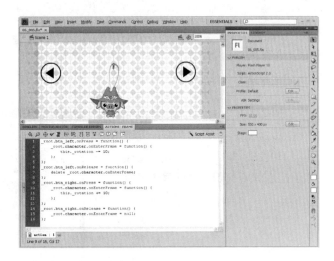

ActionScript分析

```
_root.btn_left.onPress = function() {
  _root.character.onEnterFrame = function() {
    this._rotation -= 10;
  };
};
```

单击btn_left按钮时，当角色 (character) 中触发onEnterFrame事件时，角色将以10°为单位向左侧旋转。

```
_root.btn_left.onRelease = function() {
    delete _root.character.onEnterFrame;
};
```

释放btn_left按钮时，删除_root.character.onEnterFrame事件句柄，使角色 (character) 不再旋转。这样设置之后，角色将不再旋转。

```
_root.btn_right.onPress = function() {
  _root.character.onEnterFrame = function() {
      this._rotation += 10;
  };
};
```

单击btn_right按钮时，当角色 (character) 中触发onEnterFrame事件时，角色将以10°为单位向右侧旋转。

```
_root.btn_right.onRelease = function() {
    _root.character.onEnterFrame = null;
};
```

释放btn_right按钮时，在_root.character.onEnterFrame事件句柄中保存null值，使角色 (character) 不再旋转。这样设置之后，角色将不再旋转。

04 选择菜单栏中的Control>Test Movie(Ctrl + Enter)命令，测试结果。可以看到，单击left按钮时，角色将向左侧旋转；单击right按钮时，角色将向右侧旋转。

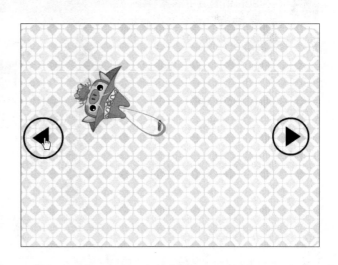

在多个要素中应用CallBack事件句柄

有时候我们需要给场景中的多个实例插入相同动作。此时，还是使用CallBack事件比较方便。利用循环语句，我们可以通过简短的代码给数十个乃至上百个实例插入相同的动作。

01 打开Sample\Part_06\06_006.fla文件，然后将角色的实例名称设置为character0。

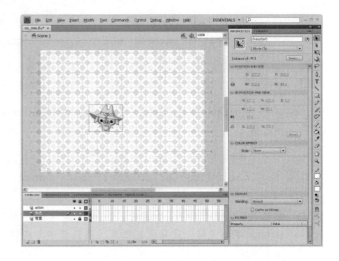

02 选择action图层中的第1帧，然后按下F9键，激活动作面板，接下来在脚本窗口中输入代码。

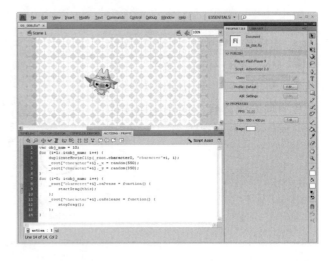

ActionScript分析

```
var obj_num = 10;
for (i=1; i<obj_num; i++) {
    duplicateMovieClip(_root.character0, "character"+i, i);
    _root["character"+i]._x = random(550);
    _root["character"+i]._y = random(350);
```

```
}
```

使用For循环语句在场景中复制（duplicateMovieClip）9个角色（character0），然后使用random函数创建坐标。这样设置之后，9个角色将位于不同的位置。

```
for (i=0; i<obj_num; i++) {
    _root["character"+i].onPress = function() {
        startDrag(this);
    };
    _root["character"+i].onRelease = function() {
        stopDrag();
    };
};
```

设置拖动从角色（character0）到复制的第9个角色为止的CallBack事件。使用循环语句和组合运算符的代码看起来有些难，以后会详细介绍这部分内容。

03 选择菜单栏中的Control>Test Movie(Ctrl + Enter)命令，测试结果。可以看到，将复制obj_num个角色，拖动这些角色时，可以看到角色被拖动的样子。

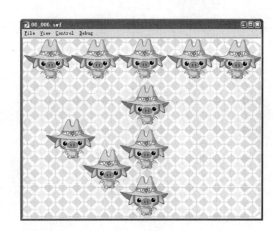

04 将脚本窗口中的obj_num值从10更改为20。在测试影片时可以发现，相应会复制20个角色。

05 使用动作时，仅通过这种简单的数字变化便能创建令人惊奇的效果。

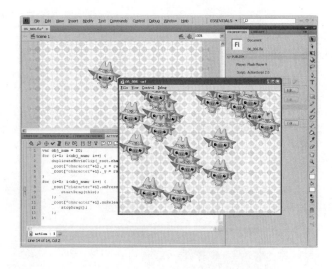

ActionScript的注释类型

注释可以放在ActionScript中的任何地方。顾名思义，注释就是说明文字，其不会对ActionScript的执行效果产生任何影响。那么究竟该怎样插入注释呢？插入一行注释时，只需使用//。在执行ActionScript过程中碰见//时，其后的一行不管是什么命令，都不会被执行，而是执行下面一行的命令。插入多行注释时，开始用/*表示，结束用*/表示。

了解影片剪辑元件，成长为脚本大师

在ActionScript 1.0和2.0版本中，我们甚至可以认为影片剪辑就是动作的全部，由此可见影片剪辑的使用频率之高。大家一定还记得，onClipEvent事件句柄可以触发影片剪辑中发生的事件。接下来我们就来了解如何使用影片剪辑元件制作动画。

了解影片剪辑的相关属性

属性（properties）为对象中包含的变量。变量为存储和调用数据的空间。换句话来说，属性就是影片剪辑中的存储空间，在该空间里可以使用属性名称来存储和调用所需的数据。在动作面板的ActionScript 1.0&2.0中选择Action-Script 2.0 Classes>

Movie>MovieClip>Properties命令，可以确认有关影片剪辑的属性。

例如，有一实例名为character的影片剪辑元件，我们将使用_x和_y属性更改该影片剪辑元件的X，Y坐标值。当我们在属性的存储空间中存储坐标后，影片剪辑将参照该坐标值移动坐标。如果想将角色移到X坐标为300，Y坐标为250的位置，我们可以进行如下设置。

```
character._x = 300;
character._y = 250;
```

属性就是这样使用的。同时变量中还可以存储和调用值。

反之，如果想调用角色的坐标值，并将该坐标值存储在名为xPosi-tion和yPosition的变量中，我们可以进行如下设置。

```
xPosition = character._x;
yPosition = character._y;
```

下面是影片剪辑元件中提供的代表性属性。查看属性名称，可以发现属性前面都有一个_符号。

属　性	说　明
_alpha	设置透明度。0为透明，100为不透明
_height	设置高度。单位为像素
_width	设置宽度。单位为像素
_visible	设置是否显示。false为隐藏，true为显示
_rotation	设置旋转
_x	设置x坐标
_y	设置y坐标
_xscale	沿着x轴方向设置大小。单位为像素
_yscale	沿着y轴方向设置大小。单位为像素
_currentframe	保存当前帧的帧编号
_framesloaded	保存到目前为止已加载帧的值
_totalframes	保存影片的整体帧的值
_name	保存影片剪辑的名称
_target	保存影片剪辑的路径信息
_xmouse	保存当前光标的x坐标
_ymouse	保存当前光标的y坐标

了解影片剪辑中提供的Method（方法）

我们可以简单地将Method（方法）看作添加动作的命令语句。即，使用Method可以复制影片剪辑或添加动作，使影片剪辑移动到特定帧。可以将Method看作对象中包含的函数。在后面将具体介绍函数，函数后面常加上()。Method后面也常加()。在动作面板的Action-Script 1.0&2.0版本中选择ActionScript 2.0 Classes>Movie>Movie Clip>Methods命令，可以确认影片剪辑提供的Method。

下面代码的作用是先复制场景中的角色，然后删除所复制的角色。角色的实例名称为character，单击复制按钮，复制实例名称为character1的实例，将其摆放在任意位置。单击删除按钮，删除character1实例。

复制按钮中插入的动作

```
on(release) {
  _root.character.duplicateMovieClip("character1", 1);
  _root.character1._x = random(600);
  _root.character2._y = random(700);
}
```

删除按钮中插入的动作

```
on (release) {
  _root.character1.removeMovieClip();
}
```

下面是影片剪辑中提供的具有代表性的一些Method。如果还对其他Method感兴趣，可以参考帮助信息。

Method（方法）	说　明
attachMovie	可以以影片方式动态打开库面板中的元件
createEmptyMovieClip	创建没有任何内容的影片剪辑实例
duplicateMovieClip	复制要素
getByteLoaded	显示到目前为止加载内容的大小
getByteTotal	显示影片的整体大小
getURL	设置跳转网页或外部程序通信
gotoAndPlay	跳转到目标帧后，自动播放下一帧
gotoAndStop	跳转到目标帧后，停止影片播放
loadMovie	打开图像或SWF文件
loadVariables	打开文本文件
Nextframe	跳转到下一帧
Play	再次播放停止了的影片剪辑或影片
prevFrame	跳转到前一帧
removeMovieClip	删除由attachMovie, createEmptyMovieClip创建的影片剪辑实例
setMask	通过动作设置遮罩
starDrag	设置跟随光标移动的效果
stop	在当前帧位置停止影片的播放
stopDrag	停止跟随光标移动的状态
unloadMovie	删除通过loadMovie打开的图像或SWF文件

了解Flash中提供的动作

查看动作面板中的ActionScript 1.0&2.0区域可以发现，Global Functions的Movie Clip Control, Timeline Control, Browser/Network中包含与影片剪辑Method相同的命令语句。两者的功能差不多，只是使用方法不用。

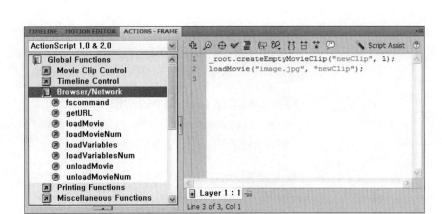

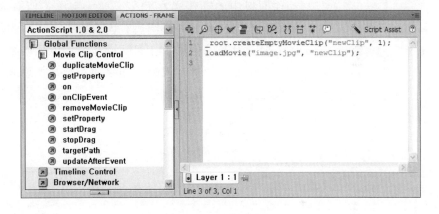

下面我们来看一个具体范例。假设场景中有个角色实例，实例名称为character。下面我们将分析复制角色的源代码。

使用影片剪辑Method

```
_root.character.duplicateMovieClip("character1", 1);
```

使用Movie Clip Control中的动作

```
oduplicateMovieClip("character", "character1", 1);
```

复制场景中的角色（character），并将实例名称设置为character1。通过character1名称可以控制复制后的实例。

下面我们再来看一个范例。下面是以影片剪辑的方式打开图像的代码。代码的含义是，创建一个空白的影片剪辑实例，然后在此打开图像文件。

使用影片剪辑Method

```
_root.createEmptyMovieClip("newClip", 1);
_root.newClip.loadMovie("image.jpg");
```

使用Movie Clip Control中的动作

```
_root.createEmptyMovieClip("newClip", 1);
loadMovie("image.jpg", "newClip");
```

使用createEmptyMovieClip() 在主时间轴中创建一个名为newClip的空白实例，然后在实例中插入image.jpg文件。

动作面板中的动作实在太多，要大家牢记所有内容是根本不可能的，而要在一本书中介绍所有内容也是不现实的。大家可以根据实际需要查看帮助信息。在实际操作中逐步积累经验，这样一来，人人都有可能成为脚本大师。如果从一开始就想成为专家，反而会出现没过多久就半途而废的情况。

使用影片剪辑属性和Method制作动画

PART 01
PART 02
PART 03
PART 04
PART 05
PART 06
PART 07
PART 08

EXAMPLE
39

前面我们已经了解过影片剪辑的属性和Method。接下来将介绍如何使用影片剪辑属性和Method。设计人员可以在ActionScript 2.0中使用影片剪辑属性和Method简单创建影片。

阶段 **1** 阶段 **2** 阶段 **3**

创建单击按钮时移动帧的效果

下面我们将应用_currentframe属性值（存储当前帧的位置值）和_totalframes属性值（存储整体帧的值）创建影片。

01 打开Sample\Part_06\06_007.fla文件，然后选择Prev实例，并将实例名称设置为btn_prev。

02 接下来选择Next实例，并将实例名称设置为btn_next。

03 选择1图层的第1帧，然后按下 F9 键，激活动作面板。

04 如右图所示在脚本窗口中插入代码，用于设置单击Prev和Next 按钮时将移动到前一帧或后一帧。

分析ACTION代码的技巧

当前的Action代码中有很多以往没介绍过的运算符，后面我们将逐步学习这部分内容。首先查看功能和结果，在学习运算符之后再来分析这些代码的话，就能100%理解了。分析Action代码时，没必要从一开始就投入太多时间。最好首先掌握大致内容，学完整本书后再回头分析这些代码。

ActionScript分析

```
stop();
```
测试影片时，为了使影片在第1帧处停止，插入stop动作。

```
_root.btn_next.onRelease = function() {
  if (_root._currentframe != _root._totalframes) {
    _root.nextFrame();
  } else {
    _root.gotoAndStop(1);
  }// end else if
};
```
单击Next按钮时，比较当前帧位置（_currentframe）和整体帧（_totalframes）是不是一样（!=）。即，如果不是最后一帧，则移动到下一帧（nextframe）；如果是最后一帧，则强制性跳转 [gotoAndStop（1）]，到第1帧。如果if运算符的条件为真，则执行Block中的动作；如果条件是假的，则执行else Block中的动作。

```
_root.btn_prev.onRelease = function() {
  if (_root._currentframe != 1) {
    _root.prevFrame();
  } else {
    _root.gotoAndStop(_root._totalframes);
  }// end else if
};
```

单击Prev按钮时，比较当前帧位置（_currentframe）和1是不是一样（!=）。即，如果不是第1帧，则移动到前一帧（prevFrame）；如果是第1帧，则强制性跳转［gotoAndStop(_root_totalframes)］到最后一帧。_root_totalframes保存了整体帧数的值。

05 切换至属性面板并选择文本工具，将类型设置为Dynamic Text，在current frame旁如右图所示创建文本显示区域。

06 将属性面板的Variable值设置为cur_frame。利用变量在文本显示区域中显示编号。

07 按照相同的方法在total frame旁边创建文本显示区域，然后将Var值设置为tot_frame。

选择1图层的第1帧，然后按下
F9键，激活动作面板。

09

在脚本窗口中设置输出_current-
frame属性值和_total-frames
属性值的动作。

 ActionScript分析

```
stop();
_root.tot_frame = _root._totalframes;
_root.cur_frame = _root._currentframe;
```
在文本框中设置的变量名称中保存整体帧的个数和当前帧的编号，该值会显示在文本框中。

```
_root.btn_next.onRelease = function() {
    if (_root._currentframe != _root._totalframes) {
        _root.nextFrame();
    } else {
        _root.gotoAndStop(1);
    }// end else if
    _root.cur_frame = _root._currentframe;
```
将移动后的帧编号保存在cur_frame变量中，并显示当前帧的编号。

```
};
_root.btn_prev.onRelease = function() {
        if (_root._currentframe != 1) {
            _root.prevFrame();
        } else {
          _root.gotoAndStop(_root._totalframes);
        }// end else if
        _root.cur_frame = _root._currentframe;
```
将移动后的帧编号保存在cur_frame变量中，并显示当前帧的编号。

```
};
```

10 选择菜单栏中的Control>Test Movie（Ctrl + Enter）命令，测试结果。单击Prev或Next按钮，使帧移动从而显示相应图片。

11 可以看到，帧按照顺序进行移动，帧编号也会发生变化。

实时导入图像文件

在影片中插入图像，会使影片容量增大。此时，可以设置实时打开并显示图片功能。

01 打开Sample\Part_06\06_008.fla文件，选择场景中的图像，然后按下 F8 键创建元件。

02 在弹出的对话框中如右图所示设置Name和Type。此时需要注意的是，必须将Registration设置在左侧最上端的中心点。

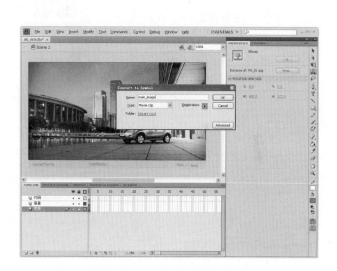

了解REGISTRATION

Registration决定元件的中心点位置。使用LoadMovie() 打开外部图像时，图像左侧最上端位于中心点位置，这样便将元件的中心点设置在图像左侧最上端。

03 选择main_image元件，然后将实例名称设置为image_box。

04 选择Prev实例，然后将实例名称设置为btn_prev。接下来选择Next实例，并将实例名称设置为btn_next。

05 选择"代码"图层的第1帧，然后按下F9键，激活动作面板。

06 在动作脚本窗口中插入动作，以便单击Prev或Next按钮时，可以移动到前一帧或后一帧。

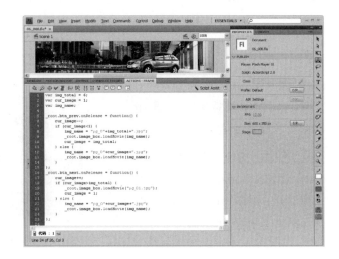

👤 **ActionScript分析**

```
var img_total = 6;   // 整体图像张数
var cur_image = 1;   // 当前图像编号
var img_name;
```

使用var声明变量。变量是可以临时存储和调用数据的存储空间。Img_total这个变量中保存6，image_name中不保存任何值。//符号是注释（Comment），注释是一种不会对影片播放产生任何影响的说明性文字。

```
_root.btn_prev.onRelease = function() {
    cur_image--;
    if (cur_image<1) {
```

单击btn_prev按钮时，当前图像编号会减少1（cur_image--）。如果当前图像编号比1小
（<），会显示最后一张图像。

```
img_name = "pg_0"+img_total+".jpg";
_root.image_box.loadMovie(img_name);
cur_image = img_total;
```

"pg_0"+img_total+".jpg"的结果是pg_06.jpg。即，保存在img_name中的值是pg_06.jpg。保
存在img_total中的值是6，+用于连接字符串。使用loadMovie打开image_box中的pg_06.
jpg。以前保存的图像会消失。最后，为了将当前图像设置为最后一张图像，将保存在
img_total中的值保存在cur_image变量中。

```
} else {
```

Else语句代表当前图像编号比1大，因此打开该编号所对应的图像即可。如果保存的值是
3，在img_name变量中将会保存并加载pg_03.jpg文件。

```
    img_name = "pg_0"+cur_image+".jpg";
    _root.image_box.loadMovie(img_name);
 }
};
_root.btn_next.onRelease = function() {
    cur_image++;
    if (cur_image>img_total) {
        _root.image_box.loadMovie("pg_01.jpg");
        cur_image = 1;
    } else {
        img_name = "pg_0"+cur_image+".jpg";
        _root.image_box.loadMovie(img_name);
    }
};
```

next代码是插入到btn_next中的动作，与插入到btn_prev按钮中的动作是相同的。不同之处
在于，如果当前图像编号比最后编号大，则显示第1张图像。

07 在currentframe和totalframe附近创建Dynamic Text形式的文本框，然后将变量名称设置为cur_num和tot_num。

08 选择"代码"图层的第1帧，然后按下F9键，激活动作面板。

09 在脚本窗口中插入显示当前图像编号和整体图像编号的动作。

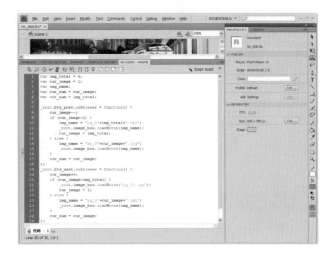

ActionScript分析

```
var img_total = 6;
var cur_image = 1;
var img_name;
var cur_num = cur_image;
var tot_num = img_total;
```

在cur_num中保存当前图像的编号1。按下Next、Prev按钮时，该值将增大或减小1个。在tot_number中保存整体图像的张数。查看附带CD，其中提供了pg_01.jpg~pg_06.jpg的图像。

```
_root.btn_prev.onRelease = function() {
    cur_image--;
    if (cur_image<1) {
        img_name = "pg_0"+img_total+".jpg";
```

```
      _root.image_box.loadMovie(img_name);
      cur_image = img_total;
  } else {
      img_name = "pg_0"+cur_image+".jpg";
      _root.image_box.loadMovie(img_name);
  }
   cur_num = cur_image;
```

在cur_num变量中保存当前图像的编号。

```
};
_root.btn_next.onRelease = function() {
  cur_image++;
  if (cur_image>img_total) {
      _root.image_box.loadMovie("pg_01.jpg");
      cur_image = 1;
  } else {
      img_name = "pg_0"+cur_image+".jpg";
      _root.image_box.loadMovie(img_name);
  }
   cur_num = cur_image;
```

在cur_num变量中保存当前图像的编号。

```
};
```

10 选择菜单栏中的Control>Test Movie（Ctrl + Enter）命令，测试结果。单击Prev或Next按钮，会移动帧。

11 可以看到，图像会依次打开，并且图像的编号也在发生变化。

使用Method创建花粉纷飞的效果

下面将介绍打开和使用库面板中的影片剪辑元件的方法。

01 打开Sample\Part_06\06_009.fla文件，然后双击库面板中的"花粉"影片剪辑元件的图标。

02 移动到元件操作区域后，按下 Enter 键，查看花粉移动的样子。

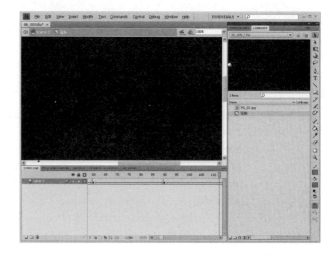

03 移动到主时间轴，然后利用鼠标右键单击库面板中的"花粉"影片剪辑，在弹出的快捷菜单中选择Properties命令。

04 在弹出的对话框中单击Advanced按钮。勾选Linkage选项区中的Export for Action-Script复选框，然后将Identifier值设置为flower，最后单击OK按钮。

PART 01
PART 02
PART 03
PART 04
PART 05
PART 06
PART 07
PART 08

05 选择"代码"图层的第1帧，然后按下 F9 键，激活动作面板。

06 在脚本窗口中插入使花粉填满整个画面的动作命令。

ActionScript分析

```
for (count=1; count<=100; count++) {
```
使用for循环语句时，当count值小于100时，会反复执行命令。count值从1开始，逐次加1（count++），因此命令会执行100次。

```
_root.attachMovie("flower", "flower"+count, count);
```
Linkage的Identifier值设置为flower。Count值从1开始，逐次加1，因此场景中打开的花粉实例名称从flower1开始依次命名，直到flower100。

```
with (_root["flower"+count]) {
    _x = Math.random()*500-50;
    _y = Math.random()*300;
    _xscale = _yscale = Math.random()*100;
    _alpha = Math.random()*50+30;
    gotoAndPlay(Math.floor(Math.random()*200));
}
```
前面我们创建了从flower1~flower100的花粉实例名称。该动作使花粉填满整个画面。Math.random()用于赋予0~1之间的任意值。如果是0.5，则0.5*300的结果是150。即，Math.random()*300用于赋予0~300之间的任意值。使用gotoAndPlay给各实例设置互不相同的起始点。Math.floor将实数值创建为整数。

with提供简单管理前面相同内容的功能。创建起来很简单。如果不使用with，请参考下面代码。

```
_root["flower"+count]._x = Math.random()*500-50;
_root["flower"+count]._y = Math.random()*300;
_root["flower"+count]._xscale = _root["flower"+count]._yscale =
Math.random()*100;
_root["flower"+count]._alpha = Math.random()*50+30;
_root["flower"+count].gotoAndPlay(Math.floor(Math.random()*200));
```

07 选择菜单栏中的Control>Test Movie
(Ctrl + Enter)命令，测试结果。

08 可以看到，画面中的花粉会从左侧
飞向右侧。

Special page

打印影片
整体或局部

需要打印整个影片或部分影片时，可以使用下面这个范例介绍的方法。该范例的操作过程非常简单，但相当实用。

Step 01 打开Sample\Part_06\06_010.jpg 文件，然后选择场景中的优惠券图像实例，并将实例名称设置为coupon。

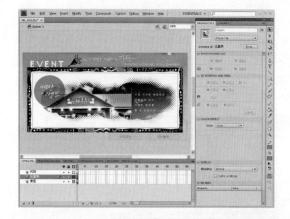

Step 02 将场景中的"打印局部"按钮设置为clip_print，"打印整体"按钮设置为full_print。

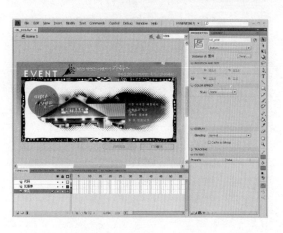

Step 03 为了打印优惠券图像实例或整体影片画面，插入相应动作命令。

Step 04 选择"代码"图层的第1帧，然后按下 F9 键，如右图所示插入动作命令。

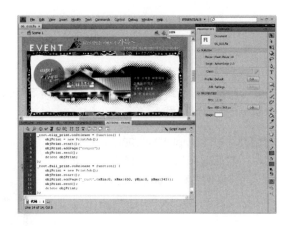

 ActionScript分析

//单击"打印局部"按钮时，将打印优惠券图像实例的代码。

```
_root.clip_print.onRelease = function() {
    objPrint = new PrintJob();
    objPrint.start();
    objPrint.addPage("coupon");
    objPrint.send();
    delete objPrint;
};
```

//单击"打印整体"按钮时，将打印整个影片的代码。

```
_root.full_print.onRelease = function() {
    objPrint = new PrintJob();
    objPrint.start();
    objPrint.addPage("_root",{xMin:0, xMax:650, yMin:0, yMax:343});
    objPrint.send();
    delete objPrint;
};
```

Step 05 选择菜单栏中的Control>Test Movie(Ctrl + Enter)命令，测试结果。在影片中单击"打印局部"按钮。

Step 06 在弹出的"打印"对话框中选择打印机，然后单击"打印"按钮。打印机开始打印优惠券图像实例。

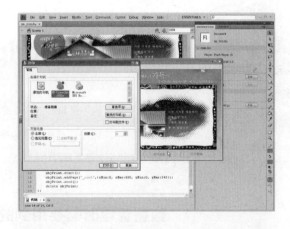

Step 07 需要打印整个影片时，则单击"打印整体"按钮。在弹出的"打印"对话框中单击"打印"按钮，将打印整个影片画面。

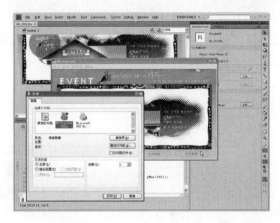

成为ActionScript专家的必备知识

接下来我们要学习的不是如何制作特殊动画效果的相关方法，而是可以高效编写Action-Script代码的相关功能。这些命令语句并非只在编程图书中才会出现，对于想创建高级互动影片的读者来说是必须要掌握的。

数据管理时需要用到的变量和常量

变量用于保存数据。在存储器中存储数据时，无需清楚存储器的地址，只需使用变量名在存储器内保存和调用数据。

变量声明

使用变量之前，必须首先声明和初始化变量。 在ActionScript 2.0中，即使不声明变量，也不会发生错误。但是在ActionScript 3.0中，使用变量之前则必须对其声明。声明变量是一个良好的编程习惯，在ActionScript 3.0以前的版本中也最好声明变量。因此，希望大家努力养成使用变量之前进行变量声明的良好习惯。

```
var 变量名 ;
var 变量名:数据类型;
```

```
var a;
var b = 10;    // 变量声明并初始化
var c:int;     // 相同类型的变量可使用逗号(,)进行多个声明
var d:int = 10, e:int = 20;  // 变量声明并初始化
```

声明变量时，可以不使用数据类型，但最好养成设置数据类型的习惯。

变量名

创建变量名时，必须遵循以下规则，否则会出现错误的结果。

- 由英文字母、数字、下划线（_）组合而成。
- 首字母只可以是英文字母和下划线，不能是数字。
- 不能使用特殊符号（?,#,$,&）。
- 英文字母区分大小写。如Result和result是不同的变量。

TIP

随着版本
而变化

若为ActionScript 1.0或2.0版本，声明数据类型时，将会发生错误。ActionScript 3.0版本中请遵循右侧规则。

PART 01
PART 02
PART 03
PART 04
PART 05
PART 06
PART 07
PART 08

- 变量名不能超过256个字，尽量选择简单易记的名称。
- 不能使用ActionScript中已经指定的关键字（例如for或while等）。

了解常量

常量就是值不发生变化的变量。声明常量时，不使用var关键字，而是在常量前面使用const。常量的值不会发生改变，因此声明常量时，还必须设定初始值。

```
const PI = 3.1415;     // 声明常量后，设定初始值
trace(PI);             // Output在Output窗口中显示3.1415
const PI;              // 声明常量时，没有设定初始值
PI = 3.1415;           // 试图改变常量值，因此出现错误
```

数据类型

前面我们已经学过，在声明变量的同时，还要声明数据类型。下面我们就来了解数据类型都包含哪些内容。

Boolean

创建具有"真"（true）和"假"（false）两种值的变量。"真"指的是true或0以外的其他值，"假"指的是false或0。初始值指的是"假"，因此设置为false。

```
var data:Boolean = 10;     trace(data)    // 结果是true
var data:Boolean = true;   trace(data)    // 结果是true
var data:Boolean = 0;      trace(data)    // 结果是false
var data:Boolean;    trace(data)    // 结果是false，初始值
```

TRACE
命令语句

trace是在Output窗口中显示字符串或变量内容时使用的命令语句。调试ActionScript或在特定位置显示变量值时，该命令语句非常实用。

int

创建可以放置32bit整数（数字）的变量。在32bit中可以放置-2,147,483,648~2,147,483,647之间的值。Int数据类型的初始值为0。

```
var data:int;
data = 2147483647 + 1;
trace(data);
```

超出了int数据类型中可以放置的值的范围。因此，获得的结果不是2147483648，而是错误的-2147483648。

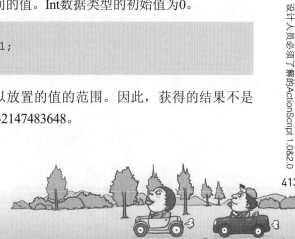

Part 07 设计人员必须了解的ActionScript 1.0&2.0

413

unit

与int一样，创建可以放置不具有32bit整数的变量。插入值的范围为0～4,294,967,295。unit类型数据的初始值为0。

Number

创建可以放置64bit大小的整数、浮动小数点数字等。利用Number.Max_VALUE和Number.MIN_VALUE可以求得Number类型数据中能插入的最大值和最小值。初始值指的不是数字，而是NaN。

void

void只能插入undefined值。通常来说，void不具备任何值。

| ```
function statement Test
():void
{
trace("statementTest");
}
statementTest();
``` | ```
function statementTest():void
{
return "statementTest";
}
statementTest();
``` |
|---|---|
| 函数中仅输出statementTest后便结束，因此不会发生错误 | void代表没有返回值，因为返回字符串，所以发生错误 |

String

创建可以插入字符串的变量，使用时会将一个文字变为2byte（16bit）的unicode文字。简单来说，就是创建可以插入字符串的变量。其初始值为null。null就是没有任何值的意思，但严格来讲，null与字符串（""）是不同的。

| ```
var data:String ="";
if(data == null) {
trace("你好");
}
``` | ```
var data:String;
if(data == null) {
trace("你好");
}
``` |
|---|---|
| 在data变量中插入了空白字符串，因此不执行if条件语句中的内容 | 初始值为null，因此执行if条件语句中的命令，显示"你好" |

Object

创建可以包含Object类的变量。Object类是ActionScript中定义所有类的基本类。其初始值为null。

null

只能包含null值。即，不具有任何值。

更改数据类型

下面我们将了解更改数据类型的方法。如果将数字10存储为字符串，为了从字符串10返回数字10，需要更改数据的类型。

```
var oper1:String="10", oper2:String="10";
var hap1:String=" ";
var hap2:int=0;
hap1 = oper1+oper2;
hap2 = int(oper1) + int(oper2);
trace(hap1);
trace(hap2);
```

在hap1中对字符串进行了相加，结果变为1010。但在hap2中，由于将字符串更改为数字类型，因此存储为20。根据实际需要，有时我们必须更改数据类型。下表反映了数据类型发生改变时存储值的变化情况。

更改为Number, int, unit

数据类型或值	更改为Number, int, unit类型后的结果
Boolean	如果值为true，返回1；否则返回0
Date	1970年1月1日子时之后，返回毫秒
null	返回数字0
Object	如果将null实例更改为Number，则返回NaN，其他情况则返回0
String	更改为Number时，返回NaN；更改为int或unit时，返回0
undefined	更改为Number时，返回NaN；更改为int或unit时，返回0

更改为Boolean

数据类型或值	更改为Boolean类型后的结果
String	如果值为null或空白字符串（""），返回false，否则返回true
null	返回false
Number, int, unit	如果值为NaN或0，返回false，否则返回true
Object	如果实例为null，返回falese，否则返回true
String	更改为Number时，返回NaN；更改为int或unit时，返回0

更改为String

数据类型或值	更改为String字符串类型后的结果
Array	所有排列要素返回相连的字符串
Boolean	返回true或false
Date	返回Date对象的字符串形式
null	返回false
Number, int, unit	如果值为NaN，返回false，否则返回true
Object	如果实例为null，返回null，否则返回[object object]

了解注释（comment）

注释是用来解释代码的说明性文字，可以插入任何位置。代码较短时没必要添加注释；但较长时则需要添加注释。注释不会对代码的执行产生任何影响，因此添加注释时尽可能详细展示代码说明信息。

```
/*
下面的条件语句的代码表示：存储在x中的值如果比20大，则表示x is>20
字符串；反之，存储在x中的值如果比20小，则表示x is <=20字符串
*/
if (x > 20) {            // 如果条件为真，则执行下面代码
 trace("x is > 20");
} else {                // 如果条件为假，则执行下面代码
 trace("x is <= 20");
}
```

单行注释

单行注释使用两个斜杠（//）。从斜杠后面开始到该行结束的所有内容都是注释，注释与影片的执行之间没有任何关系。

多行注释

注释开始标签（/*）和注释结束标签（*/）之间的内容都是注释。在插入多行注释的说明性文字时非常实用。

学习并掌握相关运算符

提起运算符，人们首先想到的就是加、减、乘、除。除了四则运算之外，计算机还可以进行多种运算。下面我们就来具体了解这些运算。

运算符的运算方向和优先顺序

运算符的优先顺序非常重要。组合了乘法和加法的10+5×2的结果是多少？正确答案当然是20。查看下面的运算优先顺序表，由于计算时乘法优先于加法，因此首先计算5×2，然后再在所得计算结果中加上10。

那么5×8/5的结果又是多少呢？由于乘法和除法的运算顺序一样，这种情况下我们就得根据运算方向，从左到右地计算。首先计算5×8，然后再用所得结果除以5，这样最终结果就是8。

优先顺序	运算符	运算方向
1	()[].++（后置增加）－－（后置减少）	=>
2	++（前置增加）－－（前置减少）－－（符号变更）！	<=
3	*（乘法）/（除法）%（剩余）	=>
4	+（加法）－－（减法）	=>
5	<<= >>=	=>
6	==!=	=>
7	&&	=>
8	11	=>
9	?:	<=
10	=+=-=*=/=%= ===!=	=>
11	,	<=

算术运算符

算术运算符用于四则运算，包括加、减、乘、除。需要注意的是，乘法不是利用×符号，而是利用*符号来表示。

运算符	使用方法	说　明
+	c=a+b	将a和b的和存入c中
−	c=a−b	从a的值中减去b，剩余值存入c中
*	c=a*b	将a乘以b的结果值存入c中
/	c=a/b	将a除以b的结果值存入c中
%	c=a%b	将a除以b，剩余值存入c

代入运算符

使前面四则运算变得更简单的运算符便是代入运算符。例如，我们可以将a=a+b表示为a+=b。读者初次接触时难免会感觉不理解，但随着应用的增多就会逐渐熟悉起来。

运算符	使用方法	说　明
=	a=b	将b的值存入a
+=	a+=b	将a和b的和存入a
− =	a−=b	从a的值中减去b的结果值存入a
*=	a*=b	将a乘以b的结果值存入a
/=	a/=b	将a除以b的结果值存入a
%=	a%=b	将a除以b的剩余值存入a

加减运算符

加减运算符用于给变量的值加上1（或减去1），但根据所标注的位置（前面还是后面），所得结果不一样。加减运算符非常常用，一定要牢牢掌握。

运算符	使用方法	说　明
++	b=++a b=a++	在a的值中加上1，然后将结果值存入b 将a的值存入b，然后将a的值加上1
− −	b=− −a b=a− −	将a的值减少1，然后将结果值存入b 将a的值存入b，然后将a的值减少1

```
var a:int = 10;
var b:int = 0, c:int = 0, d:int = 0, e:int = 0;
b = ++a;  // 将a的值加上1，然后存入b
c = a++;  // 将a的值存入c，然后再将a的值加上1
d = a--;  // 将a的值存入c，然后将a的值减去1
e = --a;  // 将a的值减去1，然后存入e
trace("b = " + b + "c = " + c + "d =" + d + "e = " + e);
```

查看结果可以发现，Output窗口中显示b=11c=11d=12e=10。由此不难看出，加减运算符出现的前后位置不同，最终的结果值也会不同。

关系运算符

关系运算符用来比较两个值，返回布尔类型的值true或false。在后面介绍循环语句和条件语句时，关系运算符会应用很多。关系运算符看似简单，但如果使用不当，很容易会导致错误。

运算符	使用方法	说　　明
>	c=a>b	如果a中的值比b中的值大，则在c中存入true
<	c=a<b	如果b中的值比a中的值大，则在c中存入true
>=	c=a>=b	如果a中的值大于或等于b中的值，则在c中存入true
<=	c=a<=b	如果b中的值大于或等于a，则在c中存入true
==	a==b	如果a中的值等于b中的值，返回true
===	a===b	如果a和b的数据类型和值一样，返回true
!=	a!=b	如果a中的值与b中的值不一样，返回true
!==	a!==b	如果a和b的数据类型不一样，返回true

逻辑运算符

逻辑运算符用来判断一件事情是真还是假，或者说成立还是不成立。制作ActionScript的过程中，我们经常会碰到代码结果会跟随条件而变化的情况，此时我们就可以使用逻辑运算符。

运算符	使用方法	说　　明
&&	（表达式1）&&（表达式2）	如果表达式1和表达式2的条件均为true，则结果为true
||	（表达式1）||（表达式2）	只要表达式1和表达式2中有一个表达式的条件为true，则结果为true
!	!（表达式1）	如果表达式1为true，则结果为false；如果表达式1为false，则结果为true

用于进行重复操作的循环语句

在编写ActionScript的循环操作中使用循环语句，可以大大简化代码。例如，当需要在100个实例中应用相同的效果时，如果使用循环语句，仅通过一次命令便可以解决这一问题。

while循环语句

while循环语句使用起来非常简单，如果条件是true，则循环执行大括号（{…}）内部的动作。

while循环语句的格式

```
while(条件式) {
条件式成立时执行的ActionScript;
}
```

下面我们将创建一个范例，用于求1~100的和。

```
var hap:int = 0;
var count:int = 1;
while(count <= 100) {
 hap += count;     // 效果与hap=hap+count一样
 count++;
}
trace("hap = " + hap);
```

在Output窗口中会显示hap=5050。

do~while循环语句

while循环语句位于条件式的前面，因此条件式的结果如果从一开始就是false，那么有可能一次也不执行大括号内部的命令。但do~while循环语句位于条件式的后面，因此至少会执行一次大括号内部的命令。

do~while循环语句的格式

```
do {
条件式成立时执行的ActionScript;
}while(条件式);
```

下面我们还是创建一个求1~100的和的范例。

```
var hap:int = 0;
var count:int = 1;
do {
 hap += count;
 count++;
}while(count <= 100);
trace("hap = "+ hap);
```

在Output窗口中显示hap=5050值。根据实际需要，有时无需使用do~while循环语句，但有时使用该语句可以简化操作。

for循环语句

for循环语句与while循环语句一样，但for循环语句可以将变量初始化，还可以设置增加值。一般设计者倾向使用for循环语句，因为该命令具有独特的优点。

for 循环语句的格式

```
for(初始化；条件式；增减式) {
条件式成立时执行的动作脚本;
}
```

学习for循环语句时，我们必须了解其进程。"初始化"仅执行一次，然后接着循环执行"条件式"、"条件式成立时执行的ActionScript"、"增减式"。如果循环过程中条件式不成立，则终止循环。

下面我们将创建一个范例，使用for循环语句求1~100的和。查看范例会发现，for循环语句与其他语句的形式大同小异，但for循环语句具有可以明确设置初始值和增加值的优点。

```
var hap:int = 0;
for(var count:int = 0; count <= 100; count++) {
 hap += count;
}
trace("hap = " + hap);
```

PART 01
PART 02
PART 03
PART 04
PART 05
PART 06
PART 07
PART 08

Part 07 设计人员必须了解的ActionScript 1.0&2.0

多重循环语句

在一个循环语句内部可以嵌套其他的循环语句。这个似乎让初学者感到很棘手。但我们只需对此简单了解即可，无需进行深入学习。外层的循环语句每执行一次，内层的循环语句会一直循环，直到条件不成立为止。下面我们将使用while循环语句和for循环语句在Output窗口中显示九九乘法口诀。

使用while循环语句显示九九乘法口诀

```
var first_num:int = 1, last_num:int =1;
var result:int = 0;
while (first_num <= 9) {
  while (last_num <= 9) {
    result = first_num*last_num;
    trace(first_num+" * "+last_num+" = "+result);
    last_num++;
  }
  first_num++;
  last_num = 1;
}
```

外层的while循环语句相当于九九乘法口诀前面的数字，内层的while循环语句相当于九九乘法口诀后面的数字。前面数字每变化一次，后面数字就会从1～9进行循环，从而求得九九乘法口诀的结果。这样设置之后便能显示九九乘法口诀的结果。

使用for循环语句显示九九乘法口诀

```
var result:int = 0;
for(var first_num:int = 1; first_num <= 9; first_num++) {
   for(var last_num:int = 1; last_num <= 9; last_num++) {
     result = first_num*last_num;
     trace(first_num+"* "+last_num+" = "+result);
  }
}
```

使用for循环语句显示九九乘法口诀的方法与前面使用while循环语句的方法一样。但查看代码会发现，for循环语句显得更简洁。但我们不能因此就认为for循环语句更好，还是需要根据实际情况来选择。

for...in和for each...in循环语句

for...in是在调用对象属性、相连数据时使用的循环语句。

```actionscript
var myArray:Array=["one","two","three"];
var myObj:Object={x:20,y:30};
var i:String;
for (i in myArray) {
    trace(i, myArray[i]);
}
for (i in myObj) {
    trace(i + ": " + myObj[i]);
}
```

```
OUTPUT
0 one
1 two
2 three
x: 20
y: 30
```

在调用对象的属性值，或XML, XMList的项目值时，最好使用for each...in循环语句。

```actionscript
var myObj:Object={x:20,y:30};
var myXML:XML = <users>
    <fname>Jane</fname>
    <fname>Susan</fname>
    <fname>John</fname>
</users>;;
var num:int;
var num1:String;
for each (num in myObj) {
    trace(num);
}
for each (num1 in myXML.fname) {
    trace(num1);
}
```

PART 01
PART 02
PART 03
PART 04
PART 05
PART 06
PART 07
PART 08

```
OUTPUT                                                      ×
20
30
Jane
Susan
John
```

break语句和continue语句

使用循环语句时，必须牢记与其搭配两种命令语句。一种是强制终
止循环的break语句，另一种是强制返回条件式的continue语句。下面
的范例本身并不复杂，但为了理解continue语句和break语句，这里有
意将其复杂化。

```
var result:int=0,count:int=0;

while (1) {
    count++;
    if (count%2) {
        continue;
    }
    result+=count;
    if (count>100) {
        trace("结果值 = " + result);
        break;
    }
}
```

执行命令后在Output窗口中就会显示"结果值＝2652"。第2行while
语句中的1代表无穷循环，即，0代表假，0以外的数字代表真。第4
行除以2后，如果值为true代表"存在其他值"，即，如果不是奇
数，而是偶数，那么根据continue语句，将返回第2行的while循环语
句的条件式。因为条件为1时是true，就会执行循环。第8行的count
值比100大时，将显示保存了奇数和的result变量值，在break语句的
作用下终止循环。此时需要注意的是，if条件语句和break, continue
语句没有任何关系。

创建人工智能编程的条件语句

ActionScript最大的优点在于可以制作交互式影片，并根据用户的反应进行相应变化。使用条件语句可以制作这种交互式影片。

理解if条件语句

下面我们就来了解条件语句中最常用的if语句。同时使用if, else和else if语句，可以创建根据不同条件而变化的影片。

格式1

```
if（条件式）{
条件式为ture时执行的ActionScript;
}
```

如果if语句中的条件式为true，执行大括号内部的ActionScript；如果条件式为false，则不执行大括号内部的ActionScript。

格式2

```
if（条件式）{
条件式为ture时执行的ActionScript;
} else {
条件式为false时执行的ActionScript;
}
```

如果if语句中的条件式为true，则执行大括号内部的ActionScript；如果条件式为false，则执行else语句大括号内部的ActionScript。

格式3

```
if（条件式1）{
条件式1为ture时执行的ActionScript;
} else if（条件式2）{
条件式2为ture时执行的ActionScript;
} else {
条件式2为ture时执行的ActionScript;
}
```

if语句与if~else语句类似。但else if可以放在程序的中间位置，还可以根据不同条件式改变执行顺序。我们可以插入多个else if语句，创建对不同条件作出相应反应的交互式Flash影片。

了解switch~case条件语句

switch~case语句可以简化if条件语句中的if else格式。即，在其他情况下使用根据多种条件而必须执行的命令。

格　式	范　例
```switch(表达式) { case 值: ActionScript´; break; case 值: Break;; break; default: ActionScript;;}```	```switch(2) { case 1: ActionScript; break; case 2: ActionScript; break; default: ActionScript;}```

根据switch语句中"表达式"的结果值，可以改变ActionScript代码的执行顺序。范例中switch变成了2。确认case后面是否有2。即，执行case2:下面的AcionScript代码后，在最后break语句的作用下，从switch条件语句中脱离出来。如果最后没有break语句，则依次执行下面的Action Script代码，直到出现break语句为止。如果最下面的default没有在case语句中设置"表达式"的值，则执行default语句中的ActionScript代码。default语句位于最后面，因此也可以不插入break语句。

了解三项条件运算符

三项条件运算符（即三目远算符）使用起来非常简单、方便。其表现在当条件为true或false，需分别显示结果时非常有效。查看类型，当条件语句为true时，如果返还值1为false，则执行返还值2。

break语句是一种用来强制终止命令的语句。在case语句中，如果不使用break命令，会执行case语句中的所有ActionScript代码，导致无法获得所需结果。

类型

> （条件语句）?返还值1：返还值2;

```
var aVal:int = 100;
var bVal:Boolean = (aVal < 200) ? true : false;
trace(bVal);
```

了解将多个命令变为一个组的函数

将函数看作多个命令的集合，这样理解起来就比较简单。

声明函数的方法

调用函数之前首先要创建函数。我们将创建函数称作函数声明。下面就来了解两种声明函数的方法。

函数声明方式1

> function 函数名 (因数1: 数据类型，因数N: 数据类型): 返还值数据类型 {ActionScript;return 返还值;}

函数声明方式1 范例

```
function sumFunc1(oper1:int, oper2:int):int {
    var hap:int = oper1 + oper2;
    return hap;
}
trace(sumFunc1(10, 30));
```

执行上述代码时，窗口中会显示40。

函数声明方式2

> var 函数名: function ＝function （因数1: 数据类型，因数N: 数据类型）:返还值数据类型{ActionScript;return 返还值;}

函数声明方式2 范例

```
var sumFunc2:Function = function(oper1:int,
oper2:int):int {
    var hap:int = oper1 + oper2;
    return hap;
}
trace(sumFunc1(20, 20));
```

执行上述代码，Output窗口中会显示40。

return用于终止函数的运行，或赋予函数值。执行函数内部的动作时，如果碰到return;命令，则会终止函数的运行。下面函数没进行任何操作便终止了运行。

```
function sumFunc1(oper1:int, oper2:int):int {
    return;              // 函数在return语句的作用下终止运行
    var hap:int = oper1 + oper2;
    return hap;
}
trace(sumFunc1(10, 30));
```

函数中使用变量的生命周期

理解变量的生命周期对于函数的使用来说非常重要。函数的内部函数和外部函数有严格区分，因此我们有必要理解变量的生命周期。

```
var oper1:int=10;                // 全局变量
var oper2:int=10;                // 全局变量
function rectArea():int {
    var oper1:int=5;             // 局部变量
    return oper1 * oper2;        // 全局变量和局部变量的运算
}
trace(rectArea(10));
trace(oper1);                    // 显示全局变量的值
```

结果是50和10。函数外部的变量是全局变量，可在任何地方使用。但全局变量和函数内部的局部变量的名称是一样的。此时，局部变量处于优先级，因此函数内部的oper1变量值将变为5。虽然函数内部变量和函数外部变量的名称一样，但由于存储空间不同，因此即使更改函数内部的值，也不会对函数外部的变量产生影响。

用于简单处理大量数据的数组

管理特点相同的大量数据时经常会使用数组方式。为方便理解，我们可以把数组看作一种函数。不同之处是，数组不像变量一样赋予其中每个数据新的名称，而使用一个名称和数组运算符（[]），这样便可简单管理大量数据。

数组运算符的声明和使用

声明数组运算符以及初始化数据的方法有两种。一种是使用数组运算符（[]），一种是使用数组对象。

使用数组运算符的格式

```
var user_name:Array=["金哲民", "金小利","朴荷娜",
"罗承晚"];
```

这样对user_name进行数组声明和初始化设置后，如下表所示，将依次存储数据。

User_name[0]	User_name[1]	User_name[2]	User_name[3]
金哲民	金小利	朴荷娜	罗承晚

那么如何增加或改变存储的值呢？输入下列代码，更改第3个user_name[2]的名称，再重新在后面添加user_name[4]。组合运算符中使用的索引编号也可以不按照顺序，但为了方便理解，最好还是依次编号。此外，索引不仅可以使用数字，还可以使用文字。

```
user_name[2] = 金灿松;
user_name[4] = 夏夕周;
```

使用数组对象的格式

```
var user_name:Array = new Array("金哲民","金小利",
"朴荷娜","罗承晚","夏夕周");
```

使用数组对象的格式与使用数组运算符的格式基本相同，只有使用方法不同，数组对象具有多个可以处理数组的Method和属性。对数组对象进行声明时，使用new运算符。

```
var user_name:Array = new Array("金哲民","金小利",
"朴荷娜","罗承晚","夏夕周");
for(var count:int = 0; count < user_name.length; count++) {
    trace("user_name["+count+"] ="+user name[count]);
}
```

查看结果，Output窗口中将依次显示保存在数组内的值。在数组中
按照这种方法使用循环语句，可以简单管理大量数据。

```
user_name[0] = 金哲民
user_name[1] = 金小利
user_name[2] = 朴荷娜
user_name[3] = 罗承晚
user_name[4] = 夏夕周
```

利用数组运算符控制多个实例

Flash的数组运算符可用于管理数据或多个实例。例如，有20个实
例，其名称（mClip）相同，且由数字连接而成。如果想任意改变实
例的坐标，可以进行如下设置。

```
for(var count:int = 0; count < 20 ; count++) {
    _root["mClip"+count]._x = Math.random() * 700;
    _root["mClip"+count]._y = Math.random() * 400;
}
```

前面介绍过索引编号可以使用文字。在_root["mClip"+count]中，如
果存储在count变量中的值为10，那么就与_root.mClip相同。

Math.random()将赋予0~1之间的任意数值。如果赋予0.5，则成为
0.5*700，其结果就为350。即，Math.random()*700是求0~700之间的
任意值的随机函数。

▶ 整合强大功能的 ActionScript 3.0

- - - - - - - - - - - - - - -

ActionScript 3.0已经发展为功能强大的编程语言。如果还认为Action-Script 3.0与ActionScript 1.0一样，仅使用几种命令来查看结果是一种非常错误的想法。本章的目的就是要告诉初次接触ActionScript 3.0的读者，该语言到底可以实现哪些功能。如果想了解更多内容，还可以参考软件的帮助信息及其他相关书籍。

强化ActionScript 3.0功能的事件

在ActionScript 1.0中使用on和onClipEvent事件句柄时，经常会用到CallBack函数。发展为ActionScript 3.0后，CallBack函数发生了变化，相应产生了新的事件句柄。下面我们就来了解这种新的事件句柄。

ActionScript 3.0中的事件句柄和事件

首先我们看一下事件句柄发生了什么样的变化。

addEventListener格式

```
eventTarget.addEventListener(EventType.EVENT_NAME,
eventResponse);
function eventResponse(eventObject:EventType):void
{
    // Actions performed in response to the event go here
}
```

- eventTarget：接收事件后设置目标。
- EventType.EVENT_NAME：同时设置事件类型和事件。下表列出了代表性的事件类型及简单说明。
- eventResponse：设置触发事件后响应函数的名称。
- eventObject：EventType：eventObject是保存了实例信息的变量，最好使用简单易记的名称。EventType使用EventType.EVENT_NAME中使用过的EventType即可。

事　件	事件类型	说　明
CLICK	MouseEvent	单击实例时，会触发事件
MOUSE_DOWN	MouseEvent	光标在目标对象之上按住按钮时触发事件
MOUSE_OUT	MouseEvent	光标移动到目标对象之外时触发事件
MOUSE_OVER	MouseEvent	光标移动到目标对象之上时触发事件
MOUSE_UP	MouseEvent	光标在目标对象之上并释放按钮时触发事件
ROLL_OUT	MouseEvent	光标移动到目标对象之外时触发事件
ROLL_OVER	MouseEvent	光标移动到目标对象之上时触发事件

KEY_DOWN	KeyboardEvent	按下键盘按键时触发事件
KEY_UP	KeyboardEvent	按下键盘按键并释放时触发事件
ENTER_FRAME	Event	按照每秒显示的帧数触发事件
REMOVE	Event	目标对象消失时触发事件
ADDED	Event	生成DisplayObject目标对象时触发事件
FOCUS_IN	FocusEvent	目标对象获得焦点时触发事件
FOCUS_OUT	FocusEvent	目标对象失去焦点时触发事件
PROGRESS	ProgressEvent	下载过程中，数据接收完毕时触发事件

　　为了方便大家理解，我们将在场景中创建一个影片剪辑实例，然后创建可以拖动和释放该实例的代码。首先移动到新的操作窗口，接下来创建一个影片剪辑元件，并将实例名称设置为myclip。

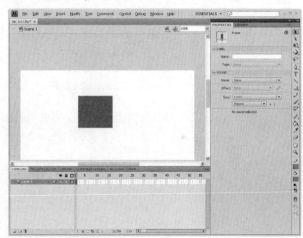

　　下面给myclip实例设置事件。选择时间轴的第1帧，然后按下F9键，激活动作面板，接下来在脚本窗口中插入代码。利用鼠标按住myclip实例，将执行fn1函数；按下并释放myclip实例，则执行fn2函数。

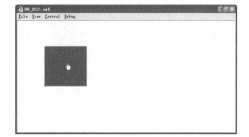

```
//  在myclip影片剪辑中设置事件。按下鼠标则执行Method, 按下并释放
时则执行fn2 Method
myClip.addEventListener(MouseEvent.MOUSE_DOWN, fn1);
myClip.addEventListener(MouseEvent.MOUSE_UP, fn2);
myClip.buttonMode=true;
//将buttonMode设置为true时, 如果将光标移到myclip实例上方, 将变
为抓手形状
function fn1(evt:MouseEvent) {
    evt.target.startDrag();
}
function fn2(evt:MouseEvent) {
    evt.target.stopDrag();
}
```

查看fn1和fn2函数，可以看到evt。Evt.target是接收事件的对象，这里指的是接收事件的myclip实例，evt.target.name指的是myclip实例的名称。Evt.target.startDrag()使myclip实例跟随光标移动。Evt.target.stopDrag()使myclip实例停止跟随光标移动。

本实例的完成文件是Sample\Part_06\06_012.fla。如果出现错误，我们可以打开完成文件进行检查。初学者往往心急，喜欢使用别人创建好的文件。不过，最好不要养成这种习惯。尽量在脚本窗口中输入动作代码，然后确认结果，出错时再分析并解决问题。

现在，我们已经掌握了很多有关ActionScript的知识，下面就来创建更复杂的影片剪辑。在Convert to Symbol对话框中设置元件的名称，并将Type设置为Movie Clip，然后勾选Linkage选项区中的Export for ActionScript复选框。在激活的Class文本框中输入Myclip，然后单击OK按钮。这里可以随意给Class命名。该设置使Myclip继承影片剪辑的Class。在弹出的警告对话框中单击OK按钮。

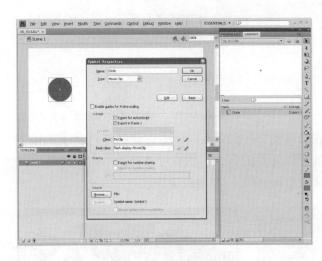

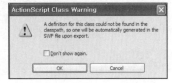

如果想在创建好的影片剪辑中进行应用，首先利用鼠标右键单击库面板中的影片剪辑元件，然后在弹出的快捷菜单中选择Properties命令，在弹出的对话框中如同前面一样进行设置。

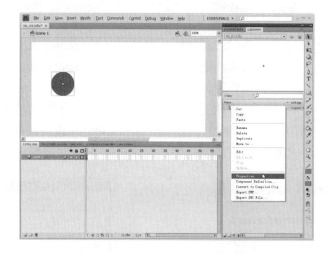

在场景中删除前面创建好的影片剪辑元件，然后按下F9键，激活动作面板，接下来在脚本窗口中插入代码。下面代码首先创建了30个前面所创建的影片剪辑元件的实例，然后可以在其中拖动和释放实例。实例的个数会随着count值的增加而增加。

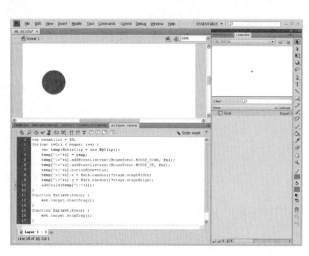

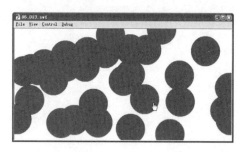

PART 01
PART 02
PART 03
PART 04
PART 05
PART 06
PART 07
PART 08

```
var count:int = 30;
for(var i=0;i < count; i++) {
    //Myclip继承了影片剪辑元件的类，因此生成新的实例
    var temp:MovieClip = new MyClip();
    //在实例中设置事件句柄及任意坐标
    //因为继承了影片剪辑元件，所以可以使用x，y属性
    temp["xx"+i] = temp;
    //也可以不设置事件。按下按钮则调用fn1 Method；按下并释放按钮
    时则调用fn2 Method
    temp["xx"+i].addEventListener(MouseEvent.MOUSE_DOWN, fn1);
    temp["xx"+i].addEventListener(MouseEvent.MOUSE_UP, fn2);
    temp["xx"+i].buttonMode=true;
    //stage.stageWidth和stage.stageHeight是场景的大小
    //Math.random()是赋予0~1之间的值的函数
    //如果结果是0.5，则场景大小为500，坐标值为250
    temp["xx"+i].x = Math.random()*stage.stageWidth;
    temp["xx"+i].y = Math.random()*stage.stageHeight;
    //在场景中将前面创建的实例显示为addChild
    addChild(temp["xx"+i]);
}
function fn1(evt:Event) {
    evt.target.startDrag();
}
function fn2(evt:Event) {
    evt.target.stopDrag();
}
```

本实例的完成文件是Sample\Part_06\06_013.fla。这部分内容还是
有些难吧？这里只要求能够使用即可。以后我们还会制作更多涉及
ActionScript的案例，不知不觉之中就会加深对其的理解。那么下
面我们将一起创建更有趣的影片。表现为当按住影片剪辑时，其他
影片剪辑会移动；当释放按钮时，则会停止影片剪辑的移动。

在场景中创建两个影片剪辑，并将影片剪辑的名称分别设置为ctn_
btn和myclip。

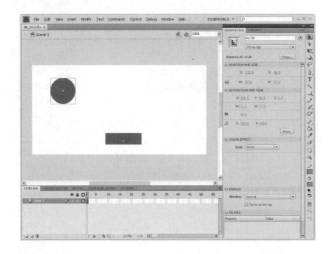

按下 F9 键，激活动作面板，然后在其中插入动作代码，以便使按住
ctn_btn按钮时，myclip反复向左/右移动。之后查看结果。此时按
住ctn_btn，可以看到myclip呈反复移动的状态。本实例的完成文件
是Sample\Part_06\06_014.fla。

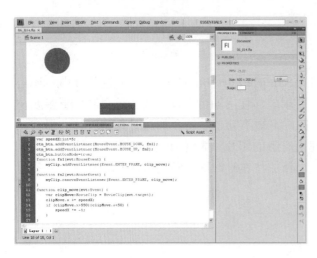

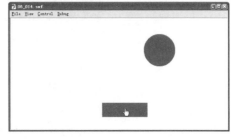

```
//声明具有运动速度值的函数
var speedX:int=5;
//设置按住ctn_btn时,执行fn1;释放ctn_btn时,执行fn2 Method
的事件
ctn_btn.addEventListener(MouseEvent.MOUSE_DOWN, fn1);
ctn_btn.addEventListener(MouseEvent.MOUSE_UP, fn2);
ctn_btn.buttonMode=true;
function fn1(evt:MouseEvent) {
//为myclip设置事件。ENTER _ FRAME如同fps的设置值一样,按秒触发事件
 myClip.addEventListener(Event.ENTER_FRAME, clip_move);
}
function fn2(evt:MouseEvent) {
//将事件设置为addEventListener
//移除事件removerEventListener
myClip.removeEventListener(Event.ENTER_FRAME, clip_
move);
}
/*当myclip实例的x坐标大于550或小于50时,设置该事件使speedX值更
改为-5或5。即-1*-5等于5*/
function clip_move(evt:Event) {
//事件对象是影片剪辑时,需要进行如下的格式变换
 var clipMove:MovieClip = MovieClip(evt.target);
 clipMove.x += speedX;
 if (clipMove.x>550||clipMove.x<50) {
        speedX *= -1;
 }
}
```

了解ActionScript 3.0的核心：类

接触过面向对象的程序设计语言（Java, C++, C#等）的用户，就会熟悉ActionScript的类。ActionScript具有类似高级程序语言的结构，从2.0版本发展到3.0版本后，其功能也随之更加强大。

初识ActionScript 3.0的类

我们使用class这个关键字来创建类，在class关键字后面设置类名称。为了区分类和变量，类名称最好以大写字母开始。

```
public class Shape
{
 var visible:Boolean = true;
}
```

如同前面接触过的代码一样，ActionScript 2.0中也存在类。但发展到ActionScript 3.0后，如同下面代码所示，由于增加了package语句，会分离表现相应的代码。简单来说，package就是存储类文件的文件夹路径，它使用点（.）来表示当前文件夹的路径。

```
//ActionScript 2.0代码
class flash.display.Shape {
 var visible:Boolean = true;
}

//ActionScript 3.0代码
package flash.display
{
 public class Shape {
      var visible:Boolean = true;
 }
}
```

flash.display.shape指的就是flash文件夹内的display文件夹中的Shape类。

利用类制作显示问候语的代码

下面我们将创建在Output窗口中显示Hello World字符串的代码。

创建类文件

首先创建显示Hello World字符串的类。

Step 01 选择菜单栏中的File＞New(Ctrl + N)命令，移动到ActionScript File操作界面。

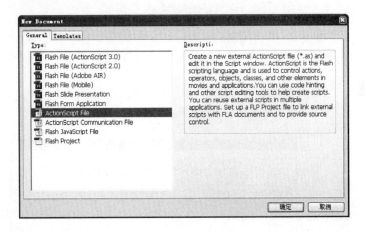

Step 02 可以看到与动作面板一样的操作窗口，接下来如下图所示插入显示Hello World字符串的类。

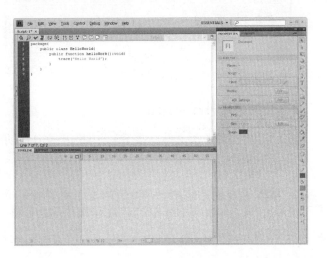

ActionScript分析

```
//将文件名称设置为HelloWorld.as
package {
//创建名为HelloWorld的类（对象）
public class HelloWorld {
//在类中存在一个名为HelloWorld的Method
public function helloWork():void {
                    trace("Hello World");
            }
        }
}
```

Step 03 选择菜单栏中的File>Save As(`Ctrl`+`Shift`+`S`)命令，将文件保存为名称与类名称一样的HelloWorld文件。

打开类文件并进行操作

前面已经创建了类文件，接下来将调用类文件中的HelloWorld Method，显示Hello World字符串。

Step 01 选择菜单栏中的File>New(`Ctrl`+`N`)命令，在弹出的对话框中双击Flash File（ActionScript 3.0）选项，移动到操作区域。

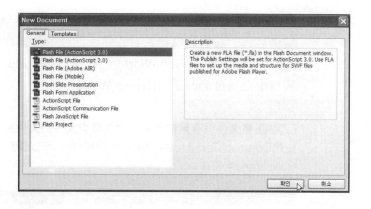

Step 02 按下 F9 键，激活动作面板。接下来创建HelloWorld类的实例，然后插入调用HelloWorld Method的动作。

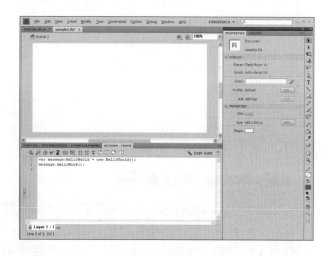

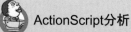 **ActionScript分析**

```
//完成文件是Sample\Part_05\05_015.fla
//使用new运算符创建HelloWorld实例
var message:HelloWorld = new HelloWorld();
//使用实例名称执行HelloWorld Method
message.helloWork();
```

使用new运算符创建HelloWorld类的实例。message是HelloWorld的实例名称。我们可以把它看作将库面板中的影片剪辑元件拖动到场景里的实例。调用HelloWorld类中的HelloWorld Method后，Output窗口中会通过trace显示Hellow World信息。

Step 03 将文件保存到前面创建的存储类文件的文件夹中，然后选择菜单栏中的Control>Test Movie（Ctrl + Enter）命令，可以看到Output窗口中显示的Hello World字符串。

了解package和设置环境

我们必须在package中设置存储类文件（*.as）的文件夹路径。如果没有在package中进行任何设置，类文件和flash操作文件（*.fla）将位于相同的文件夹中，也可以在设置类路径（Classpath）的文件夹中查找类文件。

ActionScript 3.0的package格式

```
package 路径 {
  类特点 class 类名称 {
        var变量名:数据类型=初始值:
        function myFunc():void {
        }
}
```

PART 01
PART 02
PART 03
PART 04
PART 05
PART 06
PART 07
PART 08

在存储Flash操作文件的文件夹中创建名为myClass的文件夹，在该文件夹中保存类文件，然后如下所示设置package。

```
package myClass {
    public class HelloWorld {
        public function helloWork():void {
            trace("Hello World");
        }
    }
}
```

为了在Flash操作文件（*.fla）中使用前面创建的类文件，必须使用import关键字来表示package路径。

```
import myClass;
var message:Hello = new HelloWorld();
message.helloWork();
```

影片剪辑也是一种类。为了使用影片剪辑类，我们必须设置为import flash.display.MovieClip;。

每次创建类时，如果将类文件保存在操作文件的文件夹中，类文件就有可能会被保存在不同地方的多个文件夹中。再次使用类文件时，由于复杂的文件夹结构，查找起来会相当困难，有时甚至需要我们重新创建类。为了避免这类问题，我们可以创建只存储类文件的文件夹，并在该文件夹下创建与类名称一致的文件夹，然后将类保存在相应的文件夹中。这样类之间不会发生重叠，以后查找起来也很方便。

现在我们可能又会遇到一个问题。那就是设置package路径。这种情况下，设置存储类文件的基本文件夹，便可简单地设置package路径。设置基本文件夹后，无需在import中进行任何设置，便可在当前操作文件所在的文件夹和基本文件夹中找到类。

下面我们将在class基本文件夹中保存C盘myWork文件夹中的myclass文件夹。选择菜单栏中的Edit>Preferences(Ctrl+U)命令，在弹出的对话框中选择Category列表框的ActionScript选项，然后单击Language选项区中的ActionScript 3.0 Settings按钮。

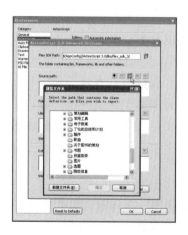

在弹出的对话框中单击Source path选项区中的Browse To Path图标
（），然后在弹出的对话框中设置存储类文件的基本文件夹。

到目前为止的设置会对所有Flash操作文件产生影响。如果想创建
只对当前flash操作文件产生影响的class基本文件夹，选择菜单栏中
的File>Publish Settings(Ctrl + Shift + F12)命令，在弹出的对话框中切换
至Flash选项卡，确认Script是否已经设置为ActionScript 3.0。接下
来单击Settings按钮，在弹出对话框的Source path选项卡中设置路
径即可。这里所说的基本文件夹指的就是存储flash操作文件的当前
文件夹。

PART 01
PART 02
PART 03
PART 04
PART 05
PART 06
PART 07
PART 08

类名称不能重复

创建存储类文件的文件夹，然后在该文件夹中创建名称与类名称一致的文件夹，将类文件插入新创建的文件夹，这样就不会出现类名称重复的情况。

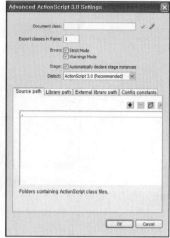

了解类的结构

查看class格式会发现，为了限制类的使用，可以在class关键字前面加上dynamic, public, internal, final等修饰符，还可以在后面设置类名称、属性以及接口实现与否。

class格式

```
class 类名称 {
 var变量名:数据类型
 function method名():数据类型  {
         插入到method中的命令语句;
 }
}
```

class前面可以添加以下4种修饰符。

特　性	说　明
dynamic	在实例中可以添加运行时间的属性
final	不能覆盖（Override）或继承函数
internal （默认值）	只能访问当前package内部信息
pubic	可以在任何位置访问

dynamic允许在运行过程中以动态形式给类添加变量或函数。下列代码是空类。使用new运算符创建实例，在Outpu窗口中显示实例中添加的变量。

```
package {
    dynamic class BlankClass {
    }
}
var newClass:BlankClass = new BlankClass();
newClass.str_value ="你好";
trace(newClass);
```

在类内部中的所有变量、常量、Method前面都可以添加修饰符。在下表中可以看到继承这一单词，这部分内容我们还没学过。后面学完继承之后，再回头看现在这部分内容就会容易很多。

特　性	说　明
internal（默认值）	只能访问相同的package内部信息
private	无法访问继承关系或实例信息
protected	可以访问继承关系，无法访问实例
public	既可访问继承关系，也可访问实例
static	指定属于类，而不是类的实例

进一步了解类

class可以包含Method和变量。Method是存储在类内部的函数，可以产生某种行动。前面我们已经学过，函数就是命令语句的组合，变量则用于设置对象的属性。例如，有一个名为"汽车"的对象，其属性包括颜色、大小等。Method就是使汽车运动或停止的方法。

为了方便大家进一步理解类，下面将举一个手机的例子。众所周知，手机的基本功能就是打电话和接电话。除此之外的其他功能都可以看作附加功能。某公司要创建一个名为"手机"的类。手机除了具备打电话和接电话之外，还可以更改手机的大小和颜色等属性。利用类来表现，其结果如下。

```
package s电子.开发组 {
 public class BasePhone {
    var color:Number = 手机颜色 ;
    var sizeX:int = 手机宽度 ;
    var sizeY:int = 手机高度 ;

    public function BasePhone() {
        手机打开的同时设置环境;
    }
    public function phoneSend() {
        打电话的命令语句 ;
    }
    public function phoneReceive() {
        接电话的命令语句 ;
    }
  }
}
```

这是s电子.开发组创建的名为BasePhone的类。里面包含可以设置手机颜色、手机大小的变量以及可以打电话和接电话的phoneSend、phoneReceive Method。还包含一个相当于类名称的名为BasePhone的Method。我们将这种与类名称相同的Method称作构造函数，执行类时，会自动执行构造函数。例如，制作手机时，只需加入基本的动作命令语句即可。

如果有可以制作手机的类，下面我们就来使用手机制作产品。大家一定还记得使用new运算符制作产品吧？下面是创建两个颜色和大小均不相同的手机实例的代码。

```
var black_phon:BasePhone = new BasePhone();
var red_phone:BasePhone = new BasePhone();
black_phone.color = black;
black_phone.sizeX = 4cm;
```

PART 01
PART 02
PART 03
PART 04
PART 05
PART 06
PART 07
PART 08

```
black_phone.sizeY = 10cm;
black_phone.phoneSend();
black_phone.phoneReceive();
red_phone.color = red;
red_phone_phone.sizeX = 5cm;
red_phone_phone.sizeY = 6cm;
red_phone.phoneSend();
red_phone.phoneReceive();
```

这里在使用new运算符制作black_phone和red_phone时，会执行BasePhone()构造函数。下面我们就可以根据需要任意改变手机的大小和颜色，或者打电话和接电话。

继承父类的属性

随着科技的进步和社会的发展，公司计划在手机中添加相机和游戏功能。怎么做比较好呢？从头开始重新制作手机后再添加功能？这样做效率太低。此时我们只需直接继承BasePhone类即可。大家不会对"继承"这个单词感到陌生吧？通常可以直接继承BasePhone类的所有功能。这里使用extends关键字来继承父类的属性。

```
package s电子.开发组 {
   public class CameraPhone extends BasePhone {
      public function camera() {
          启动相机的命令语句 ;
      }
      public function game() {
          启动游戏的命令语句 ;
      }
   }
}
```

CameraPhone类看起来只具备相机和游戏功能，但由于使用extends命令语句继承了BasePhone类的功能，因此不仅能更改手机的大小和颜色，还能打电话和接电话。

```
var cam_phon:CameraPhone = new CameraPhone();
cam_phon.color = black;
cam_phon.sizeX = 4cm;
cam_phon.sizeY = 10cm;
cam_phon.phoneSend();
cam_phon.phoneReceive();
cam_phon.camera();
cam_phon.game();
```

继承父类的属性后，既可保留原有功能，还可创建新的类。以后，通过继承影片剪辑类的属性，还能在保留影片剪辑的功能的同时，创建新的类（例如，newClip:MovieClip=new MovieClip();）。熟练使用继承功能可以制作功能强大的类，但如果继承层次过多，速度就会变慢，同时类也会变得过于庞大，这样反而会出现负面效果。

改变继承的功能

即使我们购买同一公司生产的手机，手机型号不同的话，其内部的游戏也会不同。使用覆盖（override）可以改变原有的功能。

```
package s电子.开发组 {
    public class BastPhone extends CameraPhone {
        override public function game() {
            启动游戏的命令语句 ;
        }
    }
}
```

由于继承了CameraPhone，因此可以具备打电话和接电话、拍照和玩游戏功能。但BasePhone类中使用override关键字，不使用Camera-Phone类中的game() Method，这里将执行制作游戏的Method。如果想使用CameraPhone中的game() Method，只需使用super关键字即可（super.game()）。

```
var new_phone:BastPhone = new BastPhone();
new_phone.game();
super.game();
```

定义基本Method的接口

公司想让若干个小组同时开发多款具有不同功能的手机。但这些手机都具有基本功能，如果一旦失去了基本功能，就必须重新开发。此时用到的功能即是接口。接口并不体现基本功能的内部结构，首先只需进行声明，然后使用implement关键字体现相当于定义了的Method的操作。这样每款手机都会同时具备基本功能。

```
package s电子.开发组{
 public interface BaseIn {
        public function phoneSend();
        public function phoneReceive();
        public function camera();
        public function game();
 }
}
package s电子.开发组{
 public class Phone1 implements BaseIn {
        function phoneSend() {
                打电话功能;
        }
        function phoneReceive() {
                接电话功能;
        }
        function camera() {
                相机拍照功能;
        }
        function game(){
                游戏功能;
        }
 }
}
package s电子.开发组 {
 public class Phone2 implements 手机功能 {
        function phoneSend() {
                打电话功能;
        }
        function phoneReceive() {
                接电话功能;
        }
```

```
        function camera() {
                相机拍照功能;
        }
        function game(){
                游戏功能;
        }
    }
}
```

由此可见，我们可以使用implements关键字来实现一个或多个接口。虽然Phone1和Phone2类内部的Method中的动作不一样，但都具备打电话和接电话、拍照、游戏等功能。

具有独特功能的Method

前面我们已经讲过，类中包含的函数是Method。下面我们就来了解Method所具备的独特功能。

构造函数（Constructor）Method

前面我们已经介绍接触过构造函数，相信大家一定还没忘记。利用与类名称相同的Method将类实例化时，会自动执行构造函数。

```
// as 文件
package {
 public class Example {
        public var message:String = Nice to meet you;
        public function Example() {
                trace(message);

        }
        }
}.
// fla 文件
var hello:Example = new Example();
// 在Output窗口中显示Nice to meet you
```

Example类中包含Example Method。由于名称相同，因此通过构造函数使用new运算符将类实例化时，在trace动作的作用下，存储在message变量中的内容就会显示在Output窗口中。

静态（Static）Method

静态Method只能在类内部使用，不能在继承后的类中使用。查看下列代码会发现，Example中可以使用静态Method，但在继承后的newClass类中不能使用静态Method，否则就会报错。

```
package {
    public class Example {
        public var message:String = Nice to meet you;
        public static function methods() {
            trace(message);
        }
    }
}
var mess:Example = new Example();
mess.methods();
//output 在Output窗口中显示Nice to meet you

package {
    public class NewClass extends Example {
    }
}
var mess:NewClass = new NewClass();
mess.methods();          //出现错误
```